Dynamiques urbaines à Alger

La (re)fabrication de la ville en questions

COLLOQUES & RENCONTRES

Le secteur « Colloques et Rencontres » des éditions L'Harmattan s'est fixé pour but de publier des ouvrages universitaires à caractère collectif dans le cadre de trois rubriques thématiques :

– Lettres et sciences humaines

– Droit, économie et AES

– Sciences et santé

Ce secteur a la double vocation de donner un cadre éditorial cohérent aux chercheurs tout en permettant l'élargissement de leur audience.

Déjà parus

SCARWELL Helga-Jane, LEDUCQ Divya et GROUX Annette (coordonné par), *Transitions énergétiques : quelles dynamiques de changement ?*, 2015.

CORROY-LABARDENS Laurence, BARBEY Francis et KIYINDOU Alain (coordonné par), *Education aux médias à l'heure des réseaux,* 2015.

Sous la direction de
Mohamed SRIR

Dynamiques urbaines à Alger

La (re)fabrication de la ville en questions

Avec les contributions de :

Isma ABDELATIF | Fayçal BENACHOUR | Amina BENAMEUR | Ahmed El-Amine BENBERNOU | Djamel Eddine BOURAGBA | Mehdi BENNAI | Mohamed HOCINE | Aniss Mouad MEZOUED | Abdennour OUKACI | Anna ROUADJIA | Mohamed SRIR

Préface
Amine Benaïssa

Postface
Ewa Berezowska-Azzag

L'Harmattan

5-7, rue de l'École-Polytechnique ; 75005 Paris
http://www.harmattan.fr
diffusion.harmattan@wanadoo.fr
harmattan1@wanadoo.fr
ISBN : 978-2-343-08146-5
EAN : 9782343081465

REMERCIEMENTS

Cet ouvrage est le fruit de la contribution de ses auteurs que je remercie profondément pour leur engagement au projet et leur patience lors des nombreux allers-retours avec les relecteurs. Je remercie tout particulièrement Aniss Mezoued et Mehdi Bennai qui m'ont soutenu dès les premiers pas de ce livre et Kheir-eddine Guerrouche qui m'a accompagné lors de la coordination avec les auteurs mais qui n'a pu être présent pour des raisons indépendantes de sa volonté. Je tiens aussi à remercier tous les membres du comité de lecture pour leur aide précieuse, leurs remarques et critiques. Enfin, merci à Solène Gueret pour son aide dans la correction des textes et grand merci à Anissa Oukid pour la relecture complète du manuscrit.

SOMMAIRE

PARTIE II

Aménager de nouveaux territoires : modèles urbains, approches et outils de mise en œuvre

COMITÉ DE LECTURE

Les articles de cet ouvrage ont fait l'objet d'une évaluation par un comité de lecture dont nous remercions ici vivement les membres :

Saïd Almi, Urbaniste, Directeur de publication de la revue Urbanissimo, Chercheur associé au laboratoire Théorie des mutations urbaines TMU de Marne-La-Vallée, (France).

Tom Avermaete, Professeur d'architecture, "Chair of Methods and Analysis", Université technique TU-Delft, (Pays-Bas).

Ewa Berezowska-Azzag, Professeur des universités, Directrice de recherche au laboratoire Ville, Urbanisme et Développement Durable VUDD, Ecole polytechnique d'architecture et d'urbanisme EPAU-Alger, (Algérie).

Jean-Lucien Bonillo, Professeur en histoire et culture architecturale et urbaine à l'Ecole nationale supérieure d'architecture ENSA-Marseille, Directeur du laboratoire Investigations sur l'histoire et l'actualité des mutations architecturales INAMA, (France).

Christopher Bryant, Professeur au département de Géographie de l'Université de Montréal et au département d'Urbanisme et développement rural de l'Université de Guelph, ex. Directeur de la Revue canadienne des sciences régionales, (Canada).

Jean-Paul Carrière, Professeur émérite en aménagement de l'espace et urbanisme, Chercheur au laboratoire Cités, territoires, environnement et sociétés UMR-CITERES, équipe IPAPE, Département d'aménagement de l'Ecole polytechnique de l'Université de Tours, (France).

Naima Chabbi-Chemrouk, Professeur, Directrice du Laboratoire Architecture et Environnement LAE, Ecole polytechnique d'architecture et d'urbanisme EPAU-Alger, (Algérie).

Youcef Chennaoui, Professeur, Directeur de recherche au Laboratoire Ville, Architecture, Patrimoine LVAP, Ecole polytechnique d'architecture et d'urbanisme EPAU-Alger, (Algérie).

Michel Chiappero, Professeur des Universités, Associé à l'Institut d'urbanisme et d'aménagement régional IUAR-AMU, Responsable du Master 2 : Urbanisme durable et Projet FC, Aix-Marseille Université, (France).

Larbi Icheboudene, Professeur à la Faculté des sciences humaines et sociales d'Alger, Professeur associé à l'EPAU, Directeur de recherche au Centre de recherche en économie appliquée pour le développement CREAD, (Algérie).

Richard Klein, Professeur d'histoire de l'architecture, Directeur du Laboratoire Conception, territoire, histoire LACTH, Ecole nationale supérieure d'architecture et de paysage de Lille, (France).

Guy Matejka, Professeur émérite à l'Ecole nationale supérieure d'ingénieurs de Limoges ENSIL, (France).

Philippe Panerai, Architecte-urbaniste, Panerai & Associés Selarl architecture-urbanisme-ville durable, Grand Prix de l'urbanisme 1999, Membre de l'Académie d'architecture, (France).

Michael Peterek, Professeur d'aménagement urbain (Urban Design), Directeur du programme « Urban Agglomerations » (M.Sc.) et Coordonnateur du programme « Environmental Management and Urban Planning in Metropolitan Areas" (M.Eng.), Université des sciences appliquées de Francfort-sur-le-Main, (Allemagne).

Daniel Pinson, Professeur émérite des universités, Enseignant-chercheur au laboratoire LIEU de l'Institut d'urbanisme et d'aménagement régional IUAR, Aix-Marseille Université, (France).

Madani Safar-Zitoun, Professeur au Département de sociologie de l'Université d'Alger, (Algérie).

Nora Semmoud, Professeur en géographie et aménagement, Directrice adjointe du laboratoire Cités, territoires, environnement et sociétés UMR-CITERES, Responsable de l'équipe Monde arabe et Méditerranée EMAM, Université François Rabelais de Tours, (France).

Vincent Vlès, Professeur d'aménagement et d'urbanisme touristiques à l'Université Pau & Pays Adour, Président du Conseil scientifique du Parc naturel régional des Pyrénées catalanes, (France).

Pierre Zembri, Professeur à l'Université de Marne-la-Vallée, Directeur du laboratoire Ville, mobilité, transport (UMR-LVMT), Co-fondateur et Directeur de la Revue en ligne Géotransports, (France).

LES AUTEURS

Isma Abdelatif, Architecte et titulaire d'un magister en urbanisme et développement durable depuis 2013. Actuellement Maitre-assistante au sein de l'Ecole polytechnique d'architecture et d'urbanisme EPAU d'Alger et membre chercheur au laboratoire Ville, urbanisme et développement durable VUDD. Elle compte à son actif diverses expériences professionnelles en maitrise d'œuvre architecturale, gestion de projets et mise en œuvre des projets d'urbanisme notamment des villes nouvelles.

Fayçal Benachour, Architecte de formation, il a fait ses études à l'Ecole polytechnique d'architecture et d'urbanisme d'Alger où il a suivi un parcours de magister au sein du Laboratoire Architecture et Environnement, avec comme sujet de recherche l'application du principe de précaution dans le cadre de la gestion des risques. Il poursuivit plus tard un parcours en urbanisme et aménagement du territoire à l'Université Libre de Bruxelles afin de développer un regard territorial sur les problématiques urbaines.

Amina Benameur, Architecte, diplômée de l'Ecole polytechnique d'architecture et d'urbanisme d'Alger EPAU. Après ses études, elle a travaillé en agence d'architecture et en entreprise où elle a pu aborder divers aspects du métier d'architecte allant du montage de dossiers, de permis de construire à la réalisation et au suivi de chantier. Elle s'est ensuite tournée vers une carrière académique et enseigne aujourd'hui l'atelier projet en classes préparatoires intégrées à l'EPAU où elle prépare sa thèse.

Ahmed El-Amine Benbernou, Architecte-urbaniste spécialisé en programmation architecturale et urbaine. Doctorant en Architecture & Ville UPOND – LAVUE/CRH sous la direction de Pr. Jean-Pierre FREY. Actuellement, chargé de TP à l'ENSA Paris Val-de-Seine. Actif au sein de la Société Française des Architectes en tant que chargé de communication contribuant à la rédaction pour la revue de critique architecturale le Visiteur SFA/Infolio.

Djamel Eddine Bouragba, Architecte-urbaniste, il est actuellement doctorant en sciences du territoire au sein de l'unité mixte de recherche PACTE

Territoires de l'université de Grenoble. Son travail de recherche porte sur la question du projet urbain pratiqué dans les métropoles méditerranéennes. Il exerce également, comme consultant auprès de groupes publics et privés, et comme mandataire, sur nombre de projets d'architecture et d'urbanisme en Algérie et en France.

Mehdi Bennai, Architecte diplômé de l'Ecole polytechnique d'architecture et d'urbanisme EPAU à Alger en 2003. Il a suivi un parcours d'étude non linéaire entre l'Algérie et la France, avant de valider un Diplôme d'Etat d'architecture (Master 2) à l'Ecole nationale supérieure d'architecture Paris-Malaquais en 2007, puis un Diplôme de Magister après soutenance à l'EPAU en 2010. Il prépare sa thèse de doctorat sur les approches de reconquête des territoires de tradition industrielle à l'EPAU où il enseigne en atelier de projet depuis 2007.

Mohamed Hocine, Titulaire d'un diplôme d'architecte-urbaniste en 1991 de l'Ecole polytechnique d'architecture et d'urbanisme – EPAU d'Alger, il a travaillé, en premier lieu, pour le compte de la Wilaya d'Alger tout en préparant, en parallèle, un diplôme de magister en Habitat, qu'il a soutenu en 2002. A compter de 2003, il enseigne à plein-temps à l'Université de Blida puis à l'EPAU-Alger depuis 2008. Actuellement, il prépare une thèse de doctorat en urbanisme au sein du laboratoire Ville Urbanisme et Développement Durable VUDD.

Aniss Mouad Mezoued est Architecte-urbaniste et Docteur en art de bâtir et urbanisme de l'Université catholique de Louvain -UCL. Il est diplômé de l'école polytechnique d'architecture et d'urbanisme d'Alger - EPAU (2007) et du master complémentaire en urbanisme et aménagement du territoire de l'UCL (2009). Il fait partie de l'équipe URBA et du Centre de Recherches et d'Études pour l'Action Territoriale - CREAT depuis 2009. Il est actuellement chargé de cours invité à l'UCL et chercheur postdoctoral à l'École Polytechnique Fédérale de Lausanne -EPFL. Il mène ses recherches sur la production des espaces publics, l'articulation entre transport et urbanisme et sur les jeux d'acteurs dans la production du territoire.

Abdennour Oukaci, Architecte de formation, il est depuis 2010 maître-assistant et chercheur à l'Ecole polytechnique d'architecture et d'urbanisme d'Alger. Il est aussi membre du Laboratoire Ville, architecture et patrimoine LVAP dans le même établissement. Il a enseigné au Département d'architecture de l'Université de Blida de 2009 à 2014. Durant la même période, il a participé dans plusieurs évènements scientifiques et projets de recherche sur le patrimoine architectural et urbain algérien datant de l'époque coloniale.

Anna Rouadjia, Doctorante en sociologie à l'université d'Aix-Marseille depuis 2012. Accueillie à l'IRD, UMR 151 LPED (Laboratoire Population Environnement et Développement) et au LabexMed - Programme sur "les sciences humaines et sociales au cœur de l'interdisciplinarité pour la Méditerranée" (référence 10-LABX-0090). Le travail de thèse porte sur les modes de gestion et de représentation de la nature en ville à Alger et à Marseille.

Mohamed Srir est Architecte – urbaniste, Maitre-assistant à l'Ecole polytechnique d'architecture et d'urbanisme EPAU-Alger. Il est doctorant-chercheur au Laboratoire Ville, urbanisme & développement durable VUDD et achève une thèse sous le titre : « *La durabilité urbaine à Alger, des enjeux locaux au référentiel d'aménagement urbain* ». Il consacre ses travaux universitaires à l'étude de la Ville et de la fabrication des espaces urbains dans la perspective de développement durable. Il a récemment publié « *Alger et ses communes : baromètre des performances urbaines locales* », (Sous la direction de E. Berezowska-Azzag, avec I. Abdelatif, N. Akrour et O. Bouallag-Azoui - 2015).

Amine BENAÏSSA

Préface

La ville n'est pas une addition

Le présent ouvrage fait le point sur un ensemble de recherches pluridisciplinaires qui traitent des dynamiques urbaines ouvertes par le plan stratégique d'Alger 2029. Il participera sans nul doute à nourrir un débat régional et local.

D'un point de vue régional, la planification territoriale et urbaine en méditerranée repose encore souvent sur une tradition prescriptive, hiérarchisée et linéaire de l'aménagement, qui se traduit par des démarches assez rigides même si elles se sont progressivement allégées. Les approches qui en découlent se fondent, in fine, sur une idée forte, on sait, on peut, maitriser le développement urbain et sur un couple d'instruments : les plans de zonages et les règlements. Naturellement, les dynamiques urbaines sont plus complexes. C'est ainsi que des décalages, plus ou moins importants entre ce qui est généralement conçu et ce qui est concrètement réalisé sur le terrain, se produisent sous la pression de la société, des urgences, de l'autonomie, voire de l'étanchéité de certains acteurs et secteurs au territoire. Ces décalages se manifestent différemment selon les contextes et ils traduisent quelquefois un certain nombre de déséquilibres territoriaux, sociaux, économiques et environnementaux.

D'un point de vue local, l'Alger de la fin du siècle dernier n'a pas échappé à ce processus. Elle a été soumise à une double pression : — démographique, sa population a été quasiment multipliée par 10 en une cinquantaine d'années ; — démocratique, des besoins énormes et rapides en projets de toutes sortes ont dû être réalisés sans toujours obéir, dans leurs conceptions comme dans leurs réalisations, à des critères de cohérence, de qualité et de pérennité. Tout cela donne un résultat : la ville est devenue le réceptacle de politiques sectorielles quelquefois décousues, de projets pas toujours cohérents entre eux et d'une occupation plus ou moins illicite de pans entiers de son territoire métropolitain. Des constructions inachevées étaient desservies par des routes qui n'aboutissaient nulle part. Des quartiers d'habitations n'avaient ni espaces publics ni services de proximité. Le trafic automobile bloquait son développement et polluait son environnement, etc. Quelques traits caractérisaient la situation urbaine de l'Alger d'alors.

Un périmètre du foncier mobilisable non défini et en tout cas modulable en fonction des circonstances avec deux principales implications : — le blocage de certains projets qui ne trouvaient pas d'assiettes foncières ; — une lutte permanente des pouvoirs publics face aux intérêts particuliers forts qui contrariaient, au fur et à mesure, les décisions d'implantation de projets d'investissements d'intérêt général.

Une politique de lutte contre l'habitat précaire approximative avec une offre de logements, tous segments confondus, largement insuffisante pour faire face à la demande pressante de la population, aboutissant à une moyenne de livraison faible de 2500 logements par an, à rapporter, à la mise en chantier, en 2013, d'un programme de l'ordre de 65 000 logements dans le cadre d'une conception cohérente de 14 quartiers périphériques.

Un déficit chronique de l'offre en eau potable, caractérisé par une distribution un jour sur trois en moyenne, en même temps qu'une situation dramatique en matière d'assainissement, puisque 100 % des eaux usées étaient rejetées dans la mer.

Des réalisations d'équipements publics limités ne répondant pas en quantité et encore moins en qualité aux besoins essentiels exprimés par la population en termes d'équipements d'enseignements, de proximité, de routes, de voies ferrées, de métro, de tramway, etc.

Enfin, une organisation territoriale inadaptée aux défis à relever et aux exigences des citoyens, entrainant notamment une faiblesse de la maîtrise d'ouvrage, une inefficacité opérationnelle (nombreux programmes de toute sorte à l'arrêt comme ceux du métro, de l'aéroport international, de l'aménagement de la place des martyrs, etc.) et une absence de concertation avec les citoyens.

En d'autres termes, au plan urbain, comme sur le plan de l'organisation territoriale, la capitale présentait une image fortement « abîmée » sur laquelle intervenait, sans cohérence, au coup par coup, une série d'acteurs publics et privés, sans pour autant produire les effets escomptés de transformation perceptible et attendue par la population.

C'est dans ce contexte, que les pouvoirs publics ont décidé de doter Alger, à l'image des grandes métropoles, d'un plan stratégique pour tirer avantage du potentiel exceptionnel de cette ville : histoire longue, position géographique tout à fait remarquable, capitale d'un grand pays qui dispose à la fois de ressources fortes et d'une demande diversifiée en constante augmentation. Ils nous ont confié une mission simple : faire en sorte qu'Alger devienne à long terme une ville qui s'inscrive dans la mondialisation et constitue la porte d'entrée de l'Algérie pour y accéder.

Ainsi le plan stratégique d'Alger à l'horizon 2029 est né. Sa conception s'est voulue moins dogmatique et plus réactive aux défis du moment en veillant à la participation active et décisive de tous les acteurs concernés. Son élaboration s'est fondée sur quelques principes qu'il nous semble utile de rappeler : — porter une vision de l'avenir : le projet s'impose au plan ; — porter une vision cohérente du développement : le territoire s'impose au sectoriel ; — s'adapter aux évolutions des contextes et des conjonctures : la flexibilité devient la règle et la longue durée s'impose aux urgences ; — les échelles territoriales dessinent les nouveaux périmètres de réflexion et d'action : la ville s'impose à l'architecture ; — faire avec la disponibilité réelle des financements mobilisables : l'opérationnalité s'impose ; — faire dans la convergence : la concertation devient la règle, etc. Ce projet d'embellissement, d'amélioration des mobilités et de développement maîtrisé d'Alger a ainsi été construit sur la base d'un diagnostic exhaustif qui a couvert tous les domaines. Il est porteur d'ambitions clés pour la capitale : équilibre entre cohésion et attractivité, développement et durabilité, tradition et modernité, mobilité et proximité, vouloir et pouvoir. Il comporte des plans thématiques qui traitent de l'ensemble des secteurs. Le plan blanc porte sur la structuration du tissu urbain de la capitale et sur la politique du logement par exemple. Le plan vert organise la restauration des équilibres écologiques et de la politique des déchets. Le plan bleu planifie l'alimentation en eau potable, mais aussi l'épuration des eaux usées en se fixant un objectif de zéro rejet d'eau polluée en mer. Le plan mobilité organise l'amélioration des conditions de déplacement dans la capitale. Le plan économique a pour ambition de promouvoir l'initiative d'où qu'elle vienne en matière de développement. Le plan cohésion sociale et équipement vise à porter une politique de proximité dans les différents quartiers de la capitale et notamment les plus difficiles d'entre eux.

Pour y parvenir, nous avons considéré qu'un certain nombre de questions vitales devaient recevoir, progressivement et par étape, des solutions appropriées. Nous étions donc plus dans un « marathon » que dans un « big bang ». C'est pourquoi, il nous est apparu, plus qu'indiqué, de le décomposer en quatre grandes séquences temporelles (2009-2014 ; 2015-2019 ; 2020-2024 ; 2025-2029) de manière à en maîtriser la conduite, compte tenu des moyens mobilisables à la fois techniques, managériaux et financiers. C'est ainsi que la première étape (2009-2014), celle que nous avons qualifiée d'embellissement de la capitale, a permis de cibler en priorité un certain nombre de projets qui n'ont pas été voulus ni pensés comme des opérations répétitives de conjoncture (peinture des façades, réfection des trottoirs, etc.). Bien au contraire, elles ont été construites comme une série d'interventions structurelles qui ont eu pour objectifs de :

- structurer le tissu urbain de la capitale (réseau routier fondamental et aménagement des quartiers autour des grands équipements en projets) ;
- limiter le développement périphérique d'Alger, condition de l'aménagement de son hinterland et de la qualification de son centre (périmètres d'arrêts) ;
- qualifier et revitaliser son centre historique (réhabilitation et projets de reconquête du front de mer) ;
- amorcer l'aménagement de la baie (aménagement d'oued El Harrach, de la promenade des Sablettes).

Il n'est peut-être pas inutile de rappeler que toute cette réflexion s'est effectuée sous l'égide de la wilaya qui a institué, pour ce faire, un comité de pilotage composé des membres de son exécutif et dans lequel l'ensemble des secteurs était représenté. Ces décisions ont constamment été alimentées par les travaux d'un comité technique prévu à cet effet et chargé du suivi des études structurantes permettant ainsi à nos techniciens de s'aguerrir au contact des partenaires. Bien entendu, nous avons toujours été conscients de la complexité et de la difficulté d'atteindre les objectifs fixés dans les conditions d'alors. C'est pourquoi nous avons jugé utile d'interpeller les pouvoirs publics sur l'urgence de faire évoluer les conditions de gouvernance de ces projets. Pour autant et en attendant, cela ne nous a pas empêchés d'agir de manière pragmatique en fonction des moyens existants, afin de maîtriser au mieux le cap de nos interventions.

Devant cette situation, notre action s'est principalement focalisée autour d'un certain nombre de leviers majeurs à même de transformer au plus vite la capitale :

La construction d'une vision et d'un schéma de cohérence urbain à court, moyen et long terme, sur la base de deux études fondamentales (révision du plan directeur d'aménagement et d'urbanisme et aménagement de la baie d'Alger) confiées à des partenaires internationaux de haut niveau comme cela est le cas du groupement Arte charpentier (France) ou Parquexpo

(Portugal). Cette démarche a abouti à la définition du plan de développement global à l'horizon 2029 approuvé par les pouvoirs publics en 2011. Les études stratégiques ont identifié les projets à réaliser au cours des 20 prochaines années pour transformer et moderniser la capitale. Les financements de l'ensemble des projets de la première étape ont été mobilisés. En clair, nous nous sommes dotés des instruments nécessaires pour faire de la capitale un point de rencontre et de convergence entre les secteurs, plutôt qu'un point de divergences entre les différents acteurs. Reste que certaines habitudes ont la vie dure et longue.

Une politique audacieuse de réalisation d'équipements et d'infrastructures s'est focalisée à la fois sur la requalification de la périphérie d'Alger, la réhabilitation des infrastructures souterraines, notamment en matière d'assainissement et l'amorce de la requalification du centre historique. Ainsi, et à côté de toute une série de projets de logements, d'équipements de proximité, etc. certains projets emblématiques sont aujourd'hui visibles de tous comme ceux du campus de médecine, du campus de droit, du lycée international de Kouba, du stade de Baraki, du quartier d'affaires internationales de Bab Ezzouar, de l'aménagement de l'embouchure d'Oued El Harrach, de la promenade des « Sablettes », du paysagement des autoroutes, de la réhabilitation du jardin d'essai, etc.

Une politique discrète, mais efficace a conduit à la réalisation d'infrastructures lourdes qui peuvent, pour certaines, être considérées comme particulièrement exemplaires. C'est ainsi qu'il faut rappeler que l'eau potable est aujourd'hui disponible 24 heures sur 24 sur la totalité du territoire de la capitale. On a quelquefois tendance à l'oublier, mais ce résultat est le produit d'une chaine de réalisations significatives de la Wilaya.

Un programme ambitieux d'éradication des bidonvilles a permis de mettre en chantier plus de 100 000 logements dans le cadre de réponses urbaines cohérentes et de redonner des conditions de vie décentes à de très nombreux citoyens.

Une politique de concertation forte avec les citoyens s'est traduite par de nombreuses communications, publications et expositions comme celle présentée pendant près de deux années dans un nouvel édifice réalisé et dédié à cet effet : la maison d'Alger. Cette approche nous aura permis de tisser des liens de dialogue permanents avec la société civile et avec les milieux universitaires en organisant leur accès à l'information, notamment en publiant, dans un numéro spécial de la revue Vies de Villes, l'ensemble des projets prévus dans le plan stratégique.

Nous nous réjouissons d'avoir eu le privilège d'accueillir et d'accompagner modestement certains d'entre eux dans leurs recherches. C'est donc pour nous un grand honneur que d'avoir été sollicités pour préfacer cet ouvrage consacré à l'analyse des nouvelles dynamiques urbaines impulsées par le plan stratégique d'Alger. C'est une initiative que nous apprécions à sa juste valeur, car elle montre, si besoin est, l'intérêt que porte la jeune génération de chercheurs au développement d'Alger et à ses mutations récentes.

En effet, l'intervention mise en œuvre s'inscrit dans une évolution et une transformation significative et utile de la capitale. Une telle démarche a tout naturellement heurté les habitudes, les usages, les manières de faire et suscite un grand débat qui est loin d'être terminé. À preuve, l'intérêt croissant des grands opérateurs de la construction et de la gestion urbaine pour le projet du grand Alger et les nombreux articles publiés dans la presse spécialisée nationale et internationale qui sont consacrés à ce projet.

Reste que pour poursuivre sa mise en œuvre, il nous semble fondamental de garder à l'esprit un certain nombre d'orientations stratégiques de ce plan :

- stopper le développement périphérique de la capitale fort consommateur en terrains agricoles et condition sine qua non d'une requalification et d'une revitalisation du centre historique. Ce sera chose difficile, tant les intérêts spéculatifs parient sur une ouverture qui ne manquerait pas de contrarier l'effet des mesures mises en œuvre ces dernières années et de réduire voire d'annuler l'effet obtenu par les importants projets sectoriels réalisés dans les domaines de l'eau, de l'électricité, des transports, etc.

- Veiller à faire en sorte qu'Alger devienne un point de convergence entre les secteurs plutôt qu'un point de divergence entre les différents acteurs. Cela passe, de notre point de vue, par deux actions fondamentales : – changer le statut d'Alger pour le hisser à un niveau approprié ; — imposer le territoire comme matrice de cohérence face aux politiques sectorielles dans les domaines de la mobilité, de l'habitat, du patrimoine, etc.. La ville ne doit pas être une addition, mais une synthèse autour d'un projet et d'un modèle territorial.

- Poursuivre la mise en œuvre des projets adoptés dans le cadre du plan stratégique qui restent à lancer. Ils sont très peu nombreux pour ce qui concerne la première phase, mais ils restent importants à l'instar des projets de la place des martyrs et des terrasses du port ou de la réhabilitation du centre historique.

- Enfin, il est important de rappeler que le plan stratégique d'Alger participe non seulement de la modernisation de la société algéroise, voire algérienne, mais aussi du développement économique de notre pays en dehors du pétrole et du gaz. C'est dans cet esprit que s'est notamment inscrite la réalisation du quartier d'affaires de Bab Ezzouar dont la première pierre a été posée en 2006 et qui connait aujourd'hui un dynamisme remarquable.

C'est pourquoi il est important de passer à une nouvelle étape dans la gestion et le management de ce projet en mettant en place la société du développement d'Alger prévue par le plan stratégique et qui, au travers de ses investissements immobiliers, devrait pouvoir générer des recettes récurrentes à la collectivité, créer de très nombreux emplois, amplifier les réalisations de logements intermédiaires urbains de qualité utiles à l'équilibre et à la stabilité sociale.

Ce bref rappel des conditions dans lesquelles va émerger et se développer cet important et ambitieux projet nous permet aujourd'hui de rendre un hommage appuyé aux pouvoirs publics au plus haut niveau et à Monsieur Mohamed Kebir ADDOU, ancien Wali d'Alger, l'initiateur et le porteur au quotidien de ce plan stratégique d'envergure nationale et internationale.

En conclusion, indiquons que les contributions du présent ouvrage soulignent, à juste titre, l'importance de la dimension locale et participative du développement territorial. Gageons qu'au moment où un certain nombre d'enjeux de structure deviennent incontournables, comme la prise en charge du changement climatique, ces approches par « le bas » gagneraient à se réapproprier des démarches plus structurantes « par le haut ».

Cela pourrait alors nous ouvrir sur la perspective d'une ville qui équilibre structure et dynamiques, qui ne soit pas uniquement un réceptacle de politiques sectorielles ou une addition de projets locaux, même bien pensés, mais une synthèse de ces deux dimensions au service d'une amélioration de la condition de vie des citoyens.

Amine BENAÏSSA

Architecte-urbaniste, Expert international en aménagement,
Consultant en charge du plan stratégique d'Alger entre 2006 et 2013

Mohamed SRIR

Introduction

Alger se transforme, non sans difficultés, suivant l'évolution de son urbanisation. C'est une dynamique exceptionnelle que connait la ville–capitale dans le cadre de son Plan stratégique de développement à l'horizon 2030. Cette réalité évoque des mutations urbaines multiples : fonctionnelle, morphologique, politique, sociale et culturelle ; et mérite une attention particulière en matière d'analyse de l'expérience urbaine. Cette dernière s'est exprimée dans la (re)conquête de nouveaux territoires contribuant à un changement inéluctable du paysage de la ville. Ce sont de nouveaux espaces qui viennent reconfigurer l'image, l'espace et les pratiques. Cependant, si leurs impacts en termes visuels et organisationnels de l'espace physique sont apparents, les démarches de leur conception, intégration et gestion le sont moins. Ceci évoque la question des outils d'aménagement et des pratiques actuelles de l'urbanisme qui sont devenus problématiques face à la déshérence en termes de qualité et de gestion qui caractérise l'espace algérois. Plusieurs questions sont ainsi soulevées. Comment Alger se (re)construit-elle aujourd'hui ? Selon quelles logiques doit-elle re(fabriquer) ses espaces urbains ? Quels sont les enjeux et les valeurs qu'elle doit mettre en acte ? Quel modèle de développement urbain doit-elle adopter ? Quels sont les approches et les outils à mettre en œuvre ?

En ce sens, cet ouvrage se veut une contribution à la lecture et au décryptage de la dynamique du développement urbain algérois d'aujourd'hui. Ainsi, à travers différents points de vue, notre publication porte un regard critique, à la fois théorique, méthodologique et empirique, sur les diverses situations urbaines. Les contributions réunies ici émanent d'un collectif de jeunes chercheurs algériens exerçant à Alger, à Grenoble, à Louvain-la-Neuve, à Marseille et à Paris. Ils évoquent dans leurs textes des réflexions et des questionnements sur l'urbanisme algérois d'aujourd'hui et de demain.

L'exercice vise, non seulement à faire le constat de la situation présente, mais aussi à évoquer les enjeux pour les années à venir. Les réflexions s'inscrivent dans l'un des deux axes de questionnements suivants :

- **Représenter les mutations urbaines : relectures, tensions et politiques d'action**
  Dans un contexte marqué par la diversité des tissus urbains, quelle lecture peut-on faire de ces mutations qui viennent changer l'image du paysage algérois ? Quelles sont les représentations qu'en font les différents acteurs ? Quel cadre d'action pour le renouvellement et la requalification du cadre urbain existant ?
- **Aménager de nouveaux territoires : modèles urbains, approches et outils de mise en œuvre**
  On assiste aujourd'hui à l'émergence de nouveaux modes de production urbaine, de connexion et d'usage qui doivent s'accompagner d'un renouveau dans les démarches pour intégrer les nouvelles exigences du développement durable. Quels sont les nouveaux concepts à mettre en œuvre ? Quels sont les outils intégrés d'une démarche respectueuse de l'environnement ? Comment concrétiser la ville durable ?

Les textes exploitent des sujets variés selon les domaines d'intérêts des auteurs. **Abdennour Oukaci** s'appuie sur les opérations pilotes de réhabilitation de la ville coloniale pour apporter un éclairage sur l'état de conservation des espaces cachés d'un tissu résidentiel remarquable. **Ahmed El-Amine Benbernou** traite la question de construction de masse qui a fortement marqué le paysage algérois sous le « Plan de Constantine » et sa répercussion sur l'urbanité de la ville actuelle. L'identité paysagère s'avère donc une dimension incontournable de la ville contemporaine. Cependant, offrir une nouvelle image par l'injonction du vert, selon la vision des pouvoirs publics, engendre des tensions d'appropriation sociale et spatiale comme le montre la comparaison établie par **Anna Rouadjia** entre les représentations sociales des acteurs professionnels et les usagers de l'espace urbain. Abordant l'échelle globale du territoire, **Mohamed Hocine**, emprunte le concept de capacité de charge pour analyser la croissance urbaine et ses impacts sur l'environnement algérois. **Isma Abdelatif**, revient sur le concept de capacité de charge mais dans une application au secteur du tourisme à travers l'évaluation de la ZET de Zéralda, en soulignant les pressions exercées sur la côte algéroise et les décalages observés dans la capacité de réponse des politiques. Tous ces éléments renvoient à la question cruciale de renouvellement des approches et des outils d'urbanisme qui sont traités dans la seconde série d'articles. **Djamel Eddine Bouraghba** prône ainsi le projet urbain comme démarche globale et stratégique de toute visée d'aménagement et d'urbanisme inspirée des leçons et des savoirs. **Mehdi Bennai** met en valeur la dimension sensible du projet urbain dans sa mission de requalification des espaces publics à travers l'introduction de nouvelles approches de reconquête des quartiers dévitalisés. **Mohamed Srir** s'appuie sur l'exemple d'un projet d'urbanisme durable, l'éco-quartier « Diar El Djenane » pour analyser les enjeux d'une telle démarche, ses avantages et surtout les limites d'application d'un concept occidental dans un contexte local. De son côté, **Amina Benameur** aborde, à travers le cas de la ZHUN de Bab Ezzouar, le projet de résidentialisation comme un des leviers d'une transformation profonde et durable de l'espace du quartier et de ses relations avec le contexte urbain. L'analyse par **Aniss Mouad Mezoued** de l'adhérence spatiale du tramway d'Alger met en valeur le potentiel de structuration du territoire et les possibilités d'améliorer la connexion des différents fragments de la ville. Enfin, dans l'exemple du CET de Ouled fayet, **Fayçal Benachour** nous montre comment le principe de précaution peut être mobilisé comme concept opératoire dans la gouvernance urbaine et la gestion des risques.

Si les approches d'analyse poursuivies sont diverses, le fil conducteur des différentes contributions réside dans le croisement des regards critiques et des perspectives de fabrication de l'Alger contemporaine. Pour ne pas conclure, cet ouvrage se termine par une ouverture épistémologique dans les propos de **Ewa Berezowska-Azzag**, qui trace ainsi des pistes de réflexions sur la quête du temps perdu de la recherche en urbanisme.

PARTIE I

Représenter les mutations urbaines : relectures, tensions et politiques d'action

Abdennour OUKACI

La scène et les coulisses : lumière sur les espaces intérieurs du tissu résidentiel ancien dans la commune d'Alger centre

Suite à l'opération pilote lancée en 2008 par la Wilaya d'Alger sur les deux grands axes urbains que sont le boulevard Zighout Youcef et l'avenue du 1er novembre, la commune d'Alger-centre entreprend aujourd'hui la « réhabilitation » de ses immeubles d'habitation. Celle-ci concerne exclusivement les façades extérieures. Or, les espaces communs de ces immeubles, les cœurs d'îlots, leurs façades intérieures, leurs toitures et leurs terrasses (baptisées cinquième façade) accusent une dégradation avancée. Une connaissance précise des éléments constitutifs de ce tissu résidentiel, de sa « pathologie » par l'examen des causes et des manifestations de cette dégradation, et l'élaboration d'une base de données exhaustive nous semble indispensable dans le cadre d'une opération de cette envergure. Aux fins d'une action complète et durable, une mise en lumière de l'état de conservation des espaces cachés et leur pleine considération s'imposent.

Le tissu résidentiel ancien en question

Complexe et ambiguë, la notion de patrimoine architectural et urbain en Algérie reste étroitement associée au XIXème et au début du XXème siècle colonial. Le visiteur du centre historique d'Alger est souvent émerveillé par la qualité de son espace et l'art de sa conception. L'urbanisme algérois a généré un paysage architectural et urbain remarquable. L'espace urbain ainsi produit recèle une urbanité difficilement récusable. Des relevés architecturaux et des prises de vue autour du tissu résidentiel ancien[1] ont permis de le redécouvrir. Mais cette urbanité est aujourd'hui mise à mal et son cadre physique subit des dégradations sans précédent.

L'examen des « espaces intérieurs » et des parties communes des immeubles (halls, couloirs, escaliers, ascenseurs, cours, façades intérieures, cœurs d'îlots, toitures et terrasses) révèle une composition architecturale et urbaine d'une grande valeur. Pourtant, cette « cinquième façade urbaine » est en proie à un phénomène pathologique qui affecte l'ensemble de l'espace construit. A première vue, les immeubles d'habitation subissent des dégradations contraires à leur conservation, malgré un arsenal juridique et administratif fourni. En effet, des textes de loi et des règlements régissent ce patrimoine, tant du point de vue de sa gestion que de son développement. Les usages inhérents à la copropriété étant cependant peu respectés[2] et les autorités publiques insuffisamment vigilantes, il n'est pas étonnant de voir cet espace bâti tomber aujourd'hui dans un état de vétusté et de délabrement regrettable.

Le tissu résidentiel hérité de la période coloniale comprise entre le milieu du XIXème et le début du XXème siècle constitue l'essentiel du cadre physique de la commune d'Alger-centre. Il abrite une grande partie de la population algéroise à laquelle il procure, grâce à son homogénéité, une qualité de vie digne d'un centre historique proprement urbain. Seulement, des agents naturels (secousses sismiques, vents, humidité, vieillissement...), conjugués avec des facteurs humains, le fragilisent au point de le voir menacer ruine. Nombreux sont les réquisitoires et les dénonciations.

« *En parlant de dégradation, nous aimerions quand même citer quelques phénomènes :*

- *le dépôt de divers objets transformant la terrasse en véritable dépotoir,*
- *l'installation anarchique des antennes de télévision, sans aucune précaution, provoque des fissures et des infiltrations d'eau,*
- *l'installation préparée pour les orchestres lors des mariages et autres festivités aggrave la dégradation des terrasses,*
- *les nettoyages à grande eau de tapis de crin, de laine d'une part, les sacrifices de moutons, avec la préparation des grands repas d'autre part, provoquent très souvent l'obstruction des canalisations,*

[1] Effectués par l'auteur dans le cadre de la préparation de sa thèse de doctorat.

[2] D'une enquête effectuée auprès d'un échantillon de la population de la commune, il ressort à la fois une ignorance et une indifférence quasi totales quant aux règlements de copropriété en vigueur et aux règles du vivre-ensemble.

- *les cages d'escalier, terrains de jeu de prédilection des enfants, subissent d'importantes dégradations,*
- *les rampes d'escalier sont le plus souvent branlantes,*
- *les vitres et ampoules électriques cassées,*
- *les cabines d'ascenseurs endommagées,*
- *les murs labourés et badigeonnés,*
- *les portes d'immeubles arrachées...* » (Benmaadi et Moussa, 1997).

Ponctuelles, fragmentaires et sans coordination, les interventions opérées par les différents acteurs publics (Wilaya, Assemblée populaire communale...) varient d'un cas à l'autre.

Sans une approche globale, toute tentative de consolidation portant sur ce tissu résidentiel, partie intégrante de l'ensemble urbain, est vouée à l'échec. L'absence d'un règlement ayant pour objet une définition précise des caractéristiques de l'ensemble patrimonial concerné (morphologie, typologie, parti architectural, techniques constructives...) et des actions à mener explique la déroute de la politique de réhabilitation du centre d'Alger aujourd'hui. Celle-ci est sans commune mesure avec l'opération pilote de 2008 qui a permis la conservation d'une partie des axes urbains de l'hyper-centre de la ville par une réelle requalification de son cadre bâti. Ce décalage remonte aux débuts du Plan stratégique de la Wilaya d'Alger (2009-2029). Axé essentiellement sur les façades extérieures, le volet « réhabilitation » de ce plan accomplit le rôle d'une opération théâtrale dont il nous donne à voir la scène pendant que les espaces intérieurs continuent de subir des altérations de tout ordre. C'est vers ces coulisses que nous voulons tourner notre regard.

La scène

Une partie infime des immeubles du tissu urbain considéré se trouve aux abords immédiats de la Casbah. Elle est, de ce fait, intégrée au périmètre du secteur sauvegardé de la traditionnelle médina, régi par la loi n° 98-04 du 15 juin 1998 relative à la protection du patrimoine culturel, suivie d'un décret exécutif portant adoption finale du PPSMVSS (Plan Permanent de Sauvegarde et de Mise en Valeur du Secteur Sauvegardé) de la Casbah, approuvé le 22 février 2012. Bien qu'ainsi protégés, ces immeubles ne bénéficient d'aucune priorité dans leur entretien et leur réhabilitation, malgré de récentes mesures d'urgence en la matière, avant le passage à la deuxième phase du projet de sauvegarde : la restauration.

Hors du secteur sauvegardé, la majeure partie du parc en question ne dispose d'aucun texte spécifique permettant l'optimisation de sa gestion et son inscription dans une politique globale d'organisation garantissant notamment son entretien.

Une succession d'opérations ponctuelles

Durant les dernières années, les pouvoirs publics ont procédé, dans des conditions d'urgence, à une série d'opérations de réhabilitation ponctuelles dans l'hyper-centre de la ville. A titre exceptionnel, des projets pilotes ont vu le jour dans le cadre d'un programme d'embellissement destiné à soigner l'image de la ville. Qu'ils fussent réfléchis ou improvisés, ces projets ont surtout concerné des façades donnant sur de grands boulevards et des bâtiments présentant un risque d'effondrement. Cédant aux facilités et en se fiant à des diagnostics sommaires présentés par le CTC (Contrôle Technique de la Construction), les intervenants ont, quelquefois, franchi le pas en démolissant entièrement certains immeubles. Dans d'autres cas, des cages d'escalier ont bénéficié de réfections à la faveur des travaux de réparation occasionnés par le séisme de 2003.

Tableau 1 : Exemple d'opérations de réhabilitation accomplies dans l'hyper-centre. Source : Etabli par l'auteur.

Début de réalisation	**2008**	**2010**	**Opération future**
Opération	Réhabilitation du front de mer (plan stratégique d'aménagement et de modernisation de la ville)	Réhabilitation de 17 immeubles sur la rue Larbi Ben M'hidi (dans le cadre des orientations définies par le PDAU d'Alger et le plan d'aménagement de la baie d'Alger).	Réhabilitation de 557 immeubles aux alentours de la rue Ahmed Chaib (programme communal).
Acteur public	Wilaya d'Alger	Wilaya d'Alger	APC d'Alger centre
Zone d'intervention	- Boulevard Zighout Youcef. - Avenue du 01er novembre.	- Rue Larbi Ben M'hidi.	- Alentours de la rue Ahmed Chaib.
Nature des travaux	- Ravalement des façades et sablage des arcades.	- Ravalement des façades. - Suppression des antennes paraboliques et déplacement de climatiseurs.	- Réhabilitation des balcons et des planchers.

Les orientations du PDAU d'Alger

Le chapitre Patrimoine culturel du PDAU (Plan Directeur d'Aménagement et d'Urbanisme) d'Alger, finalisé en 2011, a pour objet la prise en charge et la valorisation des tissus résidentiels anciens. C'est l'un des objectifs majeurs de la stratégie d'intervention développée par la Wilaya d'Alger. « *Dans les grandes options du modèle territorial proposé et dans le champ de la sauvegarde et de l'action patrimoniale, apparaissent les objectifs généraux suivants : (...) protection des tissus urbains ayant des caractéristiques homogènes et d'intérêt historico-patrimonial reconnu, ainsi que la délimitation d'espaces ou de secteurs à associer à un cadre de médinas et d'instruments efficaces pour l'encadrement légal de cette protection (...)* ». Quant aux « *opérations de réhabilitation urbaine* », elles sont jugées « *indissociables de la composante de l'habitat, étant donné que les éléments ou les ensembles de valeurs patrimoniales existants constituent eux-mêmes une ressource importante pour le colmatage des manques dans ce secteur* » (PDAU d'Alger, 2011).

Ces recommandations officielles constituent une avancée notable dans la prise en charge de ces ensembles urbains hérités de la période coloniale et une première dans l'histoire de la conservation patrimoniale en Algérie. Aucune décision de cet ordre n'avait été prise par le passé. Cet engagement tarde cependant à se concrétiser sur le terrain.

Réhabilitation du centre historique dans le cadre du Plan stratégique de développement de la wilaya d'Alger

Dans une perspective de requalification, de revitalisation et d'embellissement urbains, le Plan stratégique de Développement de la Wilaya d'Alger (2009-2029) donne, dans ses orientations, la priorité à des opérations de réhabilitation de l'hyper-centre de la ville. Il exhorte à :

- « *Sortir d'interventions de circonstances ;*
- *Agir en profondeur sur les zones à réhabiliter ;*
- *Choisir des sites symboliques susceptibles de frapper les esprits et de servir de catalyseur et de moteur à la réhabilitation globale ;*
- *Réaliser des travaux par étape, en fonction de nos capacités techniques et financières ;*
- *S'assurer de l'adhésion de la population* » (Vies de Villes, 2012).

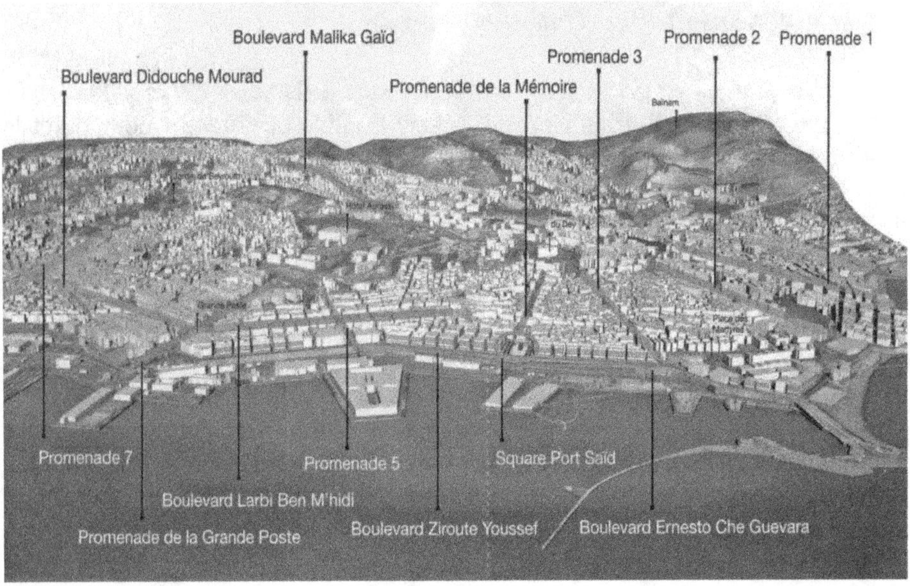

Figure 1 : Les principaux sites retenus pour les opérations de réhabilitation de l'hyper-centre dans le Plan stratégique de Développement de la Wilaya d'Alger (2009-2029).
Source : Vies de villes, *Cinquantenaire : les projets qui transforment Alger*, hors-série n° 3, juillet 2012.

Seule une partie de l'hyper-centre de la ville bénéficie à l'heure actuelle des premières interventions du Plan stratégique et seules les façades extérieures des immeubles retenus pour des opérations de ravalement, de réfection des réseaux, de suppression d'antennes paraboliques, de déplacement de climatiseurs, de sablage des arcades, etc. connaissent une amélioration.

A l'instar des autres sites retenus, la rue Larbi Ben M'hidi (ex. rue d'Isly), axe urbain majeur de l'hyper-centre, a vu la réhabilitation de 17 de ses immeubles d'habitation. Dans le cadre des orientations du PDAU d'Alger, elle bénéficie aujourd'hui d'un ambitieux projet de requalification de ses espaces publics : réaménagement de la rue et des places, création de centres commerciaux et culturels, amélioration des flux de circulation et de stationnement… En revanche, les espaces situés au fond des parcelles ou cachés derrière les façades ne profitent d'aucune intervention. Force est donc de s'interroger sur l'efficacité de l'opération et de douter de sa faisabilité.

Figure 2 : Deux immeubles de la rue Larbi Ben M'hidi illustrant les opérations de ravalement des façades, de suppression des antennes paraboliques, de déplacement des climatiseurs et d'enfouissement des câbles.
Source : Photos prises par l'auteur, 2012.

Rôle du citoyen et gestion des immeubles collectifs dans le cadre de la copropriété

La gestion des immeubles collectifs en Algérie est régie par le décret n° 94-59 du 7 mars 1994.[3] Parties communes et parties privées, droits et obligations des copropriétaires, modalités de constitution de l'administration de la copropriété, fonctionnement et compétences de cette administration y sont définis avec précision. Mais les règles ainsi fixées sont rarement respectées. Par conséquent, la prise en charge et l'entretien de ces espaces communs tombent en désuétude. Cette démission générale qui a pour conséquence une dégradation inéluctable du patrimoine immobilier nous interpelle et nous incite à nous interroger sur la sensibilisation nécessaire du citoyen, son éducation civique et son information par une vulgarisation des textes de loi.

[3] Qui modifie et complète le décret n° 83-666 du 12 novembre 1983 relatif à la copropriété des immeubles collectifs et à leur gestion.

Les coulisses

Nous appelons « espaces intérieurs » de la ville les parties situées à l'intérieur des immeubles, des parcelles et des îlots urbains (halls, escaliers, cours et murs intérieurs), mais aussi les toitures et les terrasses. Occultés, négligés ou ignorés, ces espaces suscitent peu d'intérêt. Trop souvent, on oublie pourtant qu'ils sont indissociables du paysage de la ville qui s'offre à la vue à partir de ses balcons et de ses terrasses.

Figure 3 : Périmètre étudié.
Source : Plan de la commune (APC) d'Alger-centre retouché par l'auteur.

La connaissance de cet espace et sa reconnaissance concourent efficacement aux projets de réhabilitation d'une manière générale. Son inscription, dans un premier temps, dans la phase préparatoire (diagnostic) s'impose, avant sa prise en considération concrète dans les opérations, en vue d'une amélioration urbaine complète et durable.

Espaces communs

Les parties communes des immeubles sont des espaces intermédiaires semi-privés. Ils permettent le passage de la voie publique à l'appartement privé. Dans le parc considéré, ces parties communes recèlent, dans les formes et les matériaux utilisés, une qualité et une diversité non négligeable. Leur traitement décoratif et le soin apporté à chacun de leur élément témoignent d'un art de bâtir exemplaire.

Figure 4 : Diversité des espaces communs à l'intérieur d'immeubles d'habitation dans le périmètre étudié.
Source : Photos prises par l'auteur, 2012.

A eux seuls, les escaliers, par exemple, présentent une grande gamme de formes recherchées particulièrement séduisantes (hélicoïdales, balancées, jumelées, monumentales…). Leur maçonnerie aussi bien que les matériaux utilisés (marbre, bois noble, fer forgé, fonte) leur confèrent une valeur architecturale certaine.

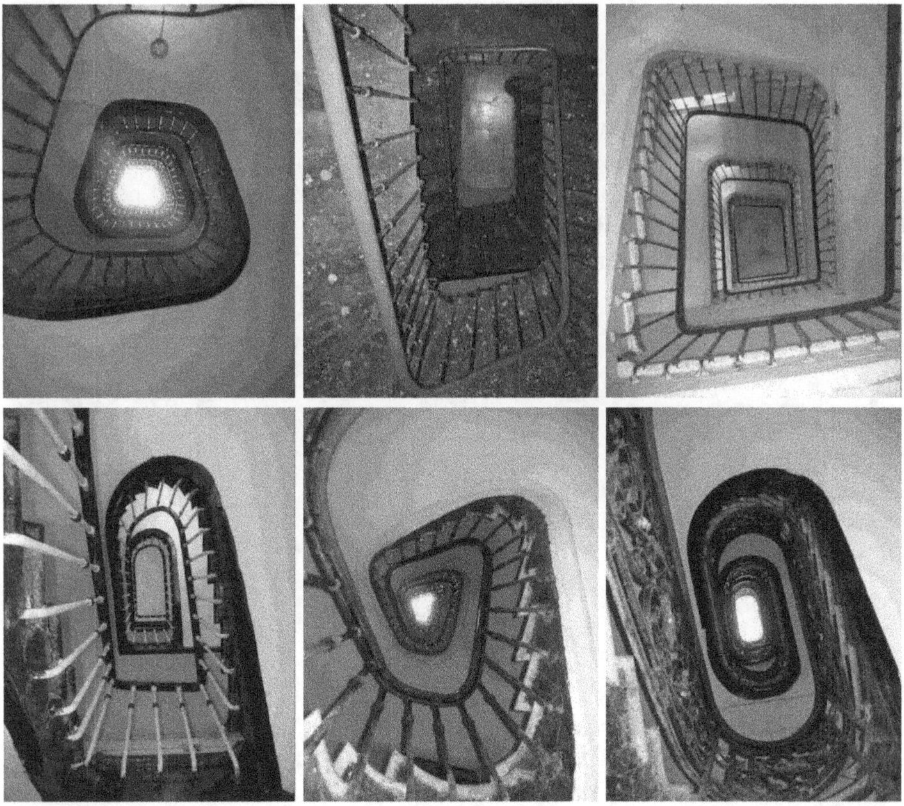

Figure 5 : Photos d'escaliers aux formes riches et séduisantes. Source : Photos prises par l'auteur, 2012.

Il n'est pas rare de découvrir dans des immeubles de copropriété des escaliers, des halls d'entrée, des ascenseurs, des cours et des courettes de service en état d'abandon total. L'absence d'entretien accélère la dégradation physique et mécanique du bâtiment. Celle-ci se traduit par un écaillage des peintures et des vernis au niveau des murs et des plafonds, des fissures superficielles sur les planchers, une détérioration ou décollement des revêtements des sols, des infiltrations d'eaux pluviales à partir des verrières, de la moisissure, mais aussi, plus sérieusement, par un endommagement du mécanisme des ascenseurs, des fissures profondes sur les murs et les plafonds, des désagrégations structurelles des planchers…

Figure 6 : Des parties communes en état de délabrement avancé. Des planchers et des plafonds présentant un risque d'effondrement certain.
Source : Photos prises par l'auteur, 2012.

Les cours et les façades intérieures

La présence de grandes cours à l'intérieur de certains immeubles s'accompagne généralement de murs et de façades richement décorés. Les architectes apportaient à ces parties intérieures un soin égal à celui dont ils dotaient les façades extérieures et veillaient tout aussi bien au confort des habitants en s'intéressant à la configuration spatiale, à l'air et à la lumière notamment.

Figure 7 : Exemples de cours et de façades ayant préservé leurs éléments décoratifs et architecturaux. Source : Photos prises par l'auteur, 2012.

Figure 8 : Cours et façades intérieures au 8, rue Larbi Ben M'hidi. Source : Photos prises par l'auteur, 2012.

Ces espaces intérieurs connaissent aujourd'hui des formes d'altération diverses : écaillage des peintures et des vernis au niveau des façades, des fissures superficielles et plus profondes par endroits des murs, des infiltrations des eaux pluviales à partir des verrières, couvertures zénithales des cours non entretenues, mais aussi l'endommagement et le décollement des revêtements aux sols et muraux.

Les cœurs d'îlots

Semé par endroits de cœurs d'îlots fermés, sur lesquels s'ouvrent des locaux à usage domestique secondaire (cuisines, toilettes, salles de bain, débarras...), le tissu résidentiel se retrouve chargé d'enclaves difficilement accessibles[4], et aux abords transformés en dépotoirs de déchets ménagers. L'insalubrité y est de plus en plus préoccupante.

L'état de conservation délabré des façades intérieures (fissures profondes, moisissures, etc.) est dû essentiellement à l'absence totale d'entretien et à la dégradation des évacuations des eaux pluviales et usées accrochées aux murs.

[4] On y accède généralement par un niveau inférieur au rez-de-chaussée, en passant sous le palier des escaliers, lequel est souvent squatté ou condamné.

Figure 9 : Vue sur un cœur d'îlot. Source : Photo prise par l'auteur, 2012.

Figure 10 : Cœurs d'îlots et leurs abords transformés en décharge publique. Source : Photos prises par l'auteur, 2012.

Une « cinquième façade » intéressante mais abîmée

A l'image des maisons traditionnelles basses du vieux centre (ou Casbah), les immeubles de rapport de l'hyper-centre construits au XIXème

siècle et au début du XXème ont été implantés graduellement, suivant une topographie montagneuse pour donner lieu à un paysage urbain exceptionnel. Avec, par ailleurs, des plans de toitures ingénieux et des terrasses accessibles permettant à la fois des vis-à-vis discrets et une vue générale dégagée, l'urbanisme algérois participe étroitement au panorama de la Baie d'Alger.

Figure 11 : Vue d'ensemble sur des toitures et des terrasses. Source : Photo prise par l'auteur, 2012.

Outre les facteurs naturels (vents, pluie, humidité de l'air, salinité de l'air et séisme), les activités humaines (sur-occupation, squat, constructions abusives et installations diverses) portent atteinte à l'équilibre de l'espace bâti et à sa sauvegarde. Mais il s'agit là d'un phénomène observable à l'échelle nationale.

Figure 12 : Formes de dégradation sur des terrasses et des toitures. Source : Photos prises par l'auteur, 2012.

Conclusion

Dans sa démarche de réhabilitation de l'héritage immobilier ancestral, la politique de requalification des espaces urbains anciens doit prendre en considération tous les éléments constitutifs de ce bien, si véritablement elle ambitionne la constitution d'un cadre bâti durable. Les espaces intérieurs ne sont pas des moindres. Pour ce faire, et si le rôle de l'Etat n'est pas à minimiser, celui du citoyen est tout aussi important.

Une réglementation plus ou moins appropriée existe, mais elle a besoin d'être réexaminée, renouvelée et enrichie, diffusée et appliquée pour remédier à tous les dysfonctionnements qui entravent une bonne gestion de ce patrimoine.

A la lumière de ce premier constat, trois recommandations peuvent d'ores et déjà être avancées : a) création d'une base de données complète et réalisation d'un diagnostic permettant d'évaluer les actions réparatrices à mener, b) élaboration d'un règlement spécifique à chaque catégorie d'espace urbain caractérisé, c) ouverture d'une réflexion sur les conditions et les modalités d'implication du citoyen et de sa responsabilisation.

Bibliographie

Aïche B. et Cherbi F., (2005), Connaissance et reconnaissance du patrimoine : 1830-1962, in Minnaert J-B. (dir.), *Histoires d'architectures en Méditerranée XIXe-XXe siècles*, Éditions de la Villette, Paris, p.99-130.

Almi S., (2002), *Urbanisme et colonisation : Présence française en Algérie*, Éd. Mardaga, Liège, 159 p.

Benmaadi M. et Moussa A., (1997), Le patrimoine immobilier de l'état dans la wilaya d'Alger, in Collectif., *La question du logement à Alger*, Éd. OPU, Alger, p.132-133.

Bennai M., (2010), *Le processus d'intervention sur les quartiers anciens de l'époque coloniale à Alger : Approche-démarche-cadres d'action*, Mémoire de Magister en « Urbanisme » non publié, EPAU, Alger, 158 f.

Bertrand M-J., (1980), *Architecture de l'habitat urbain : La maison, le quartier, la ville*, Éd. Dunod, Paris, 230 p.

Bettoutia A., (2006), *Les arts décoratifs dans le patrimoine colonial de la ville d'Alger*, Éd. G.A.L, Alger, 61p.

Bsrikri M., (Mars 2012), Pour les Algérois, Alger est un butin de guerre, Interview de l'architecte Mohamed Larbi Merhoum sur le développement des villes algériennes depuis l'indépendance, *Courrier international*, Paris, n° 1115, p.29.

Bürklin T. et Peterek M., (2008), *Basics, Morphologie urbaine*, Éd. Birkhäuser Verlag AG, Bâle, 72p.

Choay F., (1992), *L'allégorie du patrimoine*, Éd. Seuil, Paris, 292 p.

Collectif EPAU/UPM., (2013), *Méthode de réhabilitation d'un centre historique : Diagnostic du quartier Ben M'hidi – Alger*, Éd. Les alternatives urbaines, Alger, p. 228.

Cresti F., (1993), *Contributions à l'histoire d'Alger*, Éd. Centro Analisi Sociale Progetti S.r.l., Rome, 142 p.

CTC Chlef / APC Alger- centre (2001/2002/2004), *Rapports d'expertise technique d'immeubles d'Alger- centre : fiches d'évaluation des dommages*, Alger.

Deluz J-J., (1988), *L'urbanisme et l'architecture d'Alger, aperçu critique*, Éd. Mardaga, Liège, 195 p.

Fredet J. et Laurent J-C., (2013), *Guide du diagnostic des structures dans les bâtiments d'habitation anciens*, Éditions du Moniteur, Paris, 766 p.

Kassab T. et Kassab N., (2004), Alger, in Collectif., *Sur les traces de la modernité, 50 ans d'architecture : Oran, Alger, Annaba*, Éd. CIVA, Bruxelles, p.08-67.

Lespès R., (1930), *Alger, étude de géographie et d'histoire urbaine*, Éd. Félix Alcan, Paris, 860 p.

Lynch K., (1998), *L'image de la Cité*, Éd. Dunod, Paris, 221p.

Oukaci A., (2009), *Vers une lecture typologique du tissu résidentiel colonial de la ville d'Alger. Cas des immeubles d'habitation du 19ème siècle d'Alger-centre*, Mémoire de Magister en « Habitat » non publié, département d'architecture de l'université de Blida, 140 f.

Petruccioli A., (1993), Alger 1830-1930 : Pour une lecture typologique des immeubles d'habitation, in Collectif., *Algérie les signes de la permanence*, Éd. Centro Analisi Sociale Progetti S.r.l., Rome, p.33-52.

Rossi A., (1984), *L'architecture de la ville*, Éd. L'Équerre, Paris, 295p.

Safar-Zitoun M., (avril-septembre 2009), Alger d'aujourd'hui : une ville à la recherche de ses marques sociales, *Insaniyat (Alger : une métropole en devenir)*, Oran/CRASC, volume XIII, 2-3, n° 44-45, p.33-57.

Sgroï-Dufresne M., (1986), *Alger 1830-1984 : Stratégie et enjeux urbains*, Éd. Recherche sur les civilisations, Paris, 252 p.

Vies de villes (Juillet 2012), *Cinquantenaire : Les projets qui transforment Alger*, Hors-série n° 03, 422 p.

Wilaya d'Alger / PARQUE EXPO., (Avril 2011), *PDAU d'Alger - Rapport d'orientation*, Alger, 158 p.

Ahmed El-Amine BENBERNOU

La ville d'Alger à l'heure du « Plan de Constantine »

Comme pour beaucoup d'architectes algériens, mon regard sur l'urbanisme et l'architecture d'Alger (Deluz, 1988)[1] a richement été marqué par l'ouvrage, du même titre, de cet architecte et ancien enseignant de l'Ecole Polytechnique d'Architecture et d'Urbanisme d'Alger que fut le regretté Jean-Jacques Deluz. À chaque fois que je suis de passage dans la capitale, je reste admiratif du panorama qu'elle offre et de la diversité de sa structure urbaine. L'image de cette ville millénaire est désormais fortement marquée par les imposantes barres qui ponctuent ses paysages. D'un point de vue purement urbanistique, la ville d'Alger a longuement été traitée dans bon nombre d'écrits dont celui de Maria Sgroï-Dufresne (1986)[2], Nabila Oulebsir (2004)[3] ou encore de Nora Semmoud (2001)[4] mais, comme le précise si bien J.J. Deluz (1988), la période de la guerre d'Algérie reste l'une des moins étoffées de son histoire. En ayant fait le choix de travailler sur ce sujet dans le cadre de ma thèse, mon objectif est, en tant qu'architecte amené à intervenir sur le territoire et jeune chercheur passionné d'histoire destiné à enseigner, de mieux comprendre la genèse des structures urbaines des villes algériennes actuelles. Dans l'émergence de ces symboles de la modernité

1 DELUZ Jean-Jacques, *L'architecture et l'urbanisme d'Alger*, Pierre Mardaga, Office des Publications Universitaires, Alger, 1988, 200 p.

2 SGROÏ-DUFRESNE Maria, *Alger 1830-1984 : Stratégie et enjeux urbains*, Éd. Paris : Recherche sur les civilisations, 1986, 252 p, (Mémoire, n°63).

3 OULEBSIR Nabila, *Les usages du patrimoine : monuments, musées et politique coloniale en Algérie (1830-1930)*, Fondation de la Maison des Sciences de l'Homme, Paris, 2004.

4 SEMMOUD Nora, *Les stratégies d'appropriation de l'espace à Alger*, Paris, L'Harmattan, 2001, 272 p.

que sont les grands ensembles, à Alger comme du reste dans la plupart des villes algériennes, nous pensons que le « Plan de Constantine » fut à l'origine de leur prolifération.

C'est précisément le 3 octobre 1958, lors d'un discours à Constantine, que le Général de Gaulle officialise le lancement du plan de développement économique et social pour l'Algérie dit « Plan de Constantine ». En nous penchons sur ce sujet, nous entendons réfléchir aux motivations de l'administration française dans une telle entreprise et sa répercussion sur l'urbanité de la ville d'Alger aujourd'hui. Qu'a-t-il apporté de plus ou de nouveau dans la manière de penser le territoire algérien ? Quelle place la production de logements y tenait-elle ? Quels types d'habitat y ont été développés ? A qui étaient-ils destinés et qui a pu en bénéficier ? Selon quelle transition l'occupation de ces constructions s'est-elle opérée après l'indépendance ? Il est certain que le « Plan de Constantine » a eu un effet non négligeable sur le parc immobilier algérois. Cette période précédant l'indépendance –et caractérisée par l'apogée de la construction de masse– a fortement marqué le paysage d'Alger en contribuant à la mutation progressive mais résolue de son image d'Alger la Blanche à celle d'une ville ponctuée de grands ensembles.

A travers ce texte – qui participe au regard que porte la jeune recherche en urbanisme sur la ville d'Alger– nous allons essayer de comprendre comment les démarches urbanistiques modèlent le territoire et comment le plan de développement de 1958 a participé aux mutations de l'image du paysage algérois. Pour cela, nous nous intéresserons, dans un premier temps, à une relecture des objectifs du « Plan de Constantine » qu'ils aient été affirmés ou sous-entendus, où le logement tient une place importante comme outil de la promotion sociale et économique. Nous verrons, par la suite, les stratégies d'actions et les moyens mis en place pour la concrétisation de ces objectifs qui, d'autant plus, devaient composer avec la situation d'urgence du moment tout en se projetant sur le long terme. Nous traiterons, dans un troisième temps, des accomplissements du Plan dans la capitale et de la question du zoning issu de l'application de la réglementation et des outils d'urbanisation métropolitains en corrélation avec les problématiques urbaines liées à la spéculation foncière et à la ségrégation de l'espace. Nous aboutirons au final sur une ouverture sur les nouvelles dynamiques urbaines et sur les enseignements tirés par ce Plan initié il y a déjà plus de 50 ans.

L'intégration par l'industrialisation

Le « Plan de Constantine » a succédé aux « Perspectives décennales du développement économique de l'Algérie » dont le principal objectif était l'industrialisation du pays. En s'emparant de ce document, la couleur de l'action sociale promue par le Plan était donnée : l'intégration se fera par l'industrialisation.

Des objectifs affirmés et sous-entendus

Avant de parler d'Alger et du « Plan de Constantine », nous nous devons de présenter ce fameux Plan. Il s'en ressort de prime abord d'une volonté politique de faire sortir l'Algérie de son sous-développement. De ce fait, sa préoccupation majeure était l'industrialisation du pays, ce qui sous-entendait de grandes réformes dans le domaine de l'emploi, de l'économie, de l'administration, mais aussi des mesures sociales en matière d'éducation et de santé, en vue d'établir une cohabitation pérenne entre les deux peuples et dont l'habitat était considéré comme l'une des pierres angulaires. Cela dit, le contexte dans lequel le Général de Gaulle inaugure ce plan de développement un 3 septembre 1958, sur les hauteurs de Constantine, peut laisser planer un certain doute sur la sincérité de ce grand tournant dans la politique coloniale française dans le pays. En effet, l'urgence de la reconstruction économique et sociale de la métropole, dévastée par la Seconde Guerre mondiale, a eu pour conséquence de relayer l'Algérie au second plan dans les priorités de l'État. Alors pourquoi ce soudain intérêt ? Ternie par la collaboration et le régime de Vichy –qui était très puissant en Algérie– la France s'est engagée dans des guerres néocoloniales, en vue de reconstituer l'Empire et de redorer son blason, mais la défaite de Diên Biên Phu en mai 1954, lors de la guerre d'Indochine, lui coûta très cher. La guerre d'Algérie, prenant de plus en plus d'ampleur, résonne à l'international et prend un nouveau tournant avec l'annonce, le 19 septembre 58 au Caire, du Gouvernement Provisoire de la République Algérienne (GPRA), sous la présidence de Ferhat Abbas. Nous sommes également au lendemain de l'indépendance de la Guinée, octroyée par la France, et à la veille de la promulgation de la Constitution française. C'est ainsi que lors de son discours, le Général insiste sur l'unicité de la France et la volonté d'ouverture de la métropole à ses colonies, en traitant la guerre de libération de « *lutte fratricide* »[5]. Nous pouvons déceler ici une initiative de la dernière chance de reconquérir ce pays, où la France prend conscience, au bout de

[5] Discours du Général de Gaulle à Constantine, le 3 octobre 1958 ; Source : *Charles de Gaulle paroles publiques*, Le site des archives audiovisuelles des discours de Charles de Gaulle, site internet de l'INA et de la Fondation Charles de Gaulle, Consulté le 15/09/10.

quatre ans d'offensives, de la réalité de la situation en Algérie. Paupérisation des campagnes, misère, exode rural et prolifération des bidonvilles, principalement dans la capitale[6], où 65% de la population est européenne[7], voilà ce à quoi est confronté le « Plan de Constantine » lors de son lancement.

Suite à la publication, en 1955, du rapport « Maspetiol » – qui évaluait les investissements nécessaires au développement de l'Algérie-française afin de voir si l'État était en mesure de répondre à un tel objectif – un groupe de jeunes hauts fonctionnaires et de professionnels ont choisi de se regrouper pour voir comment mettre en pratique les conclusions du rapport[8]. Cela donna naissance aux « Perspectives décennales du développement économique de l'Algérie » déposé en mars 1958 et devant servir de « *soubassement à deux plans quinquennaux successifs* »[9]. Son principal objectif était de rattraper le retard en matière d'aide au développement de l'Algérie qui aurait dû s'imposer à « *la Métropole comme un devoir de solidarité nationale* »[10], depuis bien longtemps. C'est précisément ce document qui définira la base de cette entreprise annoncée par le Général de Gaulle, qu'est le « Plan de Constantine » et dont le logement fut conçu comme « *facteurs d'évolution sociale* »[11] « *car l'industrialisation du pays ne se réalisera que si [...] les habitudes de consommation des populations sont profondément modifiées et s'orientent notamment vers tous les objets manufacturés que la possession d'un logement moderne incite à acquérir* »[12]. Qui plus est, le logement devait être un facteur qui « *[...] favorise l'interpénétration des communautés.* »[13].

Un délai de 5 ans a été fixé pour pouvoir répondre aux différents objectifs énoncés par le plan. L'enjeu était d' « *urbaniser ce vieux corps rural* »[14] en élevant le niveau économique, social et culturel au niveau métropolitain et

---

[6] SGROÏ-DUFRESNE Maria, *op. cit.*

[7] L'ambition du « Plan de Constantine », in : *Revue Entreprise*, n°245, 14 mai 1960, p. 33.

[8] VIBERT Jean, in : revue *Chronique Sociale de France*, décembre 1959.

[9] Entretien du 30/10/2012 avec M. René Mayer, directeur de l'habitat pour l'Algérie de 1956 à 1962.

[10] *Ibid.*

[11] Caisse d'équipement pour le développement de l'Algérie, *Programme d'équipement 1959. Rapport général*, 1959.

[12] SAIGOT Jacques, *L'Habitat*, conférence de presse prononcée par le Directeur des travaux publics de la délégation générale du gouvernement en Algérie, Alger, 16 février 1960, in-4°, 21 p., pp. 5-6.

[13] *Ibid.*

[14] MARIE Michel, *Les terres et les mots,* Paris, Méridiens Klincksieck, 1989, 216 p., Coll. Analyse institutionnelle.

en réduisant les inégalités entre musulmans et européens pour qui les statistiques estiment à 1 européen pour 9 musulmans[15] le rapport entre les deux communautés.

Le logement comme support de la promotion sociale

Le « Plan de Constantine » visait deux actions principales parallèles : la réforme agraire et l'industrialisation du pays. De ces deux points résultait une troisième action qui consistait à procurer des logements et des équipements résidentiels aux deux catégories de population visées. Il s'agissait de définir, dans les villes ou dans leur voisinage, les zones industrielles et les zones d'habitations nouvelles, et, dans les campagnes, le caractère des nouvelles agglomérations. Loin de nous d'affirmer que le plan de développement économique et social de l'Algérie a basé toute sa démarche sur le seul axe du logement, mais il faut dire que l'habitat a été considéré par les planificateurs du « Plan de Constantine » comme un élément essentiel de l'évolution économique et sociale en raison du levier qu'il représente pour l'emploi et la décentralisation et le rôle décisif qu'il est censé jouer dans la promotion sociale des populations indigènes. Lors de la conclusion d'un cycle de conférences portant sur une enquête sur l'habitat en Algérie et organisé par l'Institut Technique du Bâtiment et des travaux publics d'Algérie (ITEBA), Paul Delouvrier – Délégué général du gouvernement en Algérie de 1958 à 1960 – est catégorique sur ce thème : « *[...] je crois que dans un pays sous-développé comme l'Algérie, le bâtiment peut être considéré comme une des pierres angulaires de l'activité car il permet de distribuer des salaires qui seront dépensés au profit d'industries de consommation. Il s'agit donc bien d'une pierre angulaire de démarrage et qui, mieux que d'autres, se prête à des programmes à long terme [...]* »[16]. M. Lathuillère, architecte DPLG, président du conseil régional de l'Ordre des Architectes de l'Algérois, déclare, quant à lui, lors de ce même cycle : « *[...] la promotion humaine est désormais liée au logement.* »[17].

---

15 L'ambition du « Plan de Constantine », *op. cit.*

16 SAIGOT Jacques, « L'habitat dans le plan quinquennal de l'Algérie », conf. du 25/06/59, Salle des Actes de l'Université d'Alger, Conclusion du cycle de conférences de l'ITEBA « Enquête sur l'habitat en Algérie » présidée par Paul Delouvrier, in : *Supplément aux Annales de l'Institut Technique du Bâtiment et des Travaux Publics*, n° 143, 12ème année, Novembre 1959, 16 p.

17 LATHUILLERE Marcel, « Architecture et productivité », conf. du 14 mai 1959, Salle des Actes de l'Université d'Alger, Conférence VI de l'ITEBA « Enquête sur l'habitat en Algérie » présidée par M. F. Bienvenu, in : *Supplément aux Annales de l'Institut Technique du Bâtiment et des Travaux Publics*, n° 141, 12ème année, Septembre 1959, 11 p., p. 4.

Pour la capitale algérienne, cette pensée est loin d'être nouvelle. Jacques Chevallier, maire d'Alger de 1953 à 1958 et connu pour son humanisme, affirmait que la France devait « *[...]* [bâtir] *en Algérie nuit et jour, au fur et à mesure que sa pensée s'étend, et elle n'aura plus à se soucier du problème politique* »[18] et cela pour « *le triomphe de la dignité humaine, des libertés françaises et de l'avenir de la civilisation franco-musulmane* »[19]. Au-delà des attentes économiques, le logement était considéré comme un enjeu majeur d'intégration. Comme le signale Fralon (2012)[20], Chevallier était également connu pour ses positions de droite et réactionnaires d'avant-guerre préalablement à l'adoption – à son arrivée à la tête de la commune – de cette politique plus sociale pour faire face aux menaces de la guerre sur l'intégrité de l'Algérie. C'est ainsi qu'il fit appel, dès son arrivée à la tête de la commune en 1953, à Fernand Pouillon comme architecte en chef pour la réalisation d'HLM dans la capitale. « *[...] J'ai promis, pour la fin de l'année, mille logements en chantier. Puis-je compter sur vous ?* »[21] C'est en ces termes que le Maire d'Alger demanda à Pouillon d'intervenir, se souvient-il dans ses mémoires, pour faire face à la misère des musulmans dans les bidonvilles et pour qui il estimait qu'on ne faisait rien. De cette collaboration sont nés trois grands projets, les cités Diar Saada, Diar Mahçoul et Climat de France. Achevées entre 1954 et 1957, ces réalisations sont devenues de véritables emblèmes de la politique du logement dans la capitale. De par leur recherche d'une identité locale, des matériaux employés ou de la singularité de leur conception, Pouillon a pensé ces projets en privilégiant le facteur humain : « *J'ignore si je fus un bon architecte, mais je suis certain d'avoir été un homme de cœur et d'avoir réussi mon œuvre humaine.* »[22]. La réflexion de Chevallier sur les conditions du logement a été si forte qu'elle permit d'ouvrir un nouveau champ de réflexion autour de la question algérienne et d'interpeller le pouvoir étatique sur la réalité et le devenir de ce territoire.

Urgence des enjeux sociaux et politique du chiffre

Lors de sa mise en place, le « Plan de Constantine » se confronta à deux échelles temporelles d'actions. Il devait faire face à la situation d'urgence dans laquelle se trouvait l'Algérie où le mouvement

---

[18] Bulletin municipal officiel de la ville d'Alger du 10 Octobre 1953.

[19] *Ibid.*

[20] FRALON José-Alain, *Jacques Chevalier, l'homme qui voulait empêcher la guerre d'Algérie*, Alger, Casbah éditions, 2012, 310 p.

[21] POUILLON Fernand, *Mémoire d'un architecte*, éditions du Seuil, 1968, 640 p., p. 212.

[22] *Ibid.*

d'indépendance gagnait de plus en plus de terrain auprès des populations indigènes qui étaient touchées par un fort taux de paupérisation. Cette situation impliquait des actions à très court terme qui devaient en même temps s'accompagner d'investir sur le long terme en vue d'instaurer l'industrialisation et le développement du pays. Cette situation paradoxale par rapport au délai et aux budgets impartis, s'est répercutée instantanément sur le logement, qui avait été pris comme tenant de cette gigantesque entreprise.

Prévisions et volonté de rééquilibrage régional

La satisfaction des besoins sociaux, tels qu'ils ont été estimés par le « Plan de Constantine » sur la base des « Perspectives décennales », devait répondre à trois préoccupations majeures :

- Combler le retard accumulé au cours des années précédentes, chiffré en milieu urbain à environ 100.000 logements ;
- Remplacer progressivement 100.000 logements vétustes ;
- Loger le surplus de population, estimé sur la base du rythme de progression démographique de l'époque, à 1.800.000 personnes en 10 ans pour les 50 agglomérations principales.

La réalisation de ce triple objectif impliquait la construction de 560.000 logements en 10 ans et un effort considérable d'équipement des entreprises du bâtiment. Cet effort ne pouvant être que progressif, le plan s'est fixé l'objectif de loger un million de personnes au cours des 5 premières années. La progression annuelle des mises en chantier était estimée à 10.000 logements supplémentaires par an.

Les années budgétaires en Algérie s'étendaient du 1er avril au 31 mars, se chevauchant sur 2 années civiles. A partir de 1960, elles se calèrent sur l'année civile, pour avoir une vision globale des investissements par année. L'année 1959 devant servir de transition, elle subit une réduction à 9 mois (du 1er avril au 31 décembre 1959). Les crédits alloués à l'habitat pour cette année 1959 passèrent à 15 milliards de Francs alors que pour l'exercice de 1958-1959 ils étaient de 10 milliards pour les 12 mois.

Vu le délai imparti et le nombre important de logements à produire, il était déterminant de comptabiliser les achèvements et les mises en chantier, déjà amorcées du précédent plan quinquennal (1954-1958)[23], dans le bilan de ce projet d'envergure que Deluz qualifie de « *gigantesque machine à*

---

[23] Le bilan n'inclut pas les 15.000 logements construits dans la vallée du Chélif à la suite du séisme de 1954 et dont la réalisation s'était poursuivie hors du cadre tracé par le Plan de Constantine.

chiffre »[24]. Et pour cause, sur le papier, le programme de ce plan quinquennal prévoyait pour la période de 1959 à 1963 la réalisation de 210.000 logements urbains sur l'ensemble du territoire algérien[25], dont près de la moitié[26], dans l'Algérois. La plus grosse part revenant, bien sûr, à la capitale avec 53.000 logements[27]. En 1962, 21,5% du programme total d'habitations fut réalisé et mis en chantier dans l'Algérois pour un total de 45.136 logements ; ce qui ne représente que 50,1% de l'objectif à atteindre dans cette région Centre, sur plus du trois-quarts du délai imparti (cf. Tableau 1). En plus de ces habitations de type « moderne », il était prévu la réalisation de 110.000 logements sommaires dont 90.000 réservés aux populations rurales et 20.000 destinés à la résorption des bidonvilles. Selon SGROÏ-DUFRESNE (1984), Alger a hérité de 10.000 « *structures d'accueil* » pour la résorption de l'habitat précaire sur les 90.000 prévus par le programme. La population d'Alger comptait 588.000 habitants en 1954 alors que l'estimation d'accroissement de la population pour l'année 1959 était de 810.000 habitants.

[24] DELUZ, *op. cit.*

[25] Pour mettre en place le plan, la répartition des programmes a repris le découpage administratif du territoire algérien (Départements français d'Algérie) : L'Algérois (région d'Alger pour le Centre), l'Oranie (Région d'Oran pour l'Ouest) et le Constantinois (Région de Constantine-Bône(Annaba) pour l'Est). Le Sud bénéficiant d'un statut différent (Départements français du Sahara) ne fut pas compris dans le programme, uniquement à travers les objectifs d'industrialisation et de réalisation des gazoducs.

[26] 90.000 logements pour être précis.

[27] Caisse d'équipement pour le développement de l'Algérie, *Les réalisations de 1959 à 1962*, 1964.

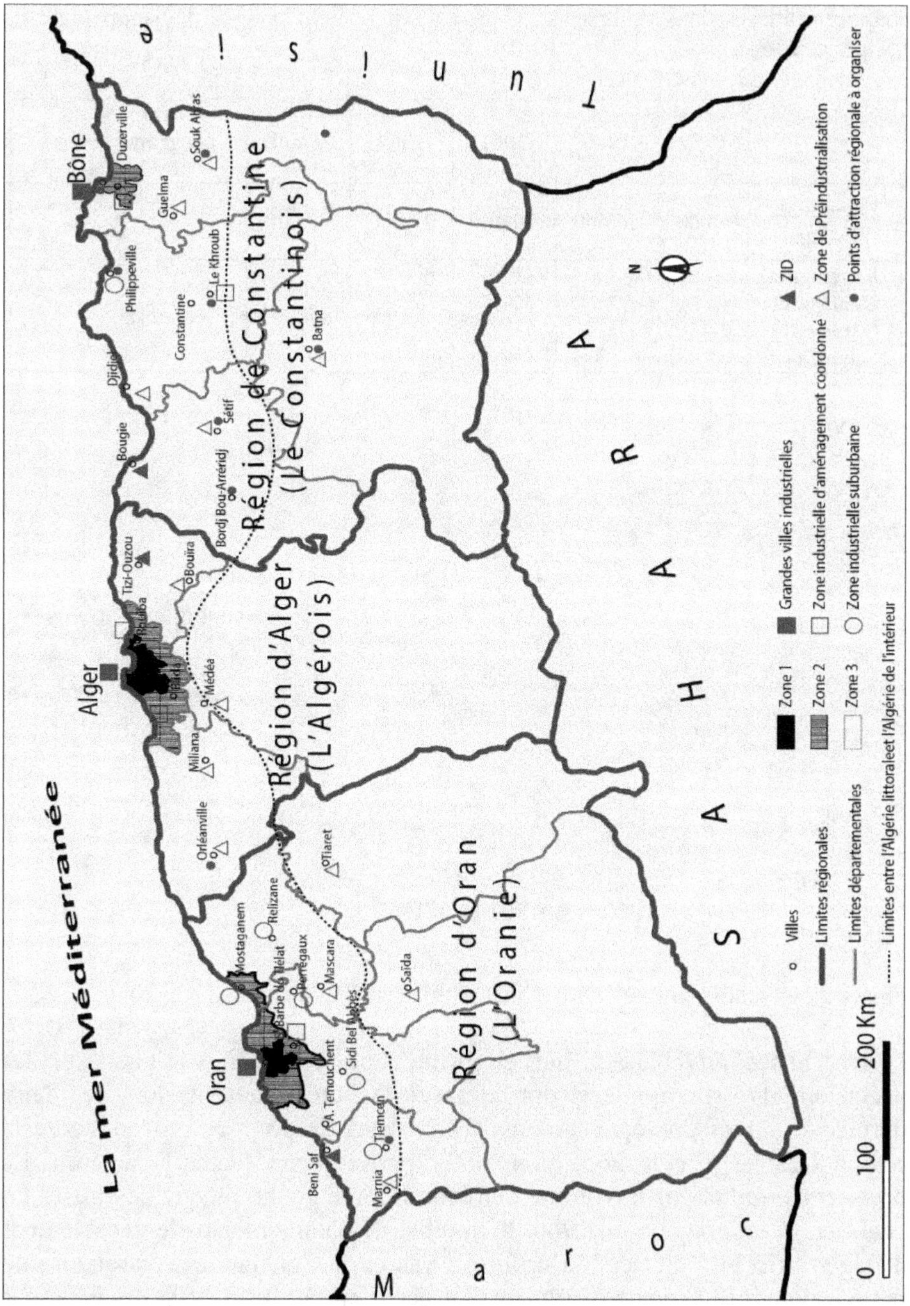

Figure 1 : Découpage administratif de l'Algérie Française à l'heure du "Plan de Constantine". Carte réalisée par l'auteur. Source : Caisse d'équipement pour le développement de l'Algérie, Aménagement du territoire Urbanisme et Construction, in *Revue Urbanisme*, N° 73, Paris, 1961, 76 p.

Tableau 1: Croisement entre les prévisions du Plan de Constantine et les mises en chantier réalisées dans l'Algérois, (Caisse d'équipement pour le développement de l'Algérie, 1964).

	1959	1960	1961	1962	Total	Part en % du programme dans l'Algérois
Logements Prévus	6.000	26.600	30.400	27.000	90.000	42,9%
Logements Réalisés et mis en chantier	5.679	19.977	12.378	7.102	45.136	21,5%

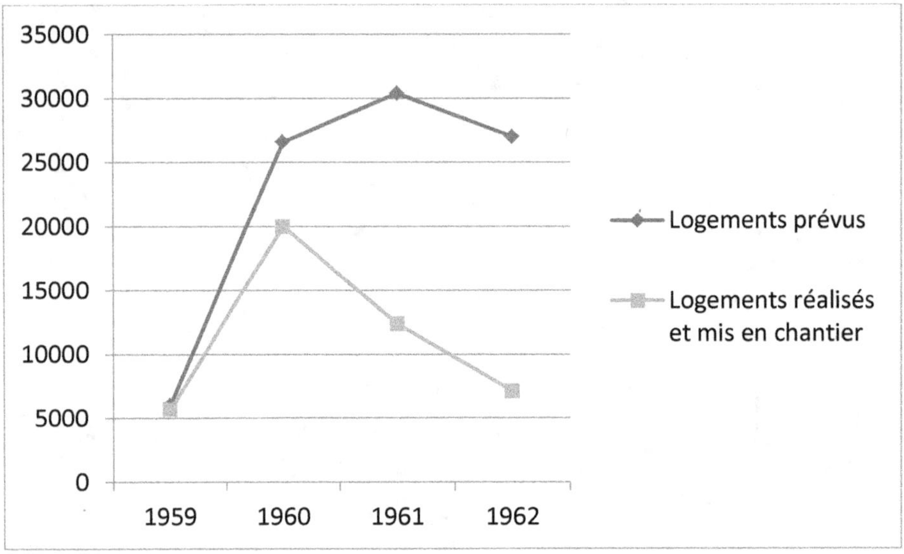

Figure 2 : Objectifs en matière d'habitat et mise en chantier dans l'Algérois

Les mises en chantier ont eu beaucoup de mal à s'aligner sur les prévisions du programme et ont connu une chute fulgurante lors des deux dernières années du règne colonial (cf. Figure 2) pour ce qui concerne la région Centre. A cela nous pouvons supposer deux facteurs majeurs. Le premier se traduit par la volonté de rééquilibrage géographique des mises en chantier. C'est ainsi qu'en 1960, le nombre de chantiers dans le département d'Alger a fléchi d'un tiers au profit d'Oran et de Constantine, marquant une nette volonté de *décentralisation*[28]. Le deuxième point peut se traduire par les répercussions de l'annonce du référendum sur l'autodétermination de

[28] CEDA, *Plan de Constantine deux ans de réalisations*, Avec le concours de La Délégation Générale en Algérie, 1961.

l'Algérie (discours du Général de Gaulle du 16/09/1959) et les événements qui en découlèrent.

Les logements urbains de « *types plus évolués* »[29] (cf. Tableau 2), se traduisaient par des logements de 3 pièces en moyenne, dont 7% étaient de standing plus élevé « HLM normal » et 93% répartis par tiers comme suit : « LOGECO » d'une surface de 50 m² pour un coût de 2.200.000 F ; Logements « million » dont la surface s'élève à 40 m² à 1.300.000 F ; Logements « semi-urbain » de 32 m² à 650 000 F.

Avec la présentation de ces chiffres, c'est le caractère social du logement moderne qui était mis en avant. En effet, 80% du programme était destiné aux plus démunis. Cette volonté affichée a induit de grandes variations dans la nature des programmes de logements, conséquence directe de l'action des pouvoirs publics qui ont décidé d'orienter le Plan vers la construction de logements destinés aux classes urbaines les plus modestes en favorisant les villages de l'intérieur, afin de lutter contre l'hypertrophie des grandes villes industrielles du pays. En contextualisant ces propos, deux autres enjeux dans cette stratégie d'actions doivent être pris en compte. Le premier consiste à viser les populations sous la coupe du FLN dans les maquis, bien plus que de répondre à une demande grandissante dans les villes. Le deuxième se traduit par la mise à disposition des différentes industries d'une main -d'œuvre générée par la sédentarisation de cette population rurale ayant fui les campagnes ou ayant été regroupée de force. Les statistiques de 1960 montrent une régression des logements de catégorie supérieure et normale, secteur libre dont l'offre et la demande s'autorégulent, et visait une population plus aisée. Majoritairement européenne, elle ne se sentait pas rassurée d'investir en cette période trouble où leur avenir en Algérie était de plus en plus incertain. Tandis que l'on note un léger accroissement des logements économiques, « semi-urbains » et « sommaires », et surtout une forte progression des logements « million » : +114%. La demande de logements économiques restait très forte jusqu'au dernier trimestre de l'année 1960. Elle n'a eu, en fait, d'autres freins que la limitation des ressources en raison des bonnes conditions de crédit[30] dont pouvaient bénéficier les couches aisées visées, mais finit par fléchir en raison du climat politique tendu régnant. La volonté des pouvoirs publics de maintenir son rythme se traduisit par le développement de la part « locative » dans cette catégorie.

---

[29] SAIGOT Jacques, 1959, *op. cit.*, p. 5.

[30] Prêts à 45 ans du Trésor public et à 20 ans du Crédit Foncier. HERBIER Jacques, *Logements et aménagement* urbains, Caisse d'équipement pour le développement de l'Algérie, 1964).

Tableau 2 : Répartition, par type, des 210.000 logements urbains prévus sur 5ans (59-63) et mis en chantier sur les 4 ans de réalisations (59-62) par le Plan au niveau de l'Algérois en comparaison avec le reste du territoire.[31] (Caisse d'équipement pour le développement de l'Algérie, 1964).

Types de logements →	**Supérieur normal**	**Economique ou LOGECO**	**Million**	**Semi-urbain**	**Total**	**% par rapport à l'objectif du Plan**
Algérois (Prévisions)	6000	26600	30400	27000	90000	42,9
Total Algérie (Prévisions)	14000	62000	71000	63000	210000	100
Algérois (Mis en chantier)	5679	19977	12378	7102	45136	50,1
Total Algérie (Mis en chantier)	10022	49320	28875	25032	113249	53,9

Le département d'Alger connut 7 fois plus de constructions d'HLM que les trois autres départements de la région Centre (Tizi-Ouzou, Médéa et Orléansville) (cf. Tableau 3). Ce déséquilibre s'explique par la difficile adaptation des offices publics à leur nouvelle vocation régionale alors qu'ils disposent d'une structure administrative solidement implantée dans les grandes villes. A cela s'ajoute la composition du programme qui s'adressait plus à la couche sociale moyenne de la population, généralement localisée dans cette zone.

Tableau 3 : Implantation géographique du programme HLM. Comparatif par année des programmes d'HLM à Alger et dans les autres départements de la région Centre (Caisse d'équipement pour le développement de l'Algérie, Exécution du programme d'équipement en 1961, Secteur X "l'habitat", 1961).

Algérois ↓	**Année →**	**1959**	**1960**	**1961**	***Total***
Département d'Alger		2300	1200	1800	*5300*
Les autres départements du centre		100		600	*700*
Total		*2400*	*1200*	*2400*	***6000***

[31] Les réalisations regroupent les logements destinés aux sections administratives spécialisées (S.A.S), de l'éducation nationale (E.N.), de la caisse d'accession à la propriété et à l'exploitation rurale (CAPER).

Les grands ensembles comme modèle de conception de l'habitat social

Compte tenu du délai imparti et du nombre conséquent de logements à réaliser pour l'époque, l'adoption du modèle des grands ensembles représentait un choix logique et tout désigné pour regrouper les constructions et répondre aux exigences de rapidité et d'efficacité. Mais ce choix peut également s'expliquer par l'instauration des ZUP[32] comme mode opératoire, qui, en vue de lutter contre l'éparpillement des projets, impose aux organismes constructeurs d'implanter les projets de plus de 100 logements dans des zones déterminées « *où les collectivités effectuent simultanément de grands travaux d'aménagement* » et se donnent comme objectif de lutter contre le fractionnement des programmes. La densification de l'habitat social sous forme de grands ensembles, n'a vu le jour à Alger que vers le début des années 50.[33] Le modèle prédominant des cités dites « indigènes » des années 30 avait un développement horizontal en rez-de-chaussée uniquement. Ses logements se composent d'une à deux pièces et d'un petit patio. En raison de la Seconde Guerre mondiale, les mises en chantier de ce type d'habitat, furent très limitées. Quelques rares exemples au Clos Salembier, Maison-Carrée et Hussein-Dey subsistent encore.[34] Ce modèle est très vite apparu comme non viable, en raison de l'étalement qu'il générait et de l'accroissement des coûts de transport et de viabilisation qu'il engendrait. Ainsi, les trois cités de Diar Saada, Diar Mahçoul et Climat de France ont marqué un nouveau tournant dans la pensée de l'habitat social dans la capitale algérienne. A la différence de Pouillon qui avait réussi, à travers ses réalisations à Alger, « *à prouver que les grands ensembles n'étaient ni sinistres ni couteux* »[35] en insufflant à chaque projet un caractère propre, le « Plan de Constantine » eut du mal à s'inscrire dans cette démarche, en raison de l'urgence du moment. Une urgence avec laquelle a, également, dû composer Pouillon, alors en quoi cela serait différent sinon en raison de l'esprit technocratique qui s'installa dans les sphères de sa mise en œuvre ?

Pour Chevallier « *La crise est terrible.* »[36]. Et pour cause, la ville d'Alger a connu en cette période de guerre un accroissement démesuré des bidonvilles. Ce terme né au Maghreb à la fin des années 30[37], représentait les

---

32 Zone à Urbaniser par Priorité.

33 REVERDY J.C., *Habitations nouvelles et urbanisation rapide. Conditions écologiques de l'adaptation au logement en Algérie*, Aix-en-Provence, CASHA, 1963, 75 p.

34 REVERDY J.C., *op. cit. p. 32.*

35 POUILLON Fernand, *op. cit.*, p. 284.

36 POUILLON Fernand, *op. cit.*

37 M. et Mme. Descloitres ainsi que M. Reverdy notent avoir rencontré le mot bidonville pour la première fois dans un article de Jacques Berque ; « *L'habitation de l'indigène algérien* »,

conditions de vie des populations indigènes les plus démunies dans la capitale algérienne. En 1960, la population des bidonvilles est estimée à 140.000 personnes[38]. Lors du CIAM 9 de 1953 à Aix-en-Provence, le Groupe CIAM-Alger –composé, entre autres, de l'urbaniste Jean de Maisonseul et des architectes Roland Simounet et Louis Miquel – a fait une présentation très remarquée du bidonville de Mahieddine dont l'ambition était « *d'offrir un cadre universel à une appropriation locale* » nous explique Richard Klein (2006)[39]. En représentant les silhouettes d'algériens des bidonvilles sous la forme du Modulor (cf. Figure 3), l'objectif était de voir « *dans le vernaculaire et la culture populaire un moyen de renouveler la modernité* » (Abram, 1999)[40]. Ce travail méticuleux, qui englobait aussi bien les questions liées à l'urbanisme, à la législation et à la construction que celles liées aux réflexions sociales, a donné naissance à une esquisse de la cellule d'habitation musulmane. Cette dernière sera expérimentée sous diverses applications aussi bien sous forme horizontale comme l'exemple de Djenane el Hassan de Simounet, que verticale à l'exemple de la cité des carrières Jaubert, mais connaîtra son paroxysme à travers les programmes de logements « million » et « sommaires » du « Plan de Constantine ».

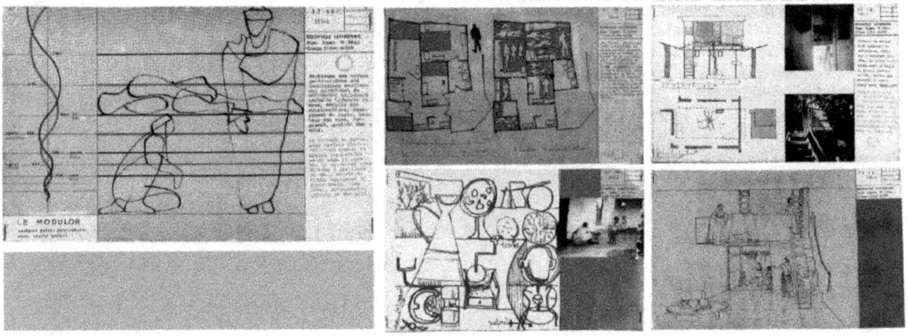

Figure 3 : Planches issues de la présentation du groupe CIAM-Alger lors du CIAM de 1953 à Aix-en-Provence. ©Fondation Le Corbusier/ADAGP.

---

publié dans la *Revue africaine* du 1er et 2e trim. 1936 mais aussi dans un article de Baron, Huot et Paye, « *Conditions économiques et niveaux de travailleurs indigènes au douar Doum* » au Maroc paru la même année. (DESCLOITRES et al., *L'Algérie des bidonvilles : le Tiers Monde dans la cité*, Préface de Jacques Berque, Collection « Le monde d'outre-mer passé et présent », Document IV, Publié par l'Ecole pratique des Hautes Etudes, 6e section, Paris-La Haye, 1961, 127 p., in-8°, p. 85).

[38] SAHLI Anne-Marie, Alger : évolution, révolution et permanence, in *Croissance démographique et urbanisation,* Séminaire international de Rabat, 15-17 Mai 1990, p. 47.

[39] KLEIN Richard, L'expérience du bidonville : Roland Simounet et le groupe CIAM-Alger, in : *La modernité critique : autour du CIAM 9 d'Aix-en-Provence 1953*, sous la direction de Jean-Lucien Bonillo, Claude Massu et Daniel Pinson, Marseille, Éd. Imbernon, 2006.

[40] ABRAM Joseph, *L'architecture moderne en France,* Tome 2, Du chaos à la croissance, *1940-1966*, sous la dir. de Gérard Monnier, Paris, A. et J. Picard, 1999.

Figure 4 : Images datant de 1959 de la Cité Djenane el Hassan de Roland Simounet bâtie sur un terrain très accidenté qui lui donne l'apparence d'un grand ensemble (Source : Institut Français d'Architecture).

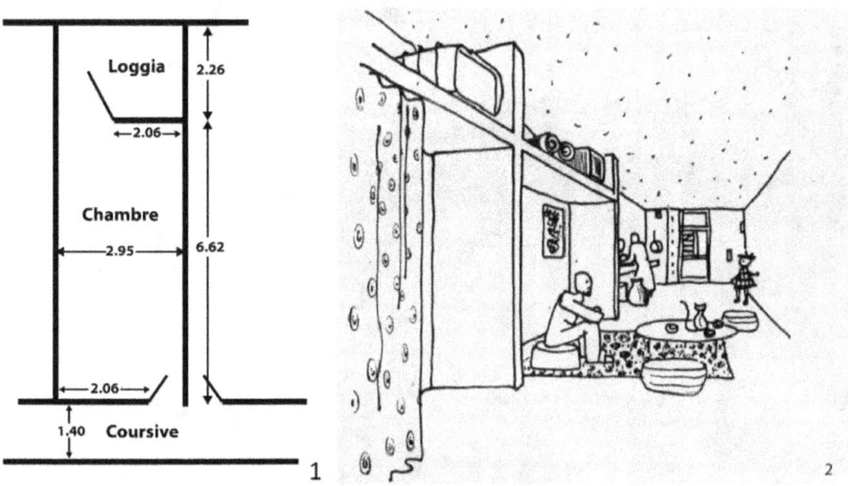

Figure 5 : Cellule de la cité des Carrières Jaubert (Alexis Daure, Henri Béri, Roland Simounet, Vladimir Bodiansky, 1957) – Commune d'Oued Koriche.
1- Schéma de la cellule-type (Dessin retravaillé par A. B. Source : REVERDY J.C., op. cit., p. 35.)
2- Croquis perspectif de l'intérieur d'un logement, in : Alger Revue, 1957.

La stratégie des pouvoirs publics, pour répondre à cette crise, se concentra sur la mise à disposition sur le marché de logements abordables aux populations musulmanes mais cela au détriment de leur adéquation avec les spécificités socioculturelles et la manière dont les populations ciblées vivaient leur logement. Ce dernier paramètre ne pouvait que favoriser leur

« *bidonvilisation* ».[41] Malgré toute la bonne volonté entreprise par le groupe des CIAM-Alger, la détérioration des cités de Djenane el Hassan et des carrières Jaubert, fut inévitable vu leur caractère sommaire excessif dicté par les contraintes économiques –et l'absence totale de confort– auquel s'ajoute l'inadéquation des surfaces extrêmement étroites[42] avec les tailles des familles élargies qui composent la société algérienne. Nous pouvons également faire deux autres hypothèses sur les raisons de cette dégradation. La première se traduit par la non prise en considération –dans les études réalisées– des aspirations de ces néo-citadins sur leur logement. Ces études se sont strictement focalisées sur l'observation d'une organisation improvisée et dictée par les moyens du bord dont disposaient ces familles. La seconde sont les principes d'urbanisation basés sur le zonage aboutissant à une production de l'espace segmenté et monofonctionnel qui a favorisé leur isolement.

Figure 6 : Vues actuelles de la cité de Simounet à partir de la route du Frais-Vallon. – Commune d'Oued Koriche. Photos prises par l'auteur, Septembre 2013.

---

[41] LALONDE Martin, *La crise du logement en Algérie : des politiques d'urbanisme mésadaptées*, Mémoire présenté à la Faculté des études supérieures en vue de l'obtention du grade de Maître ès science en Anthropologie, directeur de recherche Bernard Bernier, Avril 2010.

[42] 16 m² pour Djenane el Hassan et 18 m² pour les carrières Jaubert.

Figure 7 : Cité de recasement de la Montagne (Alexis Daure, Henri Béri, Roland Simounet, 1958) - Commune d'Hussein Dey.
1- Perspective du logement depuis la cour, in : Les Cahiers du CSTB, 1958
2 & 3- Photos prises par l'auteur, Septembre 2013.

La cité Diar Es-Schems représente le dernier grand ensemble réalisé à Alger[43] avant l'indépendance et qui reprend le modèle de la cellule-type. Localisée sur la commune d'El-Madania à la jonction des communes d'El-Mouradia et de Bir Mourad Rais, elle devait répondre à l'objectif de la résorption du bidonville du Clos Salembier (cf. Figure 8 & 9). Elle se compose de 1341 logements[44] sur un terrain de 6 ha au relief difficile et disposait du plus haut rendement de l'agglomération algéroise avec une moyenne de 220 log^{ts}/ha. Ce projet devait abriter près de 6000 personnes, ce qui sous-entend des familles nucléaires !

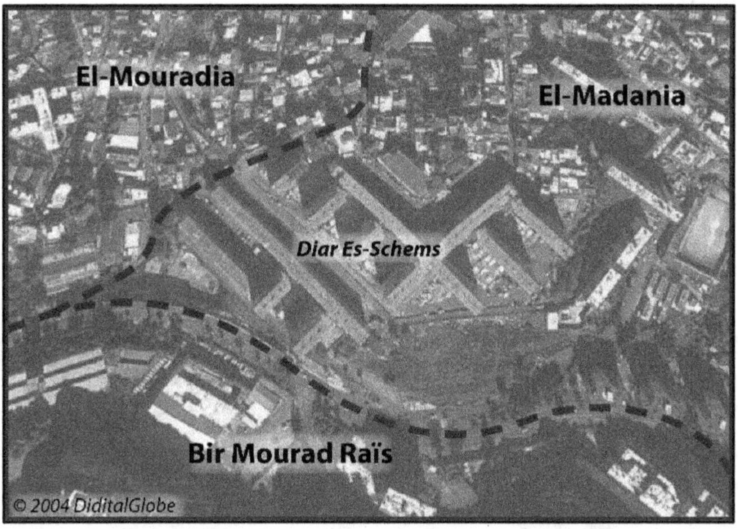

Figure 8 : Localisation de Diar Es-Schems (Source Google earth).

43 REVERDY J.C., *op. cit., p. 36.*
44 Entretien avec un agent de la municipalité de la commune d'El-Madania qui a habité la cité, 05/09/2013.

Figure 9 : Bidonville du Clos Salembier et la Cité Diar Es-Schems en chantier en arrière-plan (Caisse d'équipement pour le développement de l'Algérie, Aménagement du territoire Urbanisme et Construction, in *Revue Urbanisme N° 73*, Paris, 1961, 76 p., p.16).

Réalisée selon le principe de préfabrication –qui réduit à la fois le temps et les coûts de construction– elle dispose seulement de deux types de logements (cf. Figure 10) :

- des F1 d'une superficie de 28,76 m². Ce type représente 70% des logements de la cité. Il comprend une cuisine avec sanitaires et une chambre donnant sur une loggia.
- des F2 de 40 m². Ils se situent aux extrémités des barres au niveau des cages d'escaliers ce qui leur permet de bénéficier d'une chambre supplémentaire d'une surface approximative de 11 m².

La desserte des logements se fait par le biais de coursives rattachées à une cage d'escalier à chacune de ses extrémités.

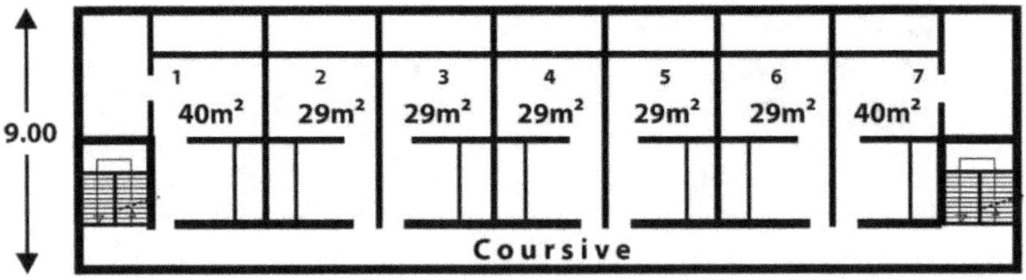

Figure 10 : Relevé de l'organisation des logements par niveau. (Dessin retravaillé par l'auteur. Source : REVERDY J.C., *op. cit.*, p. 35).

DIAR ES-SCHEMS
Logement de 2 pièces cuisine 39,94m²

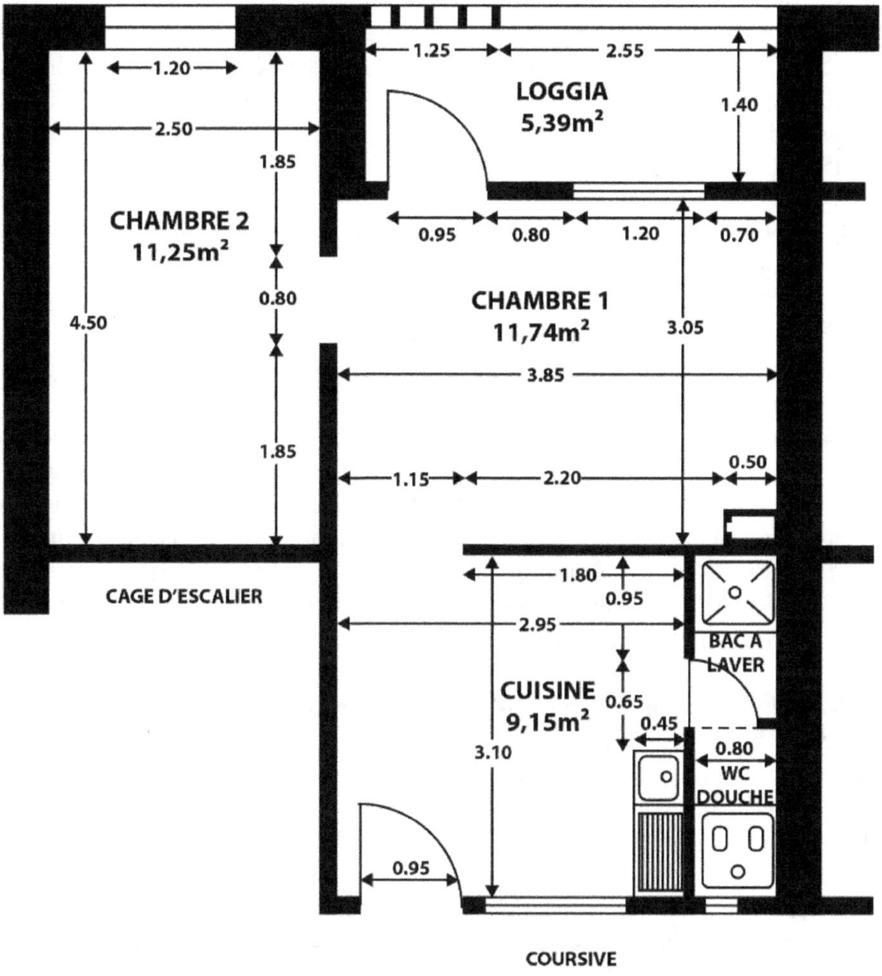

Figure 11 : Relevé du plan de la cellule-type dans la cité Diar Es-Schems. (Dessin retravaillé par l'auteur. Source : REVERDY J.C., *op. cit.*, p. 39).

Le surpeuplement de cette cité réalisée de 1959 à 1962 fut quasi instantané. Trois mois après l'arrivée des premiers habitants, une enquête est dirigée par Reverdy pour le Centre Africain des Sciences Humaines Appliquées, d'avril à juillet 1961. Cette étude avait pour but d'examiner « *les conditions physiques d'adaptation imposées aux nouveaux habitants de la cité par les constructeurs* »[45] en termes de superficie, d'équipement, d'organisation des logements, ...etc. Le constat est sans équivoque. Selon l'application des normes françaises de peuplement, 28 logements connaissent déjà un surpeuplement critique sur un échantillonnage de 42 ménages étudiés où seuls 7 logements connaissent un peuplement normal. Ce sont généralement les F2 qui disposent de la surface individuelle moyenne la plus réduite 5 m². 40% de la superficie utile de la chambre unique est occupée par les meubles, en déduisant la loggia et les sanitaires, l'espace dévolu à la famille ne représente que la moitié de la superficie totale dont les deux tiers se situent sur la cuisine.

L'accroissement démographique sur les 50 dernières années n'a fait qu'empirer la situation de ces familles atteintes dans leur intimité, leur pudeur et leur dignité. Le chômage des jeunes, les enfants qui grandissent et qui fondent à leur tour leur propre famille, la crise du logement et du foncier ont rendu la décohabitation impossible. De l'intégration de la loggia à l'agencement de la coursive et d'une partie des cages d'escaliers –pour les appartements du fond– tous les moyens sont bons pour gagner quelques mètres carrés de plus. Les caves de la cité ont été squattées pour y organiser des logements de fortune. L'électricité et l'eau y sont détournées. Les espaces extérieurs de la cité ont vu des baraquements pousser comme des champignons sur les moindres interstices disponibles. Cette situation de « *bidonvilisation* » extrême donna lieu à des affrontements qui ont fait la une des journaux en 2009 et 2010.

Ma dernière visite à Diar Es-Schems remonte à septembre 2013. Près de 339 familles étaient toujours en attente de relogement sans compter celles qui occupent les caves. Sur ce chiffre, 50 dossiers étaient en recours. Ces derniers correspondent aux familles ayant refusé l'offre de relogement proposée. Il s'agit de familles élargies qui souhaitent profiter de cette opportunité pour décohabiter mais dont les pouvoirs publics avaient refusé leur demande d'où la procédure de recours. De ce fait, ces familles ont préféré rester à Diar Es-Schems au lieu de déménager pour aller s'entasser encore une fois ailleurs. Diar Es-Schems n'est nullement un cas isolé. La situation est la même dans la majorité des cités « million » et « sommaires » dont la typologie du logement répond à celle de la cellule-type musulmane.

[45] REVERDY J.C., *op. cit.*

Figure 12 : Vues extérieures de Diar Es-Schems (Nous remarquons le remblai des logements déjà évacués pour éviter tout nouveau squat). Photos prises par l'auteur, Septembre 2013.

Figure 13 : Trace de l'intégration d'une partie de la cage d'escalier dans l'espace du logement. (Un mur divise le palier en deux et les escaliers sont traités en deux demi-niveaux). Photos prises par l'auteur, Septembre 2013.

Figure 14 : Vues intérieures de l'état actuel de Diar Es-Schems (Malgré leur caractère sommaire, nous constatons, dans les décombres, les traces d'un important investissement de la part des occupants, pour s'approprier et embellir leur logement (dalles de sol, moulures en plâtre, faïence, modifications du plan intérieur, ...). Les appartements, toujours occupés, sont identifiables par la présence d'un rideau sur la porte d'entrée sur la coursive). Photos prises par l'auteur, Septembre 2013.

Pour les habitants arrivés à Diar Es-Schems après l'indépendance et principalement les plus jeunes, ce grand ensemble était une résidence étudiante à l'origine. Cette information a même été reprise par des médias étrangers –à l'exemple de Médiapart– qui ont enquêté dans la cité après les évènements de 2009. A travers mes enquêtes sur le terrain, j'ai pu identifier plusieurs mythes qui entourent les destinataires des différentes cités « million » produites par le Plan. Parfois les gens m'expliquaient qu'il s'agissait de logements produits pour les militaires à l'exemple de la cité El-Bahia située sur la même commune un peu plus à l'Est de Diar Es-Schems, parfois que c'était des logements étudiants et parfois même qu'il s'agissait de logements pour célibataires. Comme une forme de déni, penser que ces logements leur aient été directement destinés leur parait inconcevable, voire humainement impossible.

Au-delà de l'optique de rentabilité et d'économies financières, l'erreur de ce modèle d'habitat a été d'avoir voulu provoquer une urbanisation rapide et immédiate en favorisant des ruptures trop brutales dans les conditions d'adaptation à ces logements comme la limitation implicite de la dimension des familles. Cette destruction de tout un univers social ne pouvait que favoriser une résistance de la part des habitants et compromettre les enjeux de la politique de l'habitat du « Plan de Constantine » comme « *facteur d'évolution sociale [...], car le logement moderne et sain est la condition indispensable d'une transformation humaine orientée vers la condition féminine et le rapprochement des communautés et, par conséquent, une stabilité sociale et politique* »[46].

Un urbanisme trop global et importé

Avec la volonté du Plan de faire sortir l'Algérie de son sous-développement, Alger s'est ouverte sur un processus de mondialisation avant l'heure. Ce processus transparaît déjà à travers les acteurs intervenus principalement dans le domaine financier. Avec l'adoption du modèle des grands ensembles, l'urbanisation d'Alger s'est alignée sur la réglementation métropolitaine et la pensée fonctionnaliste du mouvement moderne qui y régnait. Cela a eu pour conséquence un urbanisme où le zoning fut pensé à son extrême et à la réalisation de cités monofonctionnelles repliées sur elles-mêmes.

Les grands acteurs du Plan

Pour mettre en œuvre le « Plan de Constantine » et assurer la pacification, le Général de Gaulle désigne Paul Delouvrier comme Délégué général du gouvernement en Algérie, un poste qu'il occupa de 1958 à 1960. Ce résistant, haut fonctionnaire de l'État français qui a servi sous la IVe et la Ve République, a joué un rôle important dans le secteur de la planification de la métropole et de ses colonies. Ainsi, Paul Delouvrier représente l'homme d'action et de réflexion du plan de développement économique et social pour l'Algérie.

Plusieurs institutions ont été requises dans la mise en œuvre du plan, à l'instar de la Caisse des Dépôts et de Consignation (CDC), financeur historique et majeur de l'État français, qui est un établissement public

[46] SAIGOT Jacques, 1960, *op. cit.*, p. 6.

financier qui soutient les missions d'intérêt général, de même que la CEDA[47] (Caisse d'équipement pour le développement de l'Algérie) créée par les décrets n°59-433 et n°59-434 du 17 mars 1959 comme établissement public national doté de la personnalité civile et l'autonomie financière afin d'exécuter le plan de développement pour l'Algérie. La CEDA était l'organisme chargé de l'équipement du territoire. Elle succéda au Fonds d'équipement pour l'Algérie. Elle avait pour mission de centraliser le financement disponible pour la mise en œuvre du plan. Elle recevait des contributions du budget de l'État, du budget algérien, des collectivités locales algériennes et recueillait une partie des redevances de l'exploitation des pétroles sahariens ; elle pouvait, en outre, contracter des emprunts sur les marchés financiers ou auprès d'organismes de crédit. Les programmes annuels d'équipement, sur proposition de l'administration algérienne, étaient délibérés par le comité directeur de la caisse et puis approuvés, par la suite, par le Fonds de Développement Économique et Social (FDES) et le parlement.[48] La CEDA avait, également, pour mission la construction de cités satellites destinées à décongestionner les capitales régionales. Pour mener à bien ces opérations, elle chargea la CADAT (Caisse Algérienne D'Aménagement du Territoire) de l'acquisition des terrains, de leur aménagement et de leur équipement. Elle a créé, dans une vingtaine de villes, des lotissements industriels et des lotissements administratifs, avec voirie, réseaux divers, raccordement aux voies ferrées ; elle disposait du droit d'expropriation. La politique de réservation de terrains dont la CADAT était chargée, devait lever plusieurs obstacles auxquels pouvait se heurter la bonne conduite de la décentralisation économique et l'extension urbaine.

Les organismes constructeurs comptaient 11 offices HLM (4 à compétence régionale et 7 à compétence municipale), 29 coopératives HLM, 8 Sociétés anonymes, 4 Sociétés de Crédit immobilier, 55 Sociétés coopératives non HLM et une SEM la Compagnie Immobilière Algérienne (CIA)[49].

Pour ce qui est de la question industrielle proprement dite, la CEDA mit en place la Société d'Equipement des Zones d'Industrialisation Décentralisée (SEZID) et la Société d'Etudes et de Participations Industrielles en Algérie (SEPIA). La première intervenait dans les localités

---

47 Elle est intégrée à la Caisse centrale de coopération économique (CCCE) en 1968, un dispositif global d'aide française au développement.

48 Le site du Centre des archives économiques et financières, http://www.minefe.gouv.fr/directions_services/caef/index.htm, Consulté le 01/11/10.

49 DELEGATION GENERALE DU GOUVERNEMENT EN ALGERIE, *PLAN de CONSTANTINE 1959-1963 Rapport général*, Direction du plan et des études économiques, République Française, 1960.

secondaires pour effectuer les démarches et études préalables à l'installation des entreprises ; elle construisait sur demande les locaux industriels avec un remboursement étalé sur 10 ou 15 ans ou sous forme d'un contrat de location-vente. La seconde devait soutenir, par ses prises de participation, la création d'entreprises petites ou moyennes hors des grands centres industriels existants.

Sur le plan opérationnel du projet immobilier, le regroupement du financeur, de l'ordonnateur et de l'exécutant[50] représente la combinaison d'or du processus. Dans la majeure partie des grandes opérations, il s'agira de la CDC et de ses filiales. En raison des actions financières régissant leurs rapports, nous ne pouvons que nous questionner sur les possibles conflits d'intérêts qui entraveraient aux objectifs du Plan. De cette organisation, Deluz (1984) se consterne sur la mise à l'écart du principal destinataire qu'est l'habitant. Plus encore, il dénonce l'aspect technocratique normatif, issu du décret du 31 décembre 1958, qui règne sur les méthodes de mise en œuvre. Ce décret est instauré en Algérie par le Décret n°60-960 du 6 septembre 1960 « *étendant aux départements algériens divers décrets relatifs à l'urbanisme et à l'aménagement du territoire ainsi que divers articles du code de l'urbanisme et de l'habitation* », tandis que le décret n°60-961 du 6 septembre 1960 permet la création et l'application dans les départements algériens de droits de préemption sur les terrains, dans certaines zones à développer ou à urbaniser. Ce dernier abroge du même coup la loi n°55-900 du 7 juillet 1955 étendant à l'Algérie la législation sur l'urbanisme et le permis de construire.

Deux points sont à retenir de cette législation. Le premier est relatif à l'évolution des plans d'urbanisme en distinguant le plan directeur des plans d'urbanisme de détail, plus longs à réaliser. Avec la situation d'urgence que connaissait l'Algérie, les communes secondaires furent encouragées à disposer uniquement d'une esquisse de Plan d'Urbanisme Directeur et d'y apporter une attention particulière à l'implantation de l'habitat sommaire[51]. Le second point fut d'essayer de tirer les leçons de l'expérience métropolitaine en matière de grands ensembles édifiés depuis le plan Courant de 1953, dont la principale difficulté fut la double question du foncier et des financements qui avait contraint les constructeurs à réaliser les logements sans leurs équipements[52]. C'est ainsi que sont nées les ZUP qui

---

[50] DELUZ, *op. cit.*

[51] Caisse d'équipement pour le développement de l'Algérie, Aménagement du territoire Urbanisme et Construction, in Revue *Urbanisme*, N° 73, Paris, 1961, 76 p., p.16.

[52] FOURCAUT Annie, « Décret n° 58-1464 relatif aux zones à urbaniser par priorité », in *Célébrations nationales 2008*, Paris, Ministère de la Culture et de la Communication, 2007, p. 72-73.

devaient fixer les modalités de la construction de masse de logements. L'instauration de cette réglementation sur le territoire algérien intervient à la suite des conclusions de l'enquête sur l'habitat en Algérie, menée par l'ITEBA[53] sous le regard attentif de Paul Delouvrier.

De cette nouvelle réglementation, l'ensemble du territoire national connut un même mode opératoire que Deluz (1984) qualifie de « *rigide* ». Pour l'auteur, l'urbanisme tout comme l'architecture en France ont subi la même régression où « *toute tentative d'instauration d'un esprit local* »[54] était réprimée. Ainsi, le modèle du « Plan de Constantine » était le quadrillage des structures. La seule valeur architecturale considérée était la technique organisationnelle du chantier. De ce fait, la technique comme outil de réalisation est devenue l'enjeu de la construction. L'industrialisation du bâtiment pour la rapidité et le rendement a imposé des constructions d'une qualité en deçà des normes et standards de l'époque, que Deluz (1984) qualifie de « *cages locatives* »[55] dépourvues de tout élément de vie urbaine.

Dans son ouvrage, Michel MARIÉ (1989)[56] traite de l'adoption de la technique et du chiffre dans la mise en œuvre du Plan. Avec l'instauration du stage obligatoire des contingents des grandes écoles principalement de l'ENA et de l'Ecole des Ponts, l'Algérie allait faire face à des méthodes à « *caractère militaire* ». Pour ces jeunes diplômés, le Plan de développement leur offrait la possibilité d'échapper aux contraintes administratives grâce à l'autorité du chef de l'État. L'auteur tenta de mettre en corrélation la période coloniale et plus précisément la période du « Plan de Constantine » par son rôle de « *laboratoire* » et de « *vitrine* », avec l'aménagement de la France des années 60. Parmi les points de similitudes qu'il mit en avant, nous retrouvons, selon lui, l'invention de la notion d' « *armature urbaine* » et de « *schéma de structure* » qui évoluera pour devenir le SDAU[57] ; « *l'introduction du calcul économique dans la planification spatiale* » avec « *la prévision démographique qui [permettait] la programmation des logements et des équipements* ».

Suite à l'étude des bidonvilles, l'auteur prit conscience de la distance entre les procédures d'exécution et leur intention sociale. A l'occasion d'une étude qu'il réalisa dans le cas du bidonville d'Oued Ouchayah aux portes Sud-Est d'Alger avec l'architecte-urbaniste et peintre Jean Maisonseul, ils

---

[53] Enquête menée par l'Institut Technique du Bâtiment et des travaux Publics d'Algérie de 1958 à 1959.

[54] DELUZ, *op. cit., p.105.*

[55] *Ibid.*

[56] MARIÉ Michel, *op. cit.*

[57] Schéma Directeur d'Aménagement et d'Urbanisme.

tentèrent de mettre en place un urbanisme « *négocié et consensuel* », qui rompt avec les modèles technocratiques de table rase et de ZUP, en faisant participer les habitants à la construction de leur maison.

La décentralisation économique et l'aménagement du territoire algérois

Pour favoriser la décentralisation et sauver Alger et la Mitidja de la submersion, le Plan avait entrepris une quadruple action :

- Maintenir les populations du Constantinois, principale source de migrants vers la capitale, dans la région, en développant des points d'attraction régionale dans l'Est du pays.
- Créer des activités dispersées dans les départements de Kabylie et de Médéa.
- Détourner le trafic vers Mostaganem à travers le développement de la Vallée du Cheliff.
- Constituer un rempart de villes nouvelles ou de villes existantes à développer. Les zones de Rouiba-Réghaïa et Blida furent choisies comme les deux premiers maillons. La réussite du dispositif devait être jugée sur le long terme au regard de l'accroissement de la population. Sur 25 ans, ce dernier devait se situer entre 300 et 400.000 habitants dans ces villes nouvelles afin d'éviter qu'Alger ne franchisse la barre des 2 millions d'habitants.

En plus des organismes opérationnels mis en place, des procédures spéciales devaient favoriser la création d'entreprises artisanales et semi-industrielles et inciter les investisseurs à s'éloigner des grandes villes. Ces procédures se sont traduites par le réseau des banques populaires et les primes d'emploi et d'équipement. Ces dernières étaient modulées selon l'implantation géographique. Ainsi, les entreprises investissant à Constantine –faisant l'objet d'une ZAC[58]– ou Tizi-Ouzou (ZID[59]) se voyaient rembourser 37,5% de leurs investissements tandis que celles ayant fait le choix de l'agglomération algéroise n'en recevaient que 9 à 15% en fonction de la nature de l'activité. Bien évidemment, cette question de décentralisation économique est appuyée de manière globale par les actions du « Plan de Constantine » à l'exemple de la formation professionnelle et de la fixation des populations rurales.

Alger eut droit à deux grandes *Zones à Urbaniser par priorité*. La première était la cité des Annassers, un projet de 25 000 logements sur 350

[58] Zone industrielle d'Aménagement Coordonné.

[59] Zone d'Industrialisation Décentralisée.

ha. Il s'agit d'une opération immobilière pour le logement de 100 000 habitants qui fut portée, initialement, par l'agence du plan (ex AEDAA[60]). La CDC, grand financeur du projet, reprit les commandes et confia à l'architecte Lecouteur la mission de « *rationaliser* » le plan de masse car jugé non opérationnel. Jusqu'en 1962, seulement 3.000 logements avaient été mis en chantier alors que la première tranche de l'opération en comportait 5.000. La seconde ZUP était au sein de la Zone industrielle d'Aménagement Coordonné de Rouiba-Réghaïa, où il était prévu la réalisation de 5 000 logements, dont les travaux avaient déjà commencé et que devait poursuivre la CADAT en 1961.[61] L'équipement de ces zones pouvait, aussi, être confié à des sociétés d'économie mixte à l'exemple de la cité des Annassers où ce fut la SERA qui en avait la charge. En plus des Annassers, la Société d'Équipement de la Région d'Alger devait assurer la construction du marché d'intérêt national de Maison Blanche, destiné à la régulation du marché des fruits et légumes, et devait veiller à la mise en œuvre des nouveaux abattoirs du Grand Alger.

La spéculation foncière induite par les programmes immobiliers entraîna une réduction des investissements utiles et un déplacement des projets à la périphérie des agglomérations « [p]*our échapper aux prix abusifs* »[62] des terrains, ce qui aboutit à un fort étalement urbain au détriment des terres agricoles de bonne qualité et à l'alourdissement des coûts de réalisation des VRD et de l'entretien. A cela s'ajoute la production de zones incapables de générer une vie propre en raison de leur dispersion et complètement dépendantes des centres anciens déjà saturés, ce qui représente une véritable entrave aux objectifs de décentralisation.

L'élaboration des plans directeurs du « Plan de Constantine » avec leurs études de programmation et celle des plans d'urbanisme des communes étaient confiées à des bureaux d'études et de conseils. Ainsi, pour la région Centre, cette mission fut confiée à la SEDES (Société d'Etude pour le Développement Économique et Social) filiale de la CDC. Dans son ouvrage *stratégie et enjeux urbains de la ville d'Alger* (Sgroï-Dufresne, 1986), Maria Sgroï-Dufresne présente les principes de planification du programme de la SEDES. Sur la base de projections de population et d'emploi, un calcul des besoins en logements était défini et ventilé par type selon la demande. Pour le cas d'Alger, une évaluation de l'évolution des bidonvilles complète l'étude. A travers ce travail, nous remarquons tout de suite les principes du

---

[60] Association pour L'Etude et le Développement de L'Agglomération Algéroise.

[61] CEDA, L'habitat dans le Plan, in : *Bulletin de la CEDA*, n°1, décembre 1960, p. 10,

[62] Délégation générale du gouvernement en Algérie, *PLAN de CONSTANTINE 1959-1963 Rapport général*, Direction du plan et des études économiques, République Française, 1960.

zonage que la SEDES s'était donné comme ligne de conduite, ce qui n'a rien d'étonnant pour l'esprit de l'époque où le zoning était la norme dans les processus de planification des aménageurs. Mais ce qui peut choquer dans le nouveau plan d'urbanisme, c'est le maintien d'une ségrégation ethnique, en totale contradiction avec la volonté d'intégration affichée par le discours de 1958, à laquelle s'ajoute une distinction des populations selon les classes socioprofessionnelles. La question que nous pourrions nous poser est de savoir si ces ségrégations sont un effet induit du fonctionnement habituel de procédures normatives ou si elles relèvent d'une sorte de mentalité qui organise plus ou moins explicitement des priorités aisément considérées comme légitimes par les acteurs de la planification.

Les documents réalisés distinguent deux grandes catégories de zones : celle de l'emploi et celle de l'habitat réparties sur un territoire scindé en 3 (cf. Figure 15) : Le premier secteur est celui du Grand Alger[63], le second regroupe les communes Ouest et le troisième celles à l'Est. Pour ce qui concerne les zones résidentielles, la SEDES met en place des zones tampons pour séparer celles de l'habitat « classique » des zones dites de trame d'accueil. Ces dernières furent elles-mêmes scindées en groupes de 1000 unités d'accueil au maximum. Une distinction dans la répartition des zones d'habitat destinées aux travailleurs industriels et ceux du tertiaire est également élaborée. Les enjeux de l'urbanisme d'Alger visaient également à l'aménagement des cités existantes mais aussi à la réorganisation de la vie quotidienne. Car au-delà des productions matérielles pour tenter de désengorger la capitale, des solutions relatives à la modification des habitudes de vie et de travail -à l'exemple de l'adoption de la séance de travail continu et de l'étalement des horaires de travail- devaient être exploitées en vue « *d'éviter des investissements dont la charge retentirait inévitablement sur les finances publiques et contrecoup sur la fiscalité, les prix de revient et finalement les budgets des familles.* »[64].

---

[63] On notera ici que la commune de Baraki, n'est pas incluse dans ce premier secteur, alors qu'elle fait partie du Grand Alger.

[64] Délégation générale du gouvernement en Algérie, *op. cit.*

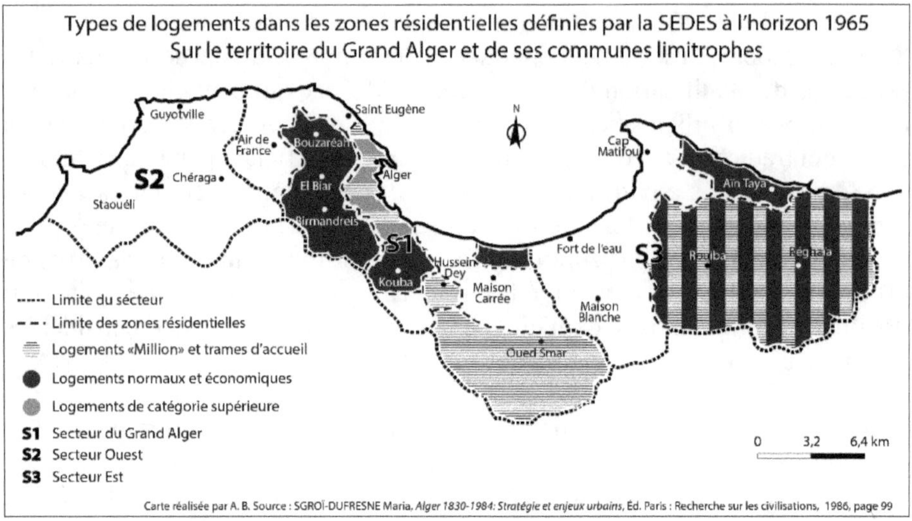

Figure 15 : Répartition des types de logements programmés par la SEDES sur Alger et ses environs.

En ce qui concerne le plan d'équipement du Grand Alger, il fut réalisé par la SCET[65], autre filiale de la CDC. Elle prévoyait la construction de 900 classes primaires pour l'accueil de 166 000 musulmans et 56 000 européens, la réalisation de 3 lycées et de 850 lits d'hôpitaux. Mais la préoccupation majeure de ces études était la mise en place d'un programme de première urgence, pour la capitale, pour ce qui concerne la « circulation », à travers des réflexions portées sur l'élargissement des voies, la desserte des quartiers d'extension par la réalisation de rocades ou de pénétrantes, la modernisation de l'infrastructure des transports en commun et la prévision des réserves de terrains pour stationnement. Le trafic routier en centre-ville ayant connu un accroissement de 2/3 entre 1956 et 1959 soit 20% par an[66], une opération d'immeubles parkings, tous les 700 m au niveau du centre de la capitale, d'une capacité totale de 20 000 véhicules, a été programmée. Ce dernier projet peut paraître, à première vue, une aberration de surdimensionnement ou de gigantisme mais, en prenant en considération les grands problèmes actuels liés à la circulation et au stationnement en centre-ville, nous ne pouvons que reconnaître la vision à long terme dont a su faire preuve ce plan d'équipement dans ses prévisions programmatiques.

Parmi les projets d'infrastructures routières réalisés, nous pouvons citer la voie express reliant la N11 à la N5, le boulevard supérieur d'Alger reliant le

[65] Ex Société Centrale pour l'Equipement du Territoire, devenue aujourd'hui : Services, Conseils, Expertises et Territoires.

[66] *Alger Revue*, Revue Municipale, été 1961.

quartier du Ruisseau à Bab El-Oued ainsi que le raccordement du port au centre-ville par la rampe Tafourah, qui est une jonction entre la voie express, le port et les Tagarins pour accéder au boulevard supérieur. En plus de la construction des nouveaux équipements scolaires, le « Plan de Constantine » a procédé à l'agrandissement des structures existantes dont nous pouvons citer les lycées Gauthier[67] (effectif prévu de 2500 élèves dont 300 demi-pensionnaires) et Fromentin[68] (pour le même effectif dont 300 internes, ce dernier ayant bénéficié également de la construction d'un logement, de bureaux, de garages et d'un « *centre d'équipement scientifique pour l'Algérie* ») ainsi que les collèges Guillemin[69] (effectif prévu de 1500 élèves dont 300 demi-pensionnaires) et du Champ de Manœuvres (1200 élèves prévus) sur Alger pour l'année 1959 auxquels s'ajoute la construction d'un nouveau lycée à El-Kouba d'une capacité de 1500 places.

Le programme d'équipement de l'Algérie pour 1960 prévoyait « *la pose de la plus grande partie des canalisations d'amenée du gaz naturel vers Alger et Oran* »[70]. Cette année-là connut également le lancement des « 1000 Villages », dont 4 zones devaient servir de « *terrain d'expérience pour une modernisation décisive de l'agriculture et de l'élevage.* »[71]. Pour des raisons d'affichage et de rendement, les villages de regroupement réalisés antérieurement par l'armée, ont été comptabilisés dans le bilan de ce projet.[72] L'effort de budgétisation dans le secteur de l'habitat a connu un accroissement de 21%, ce qui devait permettre la mise en chantier de 48.108 logements sur l'ensemble du territoire national. Pour ce faire, des engagements de financements avaient déjà été pris en 1959 et portaient sur la réalisation de 70.605 logements soit près de 25% de l'objectif total dont l'exécution s'échelonnait jusqu'en 1962, dont 13.018 pour 1960. Pour l'année 1960, des engagements complémentaires furent pris pour le lancement de 33.090 logements. Le programme de 1961 est estimé à 53.944 logements dont 26.069 correspondant aux engagements pris en 1959 et 1960. Le programme de 1961 prévoyait la réalisation de logements pour les fonctionnaires des PTT, 20 au Ruisseau et 50 à Hussein-Dey. L'année 1961 a connu une forte baisse dans le rythme de construction en milieu urbain. Cela dit, les mises en chantier des programmes de 1959 et 1960 ont enregistré un excédent de 17.300 logements ce qui a permis de combler le déficit de 10.500 logements de l'année 1961. Le programme de 1962

[67] Actuel lycée Omar Racim.
[68] Lycée cheikh Bouâmama.
[69] Aujourd'hui lycée Okba.
[70] Caisse d'équipement pour le développement de l'Algérie, *Programme d'équipement pour 1960 : Rapport général*, Imprimerie Officielle, 1959.
[71] *Ibid.*
[72] DELUZ Jean-Jacques, *op. cit.*

comprend la réalisation de 67.025 logements dont 10.000 issus des programmes autorisés antérieurement. Ce programme part du constat que les logements de catégories normales et supérieures sont arrivés à saturation. Le rythme de réalisation du programme de résorption et d'assainissement des bidonvilles est apparu inférieur aux prévisions. Il s'était donné comme objectif de rattraper le retard enregistré en matière de logements de types « million » et « semi-urbain » pour lesquels subsistait une demande importante non satisfaite. La CIA a mis en chantier en 1959, 2.500 logements de type économique très simplifié destinés à la résorption des bidonvilles des grands centres urbains.

Tableau 4 : Bilan des quatre années de mise en place du "Plan de Constantine".

Années	Objectifs du Plan	Mises en chantier
1959	22.000	31.900
1960	32.000	39.300
1961	42.000	31.500
1962	52.000	10.549
Total des 4 années	*149.000*	*113.249*

Tableau 5: Constructions pour l'enseignement primaire dans l'Algérois.

Année →	**1959**		**1960**		**1961**		**1962**	
	Classes	Log^{ts}	Classes	Log^{ts}	Classes	Log^{ts}	Classes	Log^{ts}
Alger	820	392	246	144	503	170	43	19
Région Centre	1335	709	402	243	778	401	132	67

En matière d'équipement portuaire, Alger a connu, avec le Plan de Constantine, l'avancement du quai d'Arcachon, la construction du môle II et du quai d'Herbillon ce qui a permis d'aménager 10 nouveaux postes à quai, 1.200 m de longueur de quai supplémentaire et d'augmenter la surface des terre-pleins de 8.000 m^2

Toujours en termes de construction mais dans le domaine de la santé, le Plan prévoyait de porter le nombre de lits d'hôpitaux de 31.000 à 48.000, ce qui devait permettre d'accroître l'indice lit de 32 à 45 lits pour 10.000 habitants. La répartition géographique des nouveaux lits devait permettre la mise en place d'un hôpital disposant, dans chaque département, de toutes les spécialités et d'un établissement d'au moins 100 lits avec un service de médecine générale et une maternité pour chaque arrondissement. Alger a pu atteindre l'indice de 10 lits pour 1.000 habitants alors que l'indice national atteint était de 4‰.

Du caractère extrême du zoning à la ségrégation de l'espace algérois

Suite à ses enquêtes sociales menées dans les cités HLM, Michel Marié dénonça une tentative d'imposer un argumentaire en faveur de l'Algérie-française à travers la mise en place d'une mixité ethnique au détriment du respect de la manière dont les familles musulmanes habitaient. Nonobstant ces propos, nous pouvons reconnaître que le plan a « osé » mettre en avant une nouvelle préoccupation dans la manière de penser l'urbanisme, celle de la « mixité ». Maria Sgroï-Dufresne explique que seule une partie de la population musulmane était visée par l'intégration. Il s'agit de celle définie, dans les programmes immobiliers, comme la partie « solvable » de la population algérienne. Ainsi, elle dénonce l'isolement des couches les plus pauvres car jugées dangereuses. Cette situation ne peut que nous rappeler l'exemple des classes populaires parisiennes dans l'urbanisation du XIXe siècle[73]. Cette identification et hiérarchisation de la population par niveau de revenus nous pousse à mettre en perspective l'hypothèse que si le « Plan de Constantine » a essayé de faire face aux questions de mixité sociale, par l'instauration d'une mixité ethnique, il a favorisé l'apparition et le développement d'un nouveau mode de ségrégation fonction des CSP au sein d'une population algérienne jusque-là traitée à part, de façon uniforme. L'autre question est de voir les séquelles de ce « changement de visage de la ségrégation sociale » sur l'Algérie indépendante et les cités produites par le « Plan de Constantine », dans la capitale d'aujourd'hui. Avec le départ des européens en 1962, c'est toute une population qui est « *remplacée aussitôt dans ses lieux familiers et ses demeures, devenus 'biens vacants', par la population algérienne,* ». Mais au-delà de cette observation, c'est une réalité beaucoup plus profonde et une véritable question de fond que soulève Deluz (1984) en insistant sur « *[...] la suppression totale du dualisme qui avait marqué depuis l'origine la composition de la population. [...] Mais le cadre bâti dans un esprit ségrégatif peut-il se réunifier par le seul fait de l'unité ethnique ?* »[74].

Dans sa thèse, Nora Semmoud (2001), découvre qu' : « *[à] l'indépendance, face au mouvement massif de réappropriation de la ville et des biens dits « vacants » par les autochtones, l'intervention des institutions en place se limita à réserver une partie de ce parc logement pour leurs fonctionnaires et à redistribuer socialement les habitants par le biais de la politique de loyer. Cette dernière consistait à bloquer les loyers des HLM et des logements de quartiers populaires pour y maintenir les groupes sociaux à faibles revenus. En revanche, le coût des loyers dans certains*

[73] CHEVALIER Louis, *Classes laborieuses et classes dangereuses*, Paris, coll. Pluriel, Livre de poche n°8334 G, Lib. Gén. d'Edition, 1978.

[74] DELUZ Jean-Jacques, *op. cit.*

lotissements ou grands ensembles ne devenait accessible que par des groupes sociaux à revenus plus élevés.»[75]. Ce qui conforte notre idée que la ségrégation sociale se serait en quelque sorte algérianisée avec le développement d'un capitalisme d'Etat et l'avènement d'une « *société bureaucratique de consommation dirigée* » (Lefebvre, 1968)[76] même si la consommation est restée longtemps contingentée. De ce fait, les cités produites pour les pauvres ont continué à se paupériser tandis que celles produites pour des populations solvables, ont le mieux résisté.

Conclusion

Par son statut de première ville d'Algérie, Alger fut le théâtre particulier d'expériences, de réflexions et de collaborations inédites, dans le domaine de l'urbanisme et de l'habitat, comme peut en témoigner le travail de l'Agence du Plan ou la pensée de Chevallier sur les conditions du logement des populations musulmanes. Avec les logements « million » du « Plan de Constantine » c'est une étape transitoire pour la gestion de l'urgence qui a fini par devenir finale avec une population qui s'est beaucoup transformée aujourd'hui.

Après l'indépendance du pays en 1962, le « Plan de Constantine » bascule d'un statut de plan de développement à celui d'« *aide au développement* » avec la collaboration étroite de la France, ce qui confirme notre positionnement dans le récit de la « *continuité dans la rupture* »[77] de l'urbanisme algérois et qui prouve que les modes de penser l'urbanisme en Algérie sont fortement imprégnés par ce projet quinquennal qui n'a survécu que trois ans.

Dans ses mémoires, le Général de Gaulle remet en question, à travers une longue réflexion, les rapports de domination qui fondèrent les empires, où il se questionne sur la possibilité de « *transformer les anciennes relations de dépendance en liens préférentiels de coopération politique, économique*

---

[75] SEMMOUD Nora, *op. cit.*, p. 25.

[76] LEFEBVRE Henri, *La Vie quotidienne dans le monde moderne*, éd. Gallimard, 1968, chap.2 La société bureaucratique de consommation dirigée, p. 192.

[77] MEZZOUED Aniss Mouad, « Temps et récits urbains, essai méthodologique et éléments d'application au cas d'Alger », in : *Urbia, Urbanisme et aménagement des territoires. Un aperçu de la jeune recherche francophone*, Hors-série n°1, Avril 2013, Lausanne, Observatoire universitaire de la ville et du développement durable/IGD, 232 p., pp. 173-186.

et culturelle ? »[78]. Ce qui implique une idéologie d'un nouveau mode d'asservissement derrière les objectifs de ce plan de développement, mais, débattre sur les impulsions réelles du « Plan de Constantine », ne peut être que stérile. La vraie question serait de réfléchir aux enseignements hérités par ses actions sur le territoire de la capitale et de l'Algérie de manière plus globale. Le Projet quinquennal du un million de logements initié en 2004 peut poser la question. Car même si les temps changent et les influences aussi, –nous citons à ce titre le projet du un million de logements lancé en Afrique du sud ou encore au Brésil–, nous ne pouvons que constater l'instrumentalisation de la production de logements comme réponse évidente et forte aux maux de la société. Alors pourquoi aliéner tant de défis et d'enjeux à la seule charge du logement ? L'habitat à lui seul est-il capable de supporter un tel fardeau ? De plus qu'en est-il réellement des modes de penser l'urbanisme et des processus de planification et de production de l'habitat ? Ont-ils vraiment évolué ou se basent-ils toujours sur les principes programmatiques de ce fameux « Plan de Constantine » initié il y a déjà plus de 50 ans ? La question se pose.

Mon parcours à travers Alger, du temps du « Plan de Constantine » s'est construit à travers mes lectures dont l'ouvrage de Deluz fut un excellent point de départ. Les archives que j'ai pu consulter à Alger, à Aix-en-Provence ainsi qu'aux archives financières et économiques de Savigny-le-Temple m'ont offert de nouvelles références et m'ont permis d'approfondir certaines questions. Mais la meilleure source reste la ville elle-même. Le terrain a été également une source très riche dans l'identification d'autres productions dont je n'ai pu trouver la trace dans les archives. A travers mes parcours, j'ai pu croiser des bâtiments dont l'architecture était très marquée et que j'ai essayé de dater à travers mes échanges avec les habitants en plus de faire un aller-retour avec les services de la DUAC (Direction de l'Urbanisme de l'Aménagement et de la Construction) et ceux de l'OPGI (Office de Promotion et de Gestion Immobilière) pour confirmer les informations collectées. C'est ainsi que, animé par la curiosité, je suis parti à la découverte des productions de ce plan quinquennal de 1958. Curieux surtout d'appréhender la vie meilleure qu'il promettait, curieux de voir l'adéquation entre la conception des logements et les usages des populations ciblées, caractérisées par leurs pratiques socioculturelles[79] en mutation continue, dans ces logements conçus comme des « *facteurs d'évolution sociale* », mais aussi curieux de voir ce qu'ils sont devenus aujourd'hui et de ce fait, leur insertion et la place qui leur est faite dans l'environnement

---

78 DE GAULLE Charles, *Mémoires d'espoir : L'esprit de la Ve République*, Omnibus/Plon, 1996.

79 RAYMOND Henri, « Habitat, modèles culturels et architecture », in : *Architecture d'aujourd'hui*, n°174, juillet-août 1974.

urbain de l'Algérie indépendante du XXIe siècle. En ayant multiplié les supports, un premier constat confirme que certaines cités ont mieux vieilli que d'autres. Alors que certaines bénéficient d'un niveau d'entretien remarquable avec des transformations sur les façades à peine palpables comme le cas de la cité Malki à Ben Aknoun, d'autres ont subi des dégradations au point que nous pouvons parler de « *ghettoïsation* » à l'exemple de Diar Es-Schems qui a connu, au fil du temps, un désamour grandissant alors qu'il y a dans d'autres quartiers de la capitale des habitants qui vouent une admiration et une affection très particulière à leur logement comme à la cité Mer et Soleil. La visite la plus marquante, pour moi, fut celle de la cité de recasement de la Montagne qui, si l'on ne prend pas le temps de la parcourir, donne l'illusion d'un nouveau tissu résidentiel implanté récemment, preuve qu'une réintégration progressive de ces tissus ségrégatifs est possible et qui assume parfaitement son passé lourd en matière de vécu sans avoir eu recours au souhait « *[...] qu'un jour le démolisseur efface certains témoignages gênants, qui auront coûté finalement fort cher à la collectivité.* »[80]. Ce constat ne peut que confirmer le principe de base porté par le travail des CIAM-Alger « *Ne rien détruire avant d'être sûr de proposer mieux* »[81].

« *On a fait parfois des erreurs, de très graves erreurs, excusables d'ailleurs en raison de l'inexpérience et de la hâte avec laquelle on a voulu loger des gens rapidement et à des prix modiques. Il ne faut pas les répéter [...]* » (Lathuillière, 1959).

Bibliographie

Abram J., (1999), *L'Architecture moderne en France*, Tome 2, Du chaos à la croissance, 1940-1966, sous la dir. de Gérard Monnier, Paris, A. et J. Picard.

Bulletin municipal officiel de la ville d'Alger du 10 Octobre 1953

Caisse d'équipement pour le développement de l'Algérie, (1964), *Les réalisations de 1959 à 1962*

Caisse d'équipement pour le développement de l'Algérie, (1961), *PLAN de CONSTANTINE 2ans de réalisations*, Avec le concours de La Délégation Générale en Algérie

Caisse d'équipement pour le développement de l'Algérie, (1961), Aménagement du territoire Urbanisme et Construction, in Revue *Urbanisme*, N° 73, Paris, 76 p.

80 LATHUILLERE Marcel, *op. cit.*, p. 3.

81 CHEMETOV Paul, « Hommage », in : *Rolond Simounet à l'œuvre : architecture 1951-1996*, Richard Klein, dir., Villeneuve-d'Ascq, Musée d'art moderne Lille Métropole / Institut français d'architecture, 2000, p. 17

Caisse d'équipement pour le développement de l'Algérie, (1959), Programme d'équipement 1959. In : *Rapport général*

Caisse d'équipement pour le développement de l'Algérie, (1961), Exécution du programme d'équipement en 1961, in : *Secteur X "l'habitat"*

Çelik Z., (1997), *Urban Forms and Colonial Confrontations Algiers under French Rule*, Berkeley: University of California Press, 236 p., Accessed April 23, 2013 http://ark.cdlib.org/ark:/13030/ft8c6009jk/

Chemetov P., (1978), « Hommage », in : *Rolond Simounet à l'œuvre : architecture 1951-1996*, Richard Klein, dir., Villeneuve-d'Ascq, Musée d'art moderne Lille Métropole / Institut français d'architecture, 2000

Chevalier L. *Classes laborieuses et classes dangereuses*, Paris, coll. Pluriel, Livre de poche n°8334 G, Lib. Gén. d'Edition,

De Gaulle C., (1996), *Mémoires d'espoir : L'esprit de la Ve République*, Omnibus/Plon

Délégation Générale du Gouvernement en Algérie. 1960. *Plan de Constantine 1959-1963 Rapport général*, Direction du plan et des études économiques, Ed. : République Française,

Deluz J.-J., (1988), *L'Architecture et l'urbanisme d'Alger*, Pierre Mardaga, Office des Publications Universitaires, Alger, 200 p.

Fourcaut A., (2007), « Décret n° 58-1464 relatif aux zones à urbaniser par priorité », in *Célébrations nationales 2008*, Paris, Ministère de la Culture et de la Communication, p. 72-73.

Descloitres R. et al., (1961), *L'Algérie des bidonvilles : le Tiers Monde dans la cité*, Préface de Jacques Berque, Collection « Le monde d'outre-mer passé et présent », Document IV, Publié par l'Ecole pratique des Hautes Etudes, 6e section, Paris-La Haye, 127 pages in-8°

Fralon J.-A., (2012), *Jacques Chevalier, l'homme qui voulait empêcher la guerre d'Algérie*, Alger, Casbah éditions, 310 p.

Klein R., (2006), « L'expérience du bidonville : Roland Simounet et le groupe ClAM-Alger », in : *La Modernité critique : autour du CIAM 9 d'Aix-en-Provence 1953*, sous la direction de Jean-Lucien Bonillo, Claude Massu et Daniel Pinson, Marseille, Éd. Imbernon,

L'Ambition du « Plan de Constantine », in : *Revue Entreprise*, n°245, 14 mai 1960, p. 33

Lalonde M., (2010), *La Crise du logement en Algérie : des politiques d'urbanisme mésadaptées*, Mémoire présenté à la Faculté des études supérieures en vue de l'obtention du grade de Maître ès science en Anthropologie, directeur de recherche Bernard Bernier, Avril 2010

Lathuillere M., (1959), « Architecture et productivité », conf. du 14 mai 1959, Salle des Actes de l'Université d'Alger, Conférence VI de l'ITEBA « Enquête sur l'habitat en Algérie » présidée par M. F. Bienvenu, in : *Supplément aux Annales de l'Institut Technique du Bâtiment et des Travaux Publics*, n° 141, 12ème année, Septembre 1959, 11 p.

Lefebvre H., (1968), *La Vie quotidienne dans le monde moderne*, éd. Gallimard, 384 p., Coll. Idées (n° 162)

Marié M., (1989), *Les Terres et les mots*, Ed : Paris, Méridiens Klincksieck, 216 p. Coll. Analyse institutionnelle.

Mezoued A. M., (2013), « Temps et récits urbains, essai méthodologique et éléments d'application au cas d'Alger », in : *Urbia, Urbanisme et aménagement des territoires. Un aperçu de la jeune recherche francophone*, Hors-série n°1, Avril 2013, Lausanne, Observatoire universitaire de la ville et du développement durable/IGD, 232 p., pp. 173-186.

Oulebsir N., (2004), Les Usages du patrimoine : monuments, musées et politique coloniale en Algérie (1830-1930), Fondation de la Maison des Sciences de l'Homme, Paris,

Pouillon F., (1968), *Mémoire d'un architecte*, éditions du Seuil, 640 p.

Raymond H., (1974), « Habitat, modèles culturels et architecture », in : *Architecture d'aujourd'hui*, n°174, juillet-août 1974

Reverdy J.C., (1963), Habitations nouvelles et urbanisation rapide. Conditions écologiques de l'adaptation au logement en Algérie, Aix-en-Provence, CASHA, 75 p.

Sahli A.-M., (1990), « Alger : évolution, révolution et permanence », in *Croissance démographique et urbanisation*, Séminaire international de Rabat, 15-17 Mai 1990

Saigot J., (1960), *L'Habitat*, conférence de presse prononcée par le Directeur des travaux publics de la délégation générale du gouvernement en Algérie, Alger, 16 février 1960, in-4°, 21 p., pp. 5-6.

Saigot J., (1959), « L'habitat dans le plan quinquennal de l'Algérie », conf. du 25/06/59, Salle des Actes de l'Université d'Alger, Conclusion du cycle de conférences de l'ITEBA « Enquête sur l'habitat en Algérie » présidée par Paul Delouvrier, in : *Supplément aux Annales de l'Institut Technique du Bâtiment et des Travaux Publics*, n° 143, 12ème année, Novembre 1959, 16 p.

Semmoud N., (1986), Les stratégies d'appropriation de l'espace à Alger, Paris, L'Harmattan, 2001, 272 p.

Sgroï-Dufresne M., (1986), *Alger 1830-1984 : Stratégie et enjeux urbains*, Éd. Paris : Recherche sur les civilisations, 252 p. (Mémoire, n°63)

Vibert J., (1959), in : revue *Chronique Sociale de France*, décembre 1959

Sites internet :

Le site du Centre des archives économiques et financières, http://www.minefe.gouv.fr/directions_services/caef/index.htm, Consulté le 01/11/10

Charles de Gaulle paroles publiques, Le site des archives audiovisuelles des discours de Charles de Gaulle, site internet de l'INA et de la Fondation Charles de Gaulle., Consulté le 15/09/10

Archives :

Fonds d'archives de la CAEF (Centre des archives économiques et financières), (consultés en avril-mai-juin 2011).

Fonds d'archives de la Wilaya d'Oran (consultés en février 2011)

Fonds d'archives de la Wilaya de Mostaganem (consultés en février 2011).

Fonds d'archives du CNAOM à Aix-en-Provence (consultés en mai-juin 2013).

Fonds d'archives de la Wilaya d'Alger (consultés en septembre 2013).

Anna ROUADJIA

Aménager les espaces verts et ménager l'image d'Alger : représentations en tension[1]

Les espaces verts, délaissés depuis des décennies, sont objets de nouveaux encadrements juridiques et administratifs. A Alger, leur planification se réfère à deux modèles : celui de la "ville-jardin" et celui de l'éco-métropole. Ces dimensions renvoient à des catégories de l'action publique formalisées par des plans de gestion, des instruments et des projets. Le "Plan Vert" issu du Plan Directeur d'Aménagement et d'Urbanisme d'Alger, le "projet stratégique" d'Alger hissé à l'horizon des 20 prochaines années ou encore la loi « de protection, de gestion et de développement des espaces verts » (n°07-06 de 2007), s'inscrivent dans l'optique d'un développement durable et abondent dans le sens de l'écologie. Ces références formelles, qui sont encore loin de refléter la réalité des pratiques urbaines, sont également éloignées des préoccupations citadines. Aussi, ces ambitions sont justifiées, avant tout, par une volonté politique d'améliorer la qualité de vie et le confort des citadins en remédiant à un urbanisme paysager. Elles ne sont pas nouvelles mais sont devenues plus prégnantes à mesure de la croissance urbaine et à raison de l'éparpillement de la ville. Si les urbanistes considèrent, a priori, que les espaces verts participent de la qualité paysagère de la ville, ce postulat est-il également partagé par les habitants ? La vocation attribuée aux espaces verts en ville correspond-elle aux pratiques sociales à l'œuvre ? Les nouveaux aménagements réalisés correspondent-ils aux attentes citadines ?

[1] Ce travail a été réalisé dans le cadre du laboratoire d'excellence LabexMed - Les sciences humaines et sociales au cœur de l'interdisciplinarité pour la Méditerranée portant la référence 10-LABX-0090.

Les hypothèses qui ont guidé cette étude de sociologie reposent sur l'idée selon laquelle les algérois ne se reconnaissent pas dans le paysage de leur ville et ne se sentent pas impliqués par les projections affichées par les urbanistes et les décideurs. Les politiques émergentes de planification du vert à Alger visent non seulement à favoriser le cadre de vie des habitants mais aussi à transformer l'image de la capitale. Aux généreux soucis du "vivre-ensemble" se greffe l'inquiétude de l'implosion sociale favorisée par la production d'habitats sociaux standardisés (Deluz, 2010) sans lieux de vie, mais aussi des logiques de marché et de prédation qui induisent une décrédibilisation de ces projets. L'esthétique paysagère participe, dans l'absolu, d'un critère de qualité du cadre de vie pour les habitants mais est reléguée au rang de leurs priorités secondaires. Aussi, les espaces verts urbains sont appréciés pour leurs valeurs d'usage et leurs vocations récréatives plutôt que pour leurs caractéristiques naturelles ou paysagères, mais l'accessibilité de ces espaces publics se trouve contrariée par des appropriations sociales désavouées et par un abandon de leur gestion. La tendance à la détérioration des espaces verts mais aussi de l'ensemble des espaces urbains que constatent les différentes personnes rencontrées, qu'il s'agisse d'habitants, d'architectes, de paysagistes ou de politiques, renforce le fait que le paysage de la ville et de ses quartiers tende à se fondre dans le paysage relationnel qui est bien plus significatif. Les actions de réhabilitation de jardins historiques et de création de promenades végétalisées génèrent de nouveaux espaces de sociabilité qui sont certes appréciés par les citadins mais qui demeurent encore en-deçà des attentes, tant en quantité qu'en qualité, dont la définition varie selon les profils sociaux et professionnels des personnes interviewées.

Les résultats qui vont être développés ici reposent sur une enquête de terrain réalisée entre le printemps 2013 et celui de 2014 ayant donné lieu à la récolte d'entretiens semi-directifs et d'observations sociologiques. Les 20 entretiens sélectionnés correspondent à des catégories sociales hétérogènes qui permettent de rendre compte de la diversité des points de vue des algérois. Et ce, non pas dans un souci de représentativité mais plutôt dans une perspective de sociologie compréhensive, cherchant à mettre en évidence le sens et les motifs des actions. Ces données qualitatives témoignent de pratiques sociales et de représentations subjectives des individus. Ceux-ci ont été interviewés au titre d'usagers d'espaces verts mais aussi en tant que riverains. Les profils couvrent un panel hétéroclite : ouvrier, médecin, journaliste, mais aussi femme au foyer ou encore retraité. Certains ont été contactés plus particulièrement en raison de leurs engagements : comme pour une élue locale, un président de comité de quartier, un membre d'une association environnementale. D'autres interlocuteurs enfin ont été rencontrés au titre de la profession qu'ils exercent et qui est en lien avec la ville et sa conception : urbanistes, architectes et paysagistes exerçant en cabinet privé ou dans des administrations publiques : gestionnaires, cadres et techniciens de la Wilaya d'Alger, du Ministère de l'aménagement du territoire et de l'environnement et du Ministère de l'habitat. Les thématiques sélectionnées dans le guide d'entretien préparé en amont ont orienté les discussions vers des questions relatives à l'identification de la ville et des paysages, aux pratiques des espaces publics et des espaces verts puis vers celles des politiques d'aménagement de la nature. Les observations directes ont été nécessaires à la qualification des pratiques sociales et à la confrontation des faits avec les dires des individus et avec les projets véhiculés par les politiques. Ces observations ont consisté à parcourir les différentes formes d'habitat et les espaces verts des communes d'Alger, en étant attentif aux phénomènes de variabilités des usages sociaux en fonction par exemple des horaires, des saisons, du statut social des quartiers dans lesquels ils s'insèrent, de la typologie de l'espace vert concerné et de son contexte urbain et historique de création.

Dans les premiers paragraphes, il s'agira de répondre au questionnement énoncé précédemment en expliquant tout d'abord, les raisons pour lesquelles les habitants d'Alger se sentent éloignés du dessein de la ville et paraissent imperméables à toutes les promesses de transformation de la capitale. Après avoir situé et défini l'importance du paysage relationnel et expliqué pourquoi l'élément naturel est sujet à des pratiques marginales et à une invisibilisation sociale, il sera question de décrire le contexte d'émergence et la vocation de ces nouveaux encadrements juridiques et administratifs qui visent à valoriser les espaces verts. Les trois derniers paragraphes relateront les réactions des habitants et des professionnels face aux nouveaux aménagements générés en déclinant les trois niveaux de critiques que cristallisent ces projets : celles qui s'attachent à dénoncer les insuffisances des interventions, la nature discursive de l'écologie et les logiques de marché qui prennent le pas sur le projet urbain.

Des habitants éloignés du dessein de la ville

Les processus conjoints d'extension et de densification de la capitale ont induit une transformation significative de l'environnement urbain et engendré des critiques croissantes de la part des citadins mais également des politiques en charge de son aménagement. Qu'il s'agisse des habitants, des urbanistes ou des décideurs, les avis se conjuguent unanimement dans le sens d'un constat de détérioration continue du cadre de vie urbain, qu'illustre la volonté affichée par les autorités de "*passer de la ville dortoir à la vraie ville*"[2]. Outre l'accès au logement qui demeure une préoccupation majeure pour une partie des ménages, les problèmes induits par les modes de production de la ville et qui affectent l'ensemble des citadins sont ceux de la congestion automobile, du sous- équipement urbain et du sentiment de saturation démographique. Déjà en 1930, René Lespès décrivait Alger en évoquant son surpeuplement et l'entassement des populations dus à la croissance urbaine qui en 50 ans, de 1885 à 1935 avait triplé démographiquement. Or, cette croissance a continué à se décupler ces 50 dernières années : entre 1962 et 2008 alors que « *la population générale de l'Algérie a triplé, la population urbaine, elle, a été multipliée par 10* » (Belguidoum et al., 2015). La population d'Alger s'est multipliée sans que la ville puisse offrir les services et les équipements suffisants.

Ces commodités et la qualité spatiale ont été reléguées au rang des préoccupations secondaires à la faveur d'un urbanisme de gestion de crise, induit par le rythme des plans quinquennaux et aboutissant à des constructions bâties dans la hâte. Bien que loin d'être résorbée, la crise de l'accès au logement est considérée par les autorités comme moins pressante comparée à la décennie précédente. En conséquence de quoi les pouvoirs publics entendent insuffler un saut qualitatif dans la conception des études urbaines en instituant de nouvelles normes, lois et méthodes qui visent à réhabiliter le citadin en lui donnant accès à davantage de confort et d'aménité. Cette architecte, employée comme cadre au Ministère de l'habitat témoigne de la nouvelle donne :

« Nous avons concentré les efforts sur la construction de logements pour résorber la crise. Mais depuis le quinquennat dernier on est devenu plus exigent concernant la qualité. La crise s'est beaucoup résorbée, sauf dans grands centres urbains où il reste beaucoup à faire. On est devenu plus exigent concernant la qualité spatiale et la qualité du bâti ».

Cette exigence émergente est motivée par la volonté d'anticiper les effets sociaux de la production de grands ensembles entendus comme propices à la formation de foyers de délinquance et repose sur la conviction que la production de l'espace peut influencer la vie collective. Le taux élevé d'occupation des logements et leur rareté favorisent les conflits sociaux mais aussi intrafamiliaux et se répercutent en boucle sur les rapports entre l'administration et les citoyens. Cependant c'est la nature même de cette crise du logement qui est questionnée par les habitants : selon eux, ce n'est pas tant le manque de logements qui pose le problème de leur accession mais ses

---

[2] Le Président lui-même s'indigne de ''l'image déplorable des villes'' du pays. Voir Algérie Presse Service, le 30 mars 2014 : « Le président Bouteflika appelle les architectes à assumer pleinement leur rôle dans l'amélioration de l'image urbaine du pays ».

modalités de distribution et les trafics dont ils sont l'objet. Or, si le constat de médiocrité du cadre bâti est partagé par tous, les ambitions de la Wilaya et du gouvernement peinent à rassembler les espoirs des populations car trop longtemps déçues par des promesses réitérées et des projets souvent inaboutis. Les phénomènes observés de désaveu vis-à-vis des politiques, de désamour pour la ville et de repli des citadins sur eux-mêmes, que Madani Safar Zitoun (2009) désigne comme un « *déficit de citadinité* » et qu'accompagne une tendance à l'individualisation, ne peuvent être imputés aux seules transformations morphologiques de la ville, bien que celles-ci y participent. Saïd Belguidoum (2003) parle, quant à lui, d'une crise totale qui, dans le domaine sociétal, se traduit par une crise de type anomique, fruit d'un inachèvement des mutations sociétales et qu'expliquent l'expérience et le vécu d'une succession de mutations trop brutales.

Dans le domaine urbain, le recours à un urbanisme fonctionnaliste standardisé et la volonté de satisfaire aux besoins les plus élémentaires des populations ont eu tendance à réduire l'architecture et l'environnement à des formes monotones, à des normes des plus réductrices, ces normes étant par ailleurs partiellement appliquées, au point que nombreux sont ceux qui déclarent qu'à Alger il n'existe ni architecture, ni paysage, ni environnement. Cette vision, loin d'être anecdotique, est partagée également par les professionnels de la maîtrise d'œuvre et d'ouvrage, du domaine public et privé. Nombreux sont les architectes qui déclarent « *qu'il n'y a pas d'architectes à Alger* » ou qu'il « *n'y a pas d'architecture* » : qu'il s'agisse des grands ensembles ou des maisons individuelles, qu'ils désignent par la métaphore du « *millefeuille* ». C'est ce qui ressort également des enquêtes de Mohamed Madani (1997) qui constate un « *divorce entre l'architecte et son œuvre* » et une « *dévalorisation de la profession* » que consacrent des honoraires bas et des compétences marginalisées. L'expression de "ville clochardisée" est régulièrement employée dans la presse par les journalistes relayant cette expression devenue d'usage et qui revient souvent dans les témoignages, tel celui de cet architecte qui se questionne :

« *Alors que faire de l'architecture ?*[3] *Vous allez faire une merveille en architecture, dans un milieu urbain complètement clochardisé, ça ne veut rien dire, ça ne veut rien dire, ça n'a pas de sens. C'est-à-dire on fait une œuvre d'architecture mais y'a pas d'accès, il y a des problèmes d'égouts* ».

Les professionnels de l'urbanisme travaillant pour le compte des privés disent ne pas observer d'impacts significatifs de ces nouvelles directives et constatent que les constructions restent dictées par des logiques

[3] Comme le faisait Jean-Jacques Deluz en 2000 dans son article intitulé : « Urbanisme, architecture, que faire ? » (in : Le tout et le fragment, 2010).

quantitativistes et par une vision à court terme. Selon Larbi Icheboudène, les programmes d'équipements et de logements « *ne réagissent qu'aux seules assignations dictées par l'urgence des situations explosives* » que rendent donc « *caduque la planification urbaine* » (2009, p 109). Un responsable de la Wilaya réfute ces critiques en estimant qu'il est encore trop tôt pour pouvoir conclure et juger des orientations actées et affirme que les méthodes de planification ont évolué :

C'est que depuis les années 2000 que le pays est stable, le pays instable depuis des siècles. Ça fait que depuis 10 ans que y'a de la planification et des évaluations en fin de parcours. Avant on faisait du coup par coup ».

La ville d'Alger ne constitue pas une synthèse des divers programmes de logements étatiques car même si le rôle de l'État reste incontournable en matière d'aménagement et de construction (Cattedra, 2010), le particulier participe également à l'agencement des formes urbaines. L'Algérie est un pays constitué en majorité de propriétaires puisqu'en 2008 les locataires ne représentaient que 15% des habitants (Safar Zitoun, 2012). L'acte de bâtir et donc la vue d'ensemble qu'offre la ville, ne relève pas uniquement d'un geste professionnel puisque les habitants modifient leur cadre de vie et tentent, quand ils en ont les moyens, de le faire conformément à leur image et à leur goût. Comme le note Eric Verdeuil (2006), le mode de fabrication majoritaire des villes en Algérie est celui « *d'un urbanisme sans urbanistes* », soit d'un mode de production non réglementaire que les politiques ont essayé d'enrayer sans y parvenir. En fin de compte, les acteurs étatiques considèrent que l'autoconstruction a beaucoup aidé l'État dans sa mission de résorption de la crise du logement, pratique qui est en revanche désavouée par les professionnels exerçant en cabinet libéral :

« *Maintenant si on parle du principe que n'importe qui peut bâtir, c'est ça l'autoconstruction, il y a même des guides fait par les institutions de l'État, le guide de l'auto-constructeur, c'est-à-dire que c'est tout le monde qui va devenir ingénieur* ».

Pour la construction d'une maison, le particulier ne s'encombre pas avec les servitudes, il consulte un architecte pour la constitution administrative du permis de construire avant de s'en remettre au maçon. Comme le notent Belguidoum et Mouaziz (2010), le permis de construire qui est censé être un préalable à toute démarche, est en fait souvent délivré après coup, une fois la construction entamée. Selon les architectes rencontrés, le non-respect des procédures de conception est devenu une règle. Loin de se sentir impliqué dans les desseins des politiques, le citadin apparaît comme éloigné de la ville mais aussi du devenir de la société urbaine qui se dessine alors que parallèlement : « *L'État apparaît comme séparé de la société, tout en étant l'élément constitutif principal des rapports sociaux* » (Leca et al, 1983). L'évocation du paysage algérois dans sa dimension englobante et subjective suppose une mise à distance visuelle et temporelle du regard de l'interlocuteur. Aussi, ce recul sur la ville déplace les discours des habitants de l'énumération des problèmes urbanistiques du quotidien vers la description du paysage social et politique du pays tout entier. La capitale cristallise par ses formes et par les mémoires qui traversent les âges et les lieux, un ensemble de signes superposés et de symboles qui renvoient à la colonisation, au revers des grands projets de développement, à la nature monopolistique du pouvoir, à l'urbanisation des modes de vie et à ladite "décennie noire". Les habitants d'Alger ne s'identifient pas volontiers à la ville dont les imaginaires rappellent un passé proche douloureux et un futur considéré par cette dame, institutrice en retraite, comme hypothéqué :

« *On a cette chance nous d'avoir l'expérience des autres donc ne tombons pas nous aussi dans l'erreur. Mais malheureusement depuis 1993, au lieu que ça s'améliore ça se détériore (...). On a construit, on a construit dans des terrains qui n'étaient pas destinés à la construction malheureusement et on continue, on continue. Voilà par des bakchichs et autres, ça continue hein, donc c'est malheureux, c'est malheureux à dire mais c'est comme ça* ».

Pour échapper au temps présent, certains habitants ne résistent pas à l'appel des évocations nostalgiques d'un passé regretté que Rachid Sidi Boumedine décrit en ces termes : « *Nous nous crispons sur nos nostalgies, mal datées et mal définies, sur les paradis perdus et les choses qui ne reviendraient plus. Revenus de tout et désenchantés, encore bouleversés de n'avoir pas eu d'adolescence et de voir à l'âge adulte nos amis mourir, nous sommes un peu comme ces arbres qui, à défaut de vous montrer leurs feuilles et leurs fruits, se vantent de leurs cicatrices* » (in : Oussedik, 2008, p 241). Résignés, les plus jeunes se contentent, quant à eux, du principe d'abstention et d'ignorance en tentant simplement de satisfaire leurs intérêts et devoirs circonscrits, et ce, en réaction à leur persistante exclusion des questions politiques qu'entretiennent les structures étatiques et qui a abouti à la « *quasi négation des statuts de citoyens citadins* » (Icheboudène, 2009). Les représentations sociales du paysage algérois renvoient donc autant à des faits sociaux et politiques qu'à des phénomènes proprement urbains et localisés, les uns étant intriqués avec les autres. Pour autant, il est possible d'isoler et d'analyser chacun de ces facteurs indépendamment.

L'urbanisation des modes de vie, ce mouvement inexorable vers lequel la société algérienne tend à se reconfigurer, participe d'une acculturation qui est toujours en cours et qui se manifeste par une redéfinition des identités et des liens communautaires qui engendrent des confrontations entre individus et entre groupes pour l'imposition et l'acceptation de nouvelles normes. En ce sens, le faible attachement des algérois à leur ville résulte d'un sentiment d'altération du contrat social tacite induit par des situations de co-présences entre populations provenant de différentes régions du pays et issues de différentes vagues migratoires. La difficile cohabitation entre habitants se manifeste par une récurrente stigmatisation et généralisation de la figure du "néo-algérois" (Oussedik, 2008) à qui il est refusé la filiation citadine, bien que la plupart des algérois n'hésitent pas à se revendiquer d'une double appartenance territoriale. Les habitants d'Alger ne se reconnaissent pas nécessairement dans la ville sauf quand il est question de mesurer son statut de primo-arrivant ou sa légitimité socio-culturelle. Ces jugements de valeurs reposent ainsi sur des distinctions que recoupent des divisions entre classes sociales.

Un paysage relationnel

Ce sont dans les quartiers d'habitat et les "houmas" où se déroulent les interactions du voisinage et où l'interconnaissance est forte, qu'il s'observe une identification et un attachement des habitants aux lieux : « *Mahmoud il a déménagé mais il vient tous les jours ici, c'est la houma de sa naissance. Oui il fréquente toujours le Golf* ». Le périmètre du quartier d'habitat est celui où s'investissent le plus souvent les comités et les associations et où se manifestent des gestes de solidarité et d'entraide qui dépassent le cercle familial tout en étant balisés par les frontières de l'entre-soi, du domaine familier. Les lieux de vie situés à proximité du logement sont des espaces qui sont défendus, spatialement mais aussi symboliquement. L'image du quartier est souvent relative à l'honneur des familles qui y résident et est donc l'affaire de toute la "communauté". Les descriptions que dressent les habitants à l'échelle de leur quartier ou "houma" et qui contrastent avec celles de la ville ont, comme point commun, d'accorder une prépondérance à la matière relationnelle des tissus urbains. Ces deux entités que sont la ville et le quartier, renvoient en premier lieu au paysage relationnel plutôt qu'à la matérialité des espaces urbains en tant que tels. D'emblée, décrire son quartier revient à énumérer les qualités du voisinage, parler de la ville revient à décrire les populations qui y vivent.

La primauté accordée aux dynamiques des rapports sociaux et aux caractéristiques des individus par rapport à la morphologie ou à l'agencement des territoires est un trait que partagent les habitants interviewés, toutes classes sociales et horizons géographiques confondus. Cette disposition culturelle est renforcée par le fait que les périphéries désarticulées d'Alger paraissent telles des « *mosaïques sèches* » selon l'expression utilisée par J-J. Deluz (2010), qui ne sont pas propices à la promenade ou à l'éveil sensoriel.

Or, le cadre paysager n'est valorisé, à quelques exceptions près, ni dans les zones des grands ensembles étatiques ni dans les quartiers de villas individuelles et résidentielles pour des raisons donc économiques mais aussi culturelles. Dans les cités collectives, l'aménagement de petits espaces privatifs et végétalisés en rez-de-chaussée sert à parer à la misère du bâti, ils sont réalisés dans l'intention de s'isoler des passants et pas tant pour créer un espace agréable dans un but de convivialité ou d'ornement. Même dans les quartiers propices à la contemplation paysagère, l'environnement physique ou esthétique n'apparaît pas dans les discours comme un critère décisif de qualité urbaine. La possession d'un jardin privatif est évoquée par les uns comme un signe de distinction sociale et par d'autres comme un critère supposé de richesse. Si le jardin privatif à Alger est apprécié pour la vue, les fruits et les parfums qu'il procure, c'est plus le fait de le posséder que de s'y prélasser qui réjouit son propriétaire car même à l'intérieur de la demeure, le jardin apparaît extérieur aux usages et aux évocations. L'habitant investit socialement son cadre de vie sans attacher d'importance aux espaces extérieurs à son habitat, il habite simplement sa villa ou son appartement à la façon d'une cité-dortoir. La remarque de cet architecte illustre cette frontière entre le dedans et le dehors de la maison : « *les gens ne se rendent pas compte que la rue, que la ville, est un prolongement immédiat de la maison où on habite* ». En abordant la question de l'environnement, la tendance observée par la plupart des acteurs rencontrés est celle de la diminution des jardins privatifs, de l'abandon des espaces verts publics et de la diminution des terres agricoles au bénéfice d'une urbanisation au caractère inachevé. Le foncier étant rare et onéreux, les propriétaires cherchent à rentabiliser au maximum leurs terrains et à disposer de plus d'espace pour accueillir les ménages des fils en érigeant un étage supplémentaire. Cette densification se fait parfois au détriment des réglementations et du voisinage comme pour cette dame qui dit avoir eu la chance de bénéficier d'une très belle vue, gâchée maintenant par la construction du voisin qui ne laisse plus entrer le soleil à domicile :

« *Moi j'en ai un en face de chez moi qui me bouche la vue, qui me gêne, qui ne respecte même pas les distances, il est à 50 centimètres, c'est une carcasse ça fait plus de 5 ans que ça dure et puis ça reste comme ça. Il n'a même pas de permis de construire (...) on va mettre une cour dallée et on sacrifie les arbres. Je ne sais pas le nombre d'étages qu'ils ont le droit de faire mais ils vont aller jusqu'au bout si ils ont le droit. Au maximum, au maximum habitable* ».

Les qualités d'un paysage urbain sont rarement évoquées par les habitants et à la vue qu'offre la baie est préférée l'intimité du foyer comme en témoignent les rideaux aux fenêtres ou la désertion des balcons.

Les individus détiennent d'ailleurs une importante capacité à s'extraire du décor environnant, à en faire abstraction tout en étant attentifs à tous les échanges humains qui s'y déroulent (le "*scanner*"). Il est par exemple courant de pouvoir constater que des groupes de jeunes gens d'une cité, quelle qu'elle soit, choisissent de se réunir dans un endroit où ils auront à loisir de pouvoir observer, commercer et contrôler les va-et-vient des passants plutôt que dans un lieu confortable ou agréable situé en retrait des nuisances sonores, olfactives, visuelles, etc. Pour décrire les "bandes" de jeunes, René Galissot emploie le terme "d'endo-groupes" qu'il décrit ainsi : « *ils se tiennent à l'intérieur et regardent vers l'intérieur (...) cet enfermement s'exprime par la proclamation identitaire de territorialité, localisée comme une attache, de tel segment d'immeuble ou de tel groupe d'immeubles (...) il y a bien intégration mais par la marginalisation* (Galissot, 2002, p 156). En dehors des cités, et dans toute l'agglomération, il est possible de croiser des individus plongés de tout cœur dans des conversations imperturbables alors que ceux-ci se trouvent le long d'une voie rapide, au croisement d'un rond-point encombré et bruyant ou que jonchent à leurs pieds des monticules d'ordures. Souvent les personnes rencontrées expliquent le choix de l'emplacement dédié aux réunions spontanées ou aux rencontres amicales par le poids des habitudes et par le manque de lieux qui soient plus accueillants.

Invisibilisation sociale de l'élément naturel

A cet égard, le jardin public pourrait, dans l'absolu, correspondre à un lieu accueillant pour le piéton mais est marginalisé dans les représentations citadines. Ainsi, la place du jardin dans la ville est particulièrement éclairante pour saisir le rapport qu'entretiennent les habitants à leur environnement social et naturel. Au premier abord, le paradoxe observé réside en ce que la plupart des citadins regrettent que les jardins urbains ne soient pas plus nombreux alors que nombre d'entre eux sont désertés ou soigneusement évités par certaines catégories de la population. Si les constats se rejoignent sans se retranscrire dans les pratiques c'est aussi du fait que la critique est devenue un mode opératoire d'expression pour la plupart des algérois. Cette rancœur, qui n'exclut cependant pas le recours, également très courant, à l'humour et à l'autodérision, s'exprime dans le cas des jardins par les citadins qui considèrent que la plupart sont abandonnés et sales. Toujours est-il que les individus s'accordent à dénoncer l'état d'insalubrité des espaces publics sans pour autant infléchir ou remédier à leurs habitudes.

Quand il s'agit de concilier des logiques collectives pour remédier à l'état d'abandon des espaces communs, les efforts d'une minorité peinent à être relayés et à perdurer, surtout que le volume des déchets s'est multiplié (en raison de la courbe démographique et de la transformation de la consommation). La méfiance et les frustrations accumulées par les habitants se traduisent par deux réflexes que sont le recours au crible de la critique systématique et un détachement ou une indifférence envers tout ce qui relève des espaces publics. Le sociologue Rachid Sidi Boumedine préfère donc parler d'espace externe plutôt que d'espace public, considérant celui-ci comme étant encore en gestation, à l'image des habitants dont la citoyenneté se limite pour l'heure à des doléances (in : Oussedik, 2008, p 65). Addi Lahouari (2011) considère cette division entre le propre et le sale qui se superpose à cette autre division entre le public et le privé, comme la manifestation d'une absence d'espaces publics, soit d'une sphère publique dans le sens culturel et politique. La rue en Algérie est décrite par cet auteur comme un espace conflictuel, non pacifié, qui contraste avec le respect et la paix des foyers. Seulement, le rapport à l'hygiène publique ne peut être vu seulement comme une revanche des habitants sur la ville ou contre l'État "beylical". Les travaux menés par l'anthropologue Mary Douglas (2001), à propos du rapport des sociétés au propre et au sale, permettent d'analyser ce phénomène à la lumière des représentations sociales et culturelles de l'ordre et du désordre. Souvent ce qui dérange fondamentalement les habitants lorsqu'ils dénoncent la saleté et l'abandon des espaces verts, ce n'est pas tant l'esthétique du désordre mais l'irrévérence à l'ordre social.

Selon les quartiers, cet ordre social relève de priorités différentes. L'image du quartier et donc l'honneur défendu implique d'adopter des règles de conduite attenantes à son "rang" (Leca et al., 1983), qui peuvent renvoyer à des valeurs de solidarité, de responsabilité, d'honnêteté, de pureté (...) et dont les sens varient donc en fonction des groupes sociaux concernés. Toujours est-il que la place des jardins est rarement abordée d'emblée, c'est une préoccupation qui demeure relativement subsidiaire bien que beaucoup se plaignent d'un manque de lieux dédiés à la détente et aux loisirs. Tant et si bien que certains ne trouvent rien de mieux à faire que de se promener en voiture dans la ville faute de moyens et d'opportunités de distraction. Mais ceux qui préfèrent s'enfermer dans une voiture et pratiquer la ville à huit clos font également le choix de l'évitement en préférant n'avoir pas à se confronter aux espaces populaires et à s'exposer, comme ils le disent, aux manifestations d'incivilité soit aux remarques ou aux usages qu'ils jugent déplacés.

Dans les représentations collectives, les jardins publics ne correspondent pas à des lieux accueillants car ils ont la caractéristique d'avoir acquis mauvaise réputation justement en raison de l'appropriation privative dont quelques-uns sont objets à des fins de pratiques décriées telles la consommation d'alcool et les rencontres amoureuses par exemple. Il existe ainsi des jardins "*à éviter*", ce sont ceux qui ont pour réputation d'être mal fréquentés voire dangereux, or c'est bien en raison de l'abandon de leur fréquentation qu'ils ont été appropriés par des personnes considérées comme "marginales" ou désignées comme des "voyous". Seulement à partir du moment où un jardin public échappe à l'usage du plus grand nombre et que son accessibilité est contrariée par des pratiques déviantes et de fait excluantes, il est de coutume de ne plus le mentionner. Cette invisibilisation est d'autant plus prononcée lorsqu'il s'agit d'un jardin intégré au quartier et qui entache la réputation ou porte atteinte aux mœurs légitimées.

Les personnes interviewées décrivent leur environnement en citant, en général, uniquement les jardins qui sont "dignes" de fréquentation et accessibles. Ceux-ci sont considérés comme peu nombreux, c'est le cas du jardin du Hamma ou du bois de Bouchaoui (où se retrouvent les familles et les sportifs) qui connaissent une fréquentation assidue. Les week-ends et par beau temps, à l'entrée du Jardin, s'allongent des foules de personnes et à l'orée du bois des files de voitures. Pour décrire cette fréquentation, la presse emploie des termes des plus imagés : la forêt de Bouchaoui serait « prise d'assaut[4]» par les promeneurs. Cet engouement prouve qu'il existe une demande citadine d'espaces verts ou de nature, mais que l'offre existante est très réduite ou peu adaptée à la demande sociale. Le nombre de visiteurs du Jardin du Hamma dépasse d'ailleurs la capacité d'accueil du jardin, à tel point que les responsables déclarent souhaiter limiter les entrées[5]. D'après les pratiques observables, le jardin est apprécié avant tout pour sa valeur d'usage plutôt que pour son rôle paysager ou écologique. Les espaces naturels qui ne sont pas accessibles aux citadins ne sont jamais signalés, c'est le cas par exemple des forêts du domaine public dont l'usage est réservé aux cadres étatiques ou aux militaires en exercice. Pourtant, certains de ces bois sont visibles depuis la route et participent du paysage algérois et de l'aération de la ville, mais, n'étant pas appropriables, ils sont en quelque sorte évacués des représentations. Ainsi, à part une élue, aucune des personnes interviewées n'a évoqué l'éventualité de militer pour la réouverture des jardins "privatisés" par l'État.

En l'occurrence, les jardins publics "*à éviter*" ont une utilité sociale pour certaines franges de la population puisqu'ils servent aux couples qui n'ont pas où se retrouver ou aux alcooliques qui ne peuvent pas boire à domicile. Une fois qu'un jardin public a été privatisé de fait par un usage exclusif, il devient rapidement acquis pour les habitants que cet espace ne leur appartient plus. Ce peut être le cas des appropriations gérées qui suggèrent

---

[4] « Prise d'assaut durant le week-end. Forêt de Bouchaoui », Karima Hasnaoui (Le Midi Libre du 19-12-2010).

[5] « Le jardin d'essai : maintenir un état de conservation constant », Saci Kheireddine (El Watan le 23-05-2015) ; « Le Jardin d'essai durant les week-ends : Les visiteurs affluent de toutes les wilayas », Saci Kheireddine (El Watan le 8-03-2015).

une auto-exclusion le plus souvent de la part des femmes. Or, autant le statut des espaces verts privés des résidences étatiques apparaît immuable, autant le statut social d'un jardin public n'est pas figé, il peut se mouvoir et devenir "*fréquentable*" ou inversement et ce, parfois en fonction des horaires d'une même journée. Quelques-uns sont l'objet de lutte pour leurs réappropriations par les habitants, notamment par les pères de famille qui décident d'entrer dans un rapport de force avec les "indus occupants" dans le but d'imposer un certain ordre moral. L'expression consacrée pour désigner un jardin accueillant et digne d'intérêt est celle de "*jardin familial*".

C'est d'ailleurs l'objectif des pouvoirs publics que d'instaurer un usage qui soit exclusivement familial. Le concept d'usage familial des jardins et la connotation populaire de ces espaces publics induisent une sélection sociale des usagers. Plutôt que d'espace c'est le terme de territoire qui est le plus à même de rendre compte des pratiques spatiales, car celui-ci implique des notions de frontières et de limites régies par des rapports de pouvoir. Certains jeunes n'hésitent pas à colporter des rumeurs ou à amplifier la mauvaise réputation d'un jardin pour s'assurer que leur espace soit préservé en éloignant les regards indiscrets des passants. Toutefois, ce type de comportement porte atteinte à la réputation de l'ensemble des jardins, d'autant plus que les algérois s'avèrent très préoccupés par leur sécurité depuis les séquelles des années de terrorisme durant lesquelles les habitants n'allaient plus se promener dans les espaces verts et les forêts. Ce jeune qui passe le peu de temps libre dont il dispose à vaquer dans les rues de son quartier plutôt que dans les jardins explique que lui et sa famille n'ont jamais eu l'habitude de fréquenter ces endroits, faute de sécurité :

« *Ils ont ramené une nouvelle tendance : les viols, les agressions, les crimes... juste derrière la décennie noire. C'est pour ça que les gens ils ne fréquentent pas beaucoup les jardins, ils ne fréquentent pas beaucoup de choses... ils ont peur. Bon y'a pas de lien social. Pour la majorité des gens en Algérie ils ne sont pas bien élevés. Il faut tout raser. Raser toute sa tête et faire une autre génération. Sauf moi bien sûr (rires)* ».

Le sentiment d'insécurité est omniprésent et l'estimation du risque d'exposition au danger est surestimée. La peur est un puissant moteur qui influence et oriente durablement les pratiques sociales et dans le cas de ces jardins, la peur concerne essentiellement les agressions. Or, c'est justement parce que le jardin est un lieu abrité des regards que sa fréquentation induit une appréhension en ce qu'il permet d'échapper au contrôle social. Mais, si les jardins hérités des doctrines hygiénistes importées avec le colonialisme ainsi que ceux hérités du courant moderniste ne font pas partie intégrante des espaces pratiqués, c'est que leurs aménagements ne correspondent pas toujours aux habitus, aux attentes et aux besoins des citadins et que les équipements ne sont pas adaptés aux usages dominants. Ammara Bekkouche (1997) distingue plusieurs types d'espaces verts issus de l'urbanisme colonial : les jardins, squares et places publiques ainsi que les grands boulevards plantés par un urbanisme militaire, auquel s'est substituée à partir de 1919 une pratique urbanistique de type bureaucratique issu des principes de zoning. L'auteur note que dans la période post-coloniale, la conception des espaces verts s'est inscrite dans le courant de l'urbanisme moderne avec des instruments homologues à ceux utilisés dans le contexte français (1997, p.70).

Dans les mondes arabe et musulman, le jardin où ruisselle l'eau et abondent les arbres fruitiers est introverti et se situe idéalement dans l'espace privatif de l'habitat. Dans les jardins publics conçus à l'époque coloniale, la végétation luxuriante induit des angles morts et les bancs sont exposés aux regards. Dans les couronnes extérieures, les jardins publics sont plus ponctuels et considérés comme insuffisamment équipés. Il est vrai que la plupart des jardins répartis dans les cinquante-sept communes qui composent Alger sont mal entretenus, certains ne sont pas gérés et font office de décharges alors que d'autres sont équipés mais les jeux sont rouillés. Si le citronnier quatre-saisons ou le jasmin sont unanimement appréciés et plantés dans les jardins privatifs des habitants, ces végétaux ne sont en revanche pas présents dans la plupart des jardins publics dont les plantes sont parfois en piètre état. Autant les jardins publics ne sont pas accueillants pour les habitants, autant les populations considèrent que la ville n'est pas accueillante pour la nature. Cette nature urbaine est vue comme d'ores-et-déjà condamnée par l'urbanisation et vouée à la disparition. Le seul fait que certains de ces espaces de nature soient pollués incite les habitants à dire qu'elle n'est plus, qu'elle a perdu son essence et sa vitalité. Point de demi-mesure dans les propos énoncés, la nature n'aurait donc de sens qu'à l'état pur et idéalement non anthropisé. En ville, son existence serait finalement dédiée selon les personnes interviewées, aux activités sociales et à un usage récréatif.

Les attentes citadines en matière de jardins se manifestent avant tout par un fort besoin d'espaces dédiés aux distractions et à la consommation. Comme le dit ce paysagiste algérois à propos des espaces verts de la capitale : "*la mode est à la fête foraine*". En effet, les parcs d'attraction, les zoos et les centres commerciaux bénéficient d'un succès notable comparés aux simples espaces verts qui, par ailleurs, ne renvoient pas à l'idée que les individus se font de la nature. L'élément naturel qui est recherché en dehors de la ville est apprécié par tous mais le besoin de loisir l'emporte sur le besoin de nature. Les algérois fréquentent les forêts de la wilaya en famille ou entre amis davantage dans l'optique d'évacuer le stress du quotidien et le poids de l'ennui que dans l'optique de découvrir la nature ou d'être à l'écoute de l'environnement naturel. Rares sont les personnes qui sont disposées à consacrer leur temps libre à la seule appréciation de la nature bien que nombreux soient ceux qui pensent qu'elle procure un soulagement et du repos. Mais encore faut-il pouvoir se sentir psychologiquement assez serein pour ressentir les effets bénéfiques procurés par la nature. C'est pourquoi il n'est pas rare de voir des jeunes qui se rendent en forêt entre amis mais qui restent enfermés dans leurs véhicules sans même prendre la peine d'y sortir. Souvent, les habitants expliquent cette déconnexion des jeunes vis-à-vis des milieux naturels par leurs conditions d'urbains. Or, si ce n'est pas au travers du prisme d'un pare-brise ou d'un écran de télévision que l'environnement peut être approché, il ne suffit pas non plus d'un contact direct avec la nature pour que naisse un intérêt pour l'environnement naturel. Les quelques observations menées dans le "village" de Bouchaoui bordé de petits bidonvilles, où les habitants se trouvent en plein cœur d'une forêt urbaine, montrent que le seul contact avec la nature ne suffit pas à susciter un sentiment de communion avec celle-ci. La catégorie sociale de l'individu influence son rapport à la nature mais n'est pas non plus le seul déterminant. Ce rapport est socialement mais aussi culturellement construit. Le culte de l'avoir par exemple, soit la culture matérialiste, tend à transcender et à s'étendre aux différents groupes sociaux. Ce musicien, géographe de formation, trouve que l'humain s'est fait dénaturé par son obsession de technologie et par la recherche de son bien-être :

« L'être humain ne pense plus naturellement, il ne pense qu'à se servir. Il a oublié que son bien-être réellement est dans la nature mais pas dans la technologie, le numérique, les trucs modernes. Parce que tout ça nuit à la nature. L'homme ne cherche que ses intérêts. Quand je plante des arbres et des fleurs dans mon jardin, c'est pour le plaisir, c'est pour mon plaisir de voir les plantes, pourquoi je ne plante pas des fleurs et des arbres pour les abeilles ? »

A Alger comme partout ailleurs, la paupérisation culturelle qui, selon René Galissot (2002), caractérise l'urbanisation prolétaire, se caractérise par une culture de la vacuité qui « *fonctionne à l'excitation de la consommation* ». La plupart du temps, la nature est simplement consommée comme support et prétexte pour changer de lieu et pour mieux se retrouver entre proches en s'adonnant à des discussions et parfois à des séances de photographies qui donnent à voir les visages familiers presque sans forcément tenir compte de l'arrière-plan. Il suffit de consulter des albums photographiques relatant des voyages et des temps de loisirs pour comprendre rapidement que le paysage algérien est avant tout anthropocentrique. Il en va de même dans les jardins où ce n'est pas tant le végétal qui est valorisé par les usagers mais davantage les opportunités de loisirs qu'offrent les équipements qui se situent dans ces espaces tels les aires de jeux à destination des enfants, les installations sportives, les buvettes et cafétérias, les restaurants, etc. Ces opportunités sont payantes et nécessitent un budget d'autant plus important que la famille est nombreuse. Pour certains, cette barrière de prix correspond à un critère qualitatif, l'espace en question est alors "fréquentable". Outre le profil des usagers et la présence d'équipements, les autres critères qualitatifs mobilisés par les individus pour définir un jardin sont : la présence de gardiens pour assurer la sécurité et surveiller les lieux, la propreté et l'hygiène et l'accessibilité spatiale (la présence de parkings et de réseaux de transports publics). Certains habitants apprécient les squares de proximité situés dans leur quartier pour un usage quotidien et d'autres ne fréquentent que les jardins bénéficiant d'une grande superficie, qui permettent l'oxygénation et en même temps, de se soustraire au voisinage.

La multiplication des politiques vertes

Le discours institutionnel sur la nature est historiquement situé : à l'indépendance de l'Algérie, les pouvoirs publics considéraient la nature d'un point de vue utilitariste comme un bien de production au service du développement du pays : « *ce discours souverainiste et productiviste alimentera une politique de réalisation qui en vingt ans transformera l'espace en profondeur (...). Ce développement volontariste relevant d'une logique technocratique a ignoré la question écologique. « Construire des villes » a surtout consisté en une programmation de logements et d'équipements sur des espaces considérés comme disponibles. Le rapport à la nature, à l'environnement n'a jamais été pensé autrement que comme un bien de production* » (Belguidoum, 2002, p.3). Depuis la promulgation de la loi de 2007 relative à la gestion, à la protection et au développement des espaces verts (loi n°07-06) et dans le contexte d'internationalisation des préoccupations environnementales, se sont multipliés les dispositifs réglementaires, les planifications et les projets visant à valoriser les éléments naturels, y compris en milieu urbain. La dite loi de 2007 correspond à une volonté du gouvernement de participer à l'amélioration du cadre de vie des citadins et notamment ceux habitant les nouvelles cités qui sont décrites, dans la circulaire adressée aux responsables des administrations territoriales en charge de son application, comme des ''*espaces occupés exclusivement par le béton*''. A cet égard, le Ministre de l'environnement de l'époque, Chérif Rahmani, dénonce à cette occasion : '*'l'absence totale de traitement des espaces collectifs et notamment celui relatif à la plantation d'arbres*''. Il précise que ces plantations apparaissent au stade de la conception mais qu'une fois la livraison effectuée, force est de constater que la référence à l'élément naturel est absente.

Les architectes et promoteurs immobiliers partagent ce point de vue : « *dans le concret, dans la réalisation, on ne finit jamais les jardins. Le jardin n'a pas sa place* » mais ne se sentent pas concernés, considérant que la conception et la réalisation des espaces verts ne relèvent pas de leurs compétences mais regrettant toutefois que les budgets dédiés à ces espaces soient souvent détournés. Les gestionnaires des administrations territoriales tendent eux aussi à considérer les espaces verts et publics comme des espaces vides et résiduels. Or, s'il existe une demande d'espaces verts, rares sont les habitants qui s'acharnent à les défendre. A Alger, l'urgence est encore "palpable" : en général les nouveaux locataires de ces grands ensembles, trop pressés d'investir les lieux et d'obtenir leur logement dont les délais de livraison connaissent souvent des retards, ne s'attardent pas à dénoncer l'absence d'espaces verts. Dans les cités d'habitat social, une grande partie des locataires ne paient pas de loyers. A Alger, l'évasion locative atteignait, selon Madani Safar Zitoun (2012) jusqu'à 50% des foyers et sont donc dans des situations d'irrégularité qui restreint leurs possibilités de revendications qui se limite à celle du logement. Toujours est-il que depuis 2007 il est difficile d'observer une amélioration du traitement des espaces verts collectifs dans les constructions récentes. Le passage du quantitatif au qualitatif se fait toujours attendre, comme le déplore cette habitante, membre d'une association environnementale :

« *Dans toutes ces cités qui sont construites malheureusement ça reste en l'état c'est-à-dire que de la gadoue alors que normalement dès que les cités sont construites il faut aussi penser à l'espace vert qu'il y a autours. Au lieu de le laisser comme ça ça devient des bourbiers, ça devient des dépotoirs et c'est pris en charge par personne et puis ça reste des années des années et des années et ça c'est un grand dommage vraiment c'est un grand dommage* ».

René Galissot évoque ces politiques à géométrie variable en estimant qu'elles se caractérisent avant tout par leur désengagement et par des abandons successifs que rythment les effets de mode : « *ce fait social d'aujourd'hui qu'est donc la transformation du paysage urbain, renvoie les autres paysages historiques vers la célébration écologique ou l'usage touristique ou esthétique* » (Galissot, 2002, p.153). Certains habitants considèrent d'ailleurs que cette loi est celle du Ministre, comme si les orientations du pays étaient extérieures aux citoyens et reposaient sur la personnalisation et la personnification du lien au politique : « *Rahmani est intéressé par la question de l'environnement mais personne ne l'écoute* ».

La loi prévoit également de mettre en place un classement des espaces verts existants et une fois classé, l'espace vert est strictement protégé et il devient alors théoriquement impossible de l'altérer comme en avertissent les articles 13 à 18. Une forte répression pénale est préconisée en cas de "*tout changement d'affectation ou d'occupation*" de l'espace vert classé : soit un emprisonnement allant de 6 mois à 1 an de prison auquel s'ajoute une amende de 50 000 à 100 000 dinars ainsi que l'obligation de remise en état des lieux, en vertu de l'article 35 (aussi, au cas où ces peines ne soient pas assez dissuasives, il a été anticipé le doublement de celles-ci en cas de récidive des contrevenants). Cette loi a donc le mérite de rendre obligatoire le développement des espaces verts, dans les programmes de construction de surfaces bâties, tant publics que privés, mais force est de constater que les écarts entre les textes de loi et leur application demeurent béants. Larbi Icheboudène (2009) décrit la gestion de la ville d'Alger comme une succession de plans inaboutis (Comedor, PUD, PDAU), d'injonctions et de velléités restées lettres mortes : « *les plans ne dépassent toujours pas le stade de leur fabrication* ». Bien que cette loi soit identifiée et reconnue par les promoteurs, les concepteurs et les constructeurs rencontrés, il semble que plus de sept années après son édification, son application ne soit toujours pas évidente comme en témoigne cet architecte :

« *On protège les espaces verts, on protège les forêts, oui tout ça existe, vous savez pour couper un arbre, c'est un délit. Si jamais on a un arbre sur une parcelle c'est un délit il faut l'autorisation des services des forêts. Oui au niveau textes, les textes existent, il y a un règlement rigoureux et il y a des gens qui font un boulot, sauf que sur le terrain il y a une minorité qui va respecter* ».

Contrevenir aux lois en vigueur est devenu un fait social tout à fait banal, surtout depuis les années 1990 durant lesquelles s'est développée l'économie informelle et qu'a été acté le tournant libéral. Le contournement des règles formelles est si courant que, dans l'expression virile et populaire, est désigné comme naïf ou faible celui qui s'y conforme. Malgré des dispositifs institutionnels qui manifestent une volonté de préserver l'environnement face aux atteintes provoquées par l'urbanisation, cette politique verte reste davantage théorique. Plutôt qu'un dysfonctionnement institutionnel, Rachid Sidi Boumedine analyse les échecs des planifications urbaines comme un processus de régulation dont l'objectif est de maintenir l'ordre social et politique : « *la transgression est un mode de gestion* » (Sidi Boumedine, 2013, p 137). Outre le gigantisme et la démesure des projets urbains qui se déploient à Alger mais aussi dans les villes voisines et concurrentes du Maghreb, Raffaele Cattedra (2010) montre que ceux-ci ont souvent comme caractéristique de s'inscrire « *dans le registre de l'exception* » et de la dérogation par rapport aux règles d'urbanisme. Le Plan Directeur d'Aménagement et d'Urbanisme (PDAU) de la Wilaya d'Alger, qui a été révisé en 2011, donne des orientations qui abondent dans le sens de la protection de l'environnement, du développement durable et même de l'écologie urbaine. Ce PDAU, réalisé par une équipe portugaise (le bureau d'études ParqueExpo), est présenté comme un instrument à la fois opérationnel, réglementaire et stratégique, qui prétend rompre avec le modèle « *dépassé et simpliste de la planification fonctionnaliste* »[6].

Les outils adoptés aux fins de cette mise en œuvre s'insèrent dans l'optique libérale qui consiste à se défaire progressivement d'un urbanisme de stricte planification au profit d'un urbanisme de projet, défini comme plus flexible et pouvant accueillir plus aisément la part d'imprévisibilité qui caractérise le marché et le climat institutionnel. En ce sens, le projet d'aménagement d'Alger se veut être une réflexion hybride qui mêle à la fois les logiques réglementaires usuelles et l'option dite ''stratégique'' qui se veut un nouveau modèle de ''gouvernance''. Le processus engage la participation de fonds d'investissement et de bureaux de conception et de réalisation étrangers (français, portugais, chinois, coréens, émiratis, libanais, etc.). Les entreprises sollicitées s'insèrent à la fois dans ces processus de planification et de projet et influencent largement les termes de cette approche dite globale qui vise la restructuration d'Alger autour de l'émergence de centres secondaires. La planification d'une extension de la capitale vers l'Est et l'idéal d'une nouvelle centralité située dans la périphérie censée désengorger Alger est un projet qui fait date. Le Grand Projet Urbain (GPU) d'Alger énonçait ces mêmes mots d'ordre en 1997, soit un plan stratégique censé valoriser le commerce portuaire et faire émerger de nouveaux pôles de centralité. Le projet urbain d'Alger projeté d'ici à 2030 est renouvelé dans une certaine mesure par la référence au modèle de la ''ville-verte''. Mais l'échec du GPU initié par le Gouvernorat du Grand Alger (GGA) et avorté trois années après son lancement au motif de sa "non constitutionnalité", constitue selon Larbi Icheboudène (2009), une preuve supplémentaire des revers de ce type de "gouvernance" caractérisée par la confiscation de la ville par le pouvoir politique hégémonique.

Les affichages promotionnels qui ponctuent la capitale aux abords des palissades de chaque chantier de construction entamé, véhiculent la promesse d'une profonde transformation d'Alger. A l'instar des grandes villes du pourtour méditerranéen, la capitale est depuis 2009 l'objet de politiques de métropolisation ayant pour visées son inscription dans l'horizon économique et symbolique de l'espace régional. La maîtrise d'œuvre publique projette d'ici à 2030 une multitude d'ambitions : tertiarisation de l'économie, instauration d'une concertation multi-niveaux,

[6] Rapport d'orientation du PDAU d'Alger. Wilaya d'Alger / Parquexpo. Avril 2011, 158 p.

traitement des espaces publics, revitalisation des centres-anciens (...)[7], et annonce comme une de ses priorités de faire d'Alger une « *éco-métropole de la méditerranée et une ville-jardin qui maîtrise son étalement urbain et restaure ses équilibres écologiques*"[8]. La référence au développement durable est omniprésente tout au long du descriptif du programme dont la vue d'ensemble a été déroulée sur trois étages et mise à disposition des habitants au ''centre culturel'' de la Wilaya (soit au mémorial de la rue Larbi Ben M'hidi). Le volet environnemental du projet territorial présenté vise entre autres, le développement d'une trame verte, la construction d'un éco-quartier et la restauration des écosystèmes verts de la capitale. Un des axes phares de cette politique verte est cristallisé par le projet de l'oued El Harrach qu'il s'agit de "reconquérir". Cet oued, qui transporte les eaux usées ménagères et industrielles de l'agglomération, est considéré par les urbanistes comme un ''abcès'' nauséabond et nuisible au '*'nécessaire rééquilibrage de la métropole autour de son nouveau centre de gravité*''[9] économique et culturel, qu'accompagneront la grande mosquée d'Alger et un futur grand parc récréatif. Cette opération d'aménagement du principal oued de la capitale catalyse à la fois le souci hygiéniste (de dépollution), celui de la dimension paysagère (la ''renaturalisation'' de ses berges), écologique (multiplier la biodiversité faunistique et floristique), d'ingénierie (gestion du risque d'inondation), sociale (équipements de loisirs) et économique (en développant le transport, le commerce, le tourisme et le tertiaire).

Aux côtés de la loi n°07-06 du PDAU correspondant à la déclinaison règlementaire du Plan Stratégique qui détermine les projets résultants directement des études réalisées (par les groupes ParqueExpo pour le PDAU et Arte Charpentier pour le concours de la Baie d'Alger), a été également dressé un Plan Vert pour Alger. Ce Plan Vert[10] qui se trouve sous la responsabilité de la Wilaya depuis 2012 est un document de travail à usage des gestionnaires dont la mission est de remédier à l'état "désolant" de la structure verte de la capitale. Les responsables du volet vert annoncent que tous les jardins d'Alger vont être réhabilités comme cela a été fait pour le jardin d'Essai qui avait été "squatté" et délaissé pendant des années. Le défi fixé est de planter 4000 arbres par an dans la ville. L'autorité wilayale a

---

[7] Le numéro spécial de la revue Vies de Villes (hors-série n°3, juillet 2012), propose une synthèse (en 422 pages) documentée et illustrée de l'ensemble des opérations projetées (en donnant ainsi accès aux contenus des programmations, des acteurs, des entreprises impliquées, et en donnant également accès aux projets non retenus à l'issu des concours internationaux).

[8] Voir Vies de Villes (hors-série n°3, juillet 2012), p 30.

[9] Voir Vies de Villes (hors-série n°3, juillet 2012), p 396.

[10] « Le plan Vert », Wilaya d'Alger, République Algérienne Démocratique et Populaire, le 05 décembre 2012.

désigné l'Etablissement de Développement des Espaces Verts d'Alger (EDEVAL)[11] comme entreprise de référence ayant la charge de la gestion opérationnelle des principaux espaces verts. Progressivement, le nombre de communes (28 communes sur un total de 57 en 2013) et la surface des espaces verts dont l'EDEVAL a la charge a été élargie (passant de 382.696 m^2 à 1.365.660 m^2 entre 2004 et 2013 selon le plan de charge de l'année 2013 communiqué par l'établissement). Considérant la typologie des espaces verts gérés par l'EDEVAL, il s'agit en grande majorité de ''points verts'' (au nombre de 379) puis de jardins (87) et de talus (60) ; viennent ensuite en ordre décroissant les places, placettes, refuges puis les parcs (au nombre de 11). Entre autres opérations de réaménagement qui ont déjà été livrées par l'établissement, on trouve : le parc de Beyrouth, le parc de la Liberté, le rond-point de Chevalley-Bouzaréah, la place du Lion, le jardin de Tripoli. En définitive, l'ensemble de ces outils de planification du ''vert'' mise sur une conception paysagère qui envisage de mettre à l'honneur le cadre de vie citadin et l'image de la ville en visant l'aspect ornemental mais aussi ludique de ces jardins, tout en intégrant la rhétorique de la durabilité urbaine et en servant le projet de métropolisation. « *On est passé de la juxtaposition à la synthèse* » s'exclame fermement un des porteurs du projet réputé pour sa vision technocratique. Or, la seule lecture de ces dispositifs suggère que les pouvoirs publics ont puisé et adopté pêle-mêle un ensemble de référentiels urbanistiques mais ne permet pas de saisir l'intentionnalité des acteurs et la réception sociale de ces aménagements.

Des améliorations insuffisantes

Si les palmiers nouvellement plantés le long des voiries ont été remarqués par tous les habitants et que le projet d'aménagement de la baie d'Alger leur est familier au premier abord, ceux-ci n'identifient pas, avec précision, le contenu et les contours de ces différentes projections. Même les élus locaux, qui se disent intéressés par ces transformations de la ville, déclarent n'être pas suffisamment informés et pas impliqués dans les processus de concertation. Raffaele Cattedra (2010) observe une tendance commune aux conduites des grands projets urbains des pays du Maghreb et qui réside en la « *confiscation des pouvoirs locaux* » que peinent à cacher les prétentions démocratiques et décentralisées. Auprès de la population, ces réalisations suggèrent plusieurs types de réaction. Outre les habitants pour qui la préoccupation principale reste le logement et l'emploi et qui se désintéressent

[11] L'EDEVAL est un Établissement Public à Caractère Industriel et Commercial (EPIC), crée le 12 juin 1995. Il est issu de la restructuration des services publics de l'ex-CUC (conseil urbain de coordination d'Alger) de la wilaya d'Alger.

ouvertement de ces projets (« *on court derrière la baguette de pain. Donc comment je peux courir derrière un poulet rôti ? Et je n'arrive pas à acheter une baguette de pain ! On court toujours* »), une partie des algérois constatent des améliorations en matière d'environnement. Les usagers des espaces verts admettent que des efforts ont été réalisés ces dernières années par la Wilaya d'Alger en ce qui concerne la réhabilitation de jardins et se réjouissent de ces avancées. Même les riverains, qui n'ont pas pour habitude de fréquenter ces espaces, savent par exemple que le jardin d'essai du Hamma a été rouvert au public et s'en félicitent. Mais tous pensent que c'est encore insuffisant en quantité et en qualité pour inverser la tendance à l'urbanisation et à la "bétonisation", à l'instar de cet habitant (31 ans, commerçant) : « *La nature à Alger par rapport aux années 1990 ça va, c'est pas encore mort, mais c'est pas suffisant* ».

Les actions de réhabilitation des jardins historiques sont considérées insuffisantes par ces habitants car de nombreux parcs sont encore dans un état d'abandon comme celui de Ben Aknoun ou celui du parc de la Liberté (qui est censé avoir été l'objet d'une réhabilitation mais qui se trouve encore en piteux état), que les citadins n'osent, en général, pas traverser et fréquenter. C'est pourquoi le jardin du Hamma a été "victime" de son succès dès sa réouverture : les gestionnaires de ce jardin, dont la vocation est selon eux censée être botanique, sont submergés de visiteurs, que le parc ne peut à lui seul accueillir. Quant aux nouveaux aménagements réalisés, ceux-ci concernent surtout des espaces de prestige et des "points verts" qui ne sont pas forcément dédiés aux promeneurs. Les habitants regrettent que la priorité soit axée sur des espaces visibles, soit « *là où passe Ahmed* » ou encore « *là où passent les ministres* », au détriment des cités et des quartiers où les jardins sont délaissés.

La promenade des Sablettes, qui correspond à un projet de reconversion d'une friche de front de mer en espace récréatif, ouverte au public avant d'avoir été tout à fait achevée, jouit d'un fort succès dont témoigne l'affluence des visiteurs. Le succès de la fréquentation des Sablettes doit beaucoup à son emplacement soit à la vue ainsi dégagée sur le large : les algérois retrouvent en ce lieu un accès au rivage mais aussi la sécurité et la propreté attendues. Les revêtements neufs accusent déjà des défauts qu'accentue la pauvreté des aménagements paysagers mais, bien que l'aménagement ne soit pas idéal, les habitants considèrent que « *c'est mieux que rien* ». En effet, l'enjeu de la planification du vert à Alger tend à se fondre avec celui de la gestion des déchets considérée comme la thématique la plus urgente par les gestionnaires des différentes administrations territoriales. Si les fonctions écologiques ou bien ludiques des espaces verts participent des représentations véhiculées par les discours des administrateurs, leurs actions tendent à converger vers des préoccupations hygiénistes, ornementales et sécuritaires que partagent aussi les habitants. Seulement, les palmiers ornementaux correspondent partiellement à la vision esthétique et identitaire des algérois pour qui ces allées plantées sont étrangères au paysage local : « *c'est la nouvelle Miami de l'Afrique* », « *on ne veut pas de Dubaï bis* », « *Le Sahara arrive vite ! je change de métier : je vais vendre des palmiers* ». D'autres habitants, surtout ceux issus des quartiers populaires, regrettent en premier lieu que ces palmiers soient stériles et ne reconnaissent pas l'intérêt esthétique pour cette espèce dont le rôle devrait être avant tout nourricier et productif : « *mais ils ne produisent même pas de dattes* ». De l'avis de ce paysagiste, les décideurs se contentent de plagier des modèles urbains stéréotypés qui ne correspondent pas aux logiques de site, à l'identité de la ville et dont les aménagements ne sont pas représentatifs de la diversité culturelle de la population. Les paysagistes disent souffrir d'un manque de reconnaissance, leur métier n'étant pas valorisé ni par les pouvoirs publics ni nécessairement estimé par les architectes avec qui ils peinent à s'associer. Or, comparé aux architectes, le nombre de professionnels du paysage est dérisoire et ceux-ci considèrent que les formations disponibles ne sont pas adaptées en ce qu'elles privilégient essentiellement les aspects techniques du métier. Les palmiers autoroutiers ont été par exemple installés par une entreprise spécialisée dans le BTP et beaucoup de ces palmiers sont déjà morts. Les paysagistes déplorent l'absence de traitement qualitatif des aménagements réalisés et regrettent que les pouvoirs publics ne fassent pas appel à des professionnels qualifiés. Ce paysagiste (formé à l'école de Versailles, installé à Alger en libéral) questionne la qualité des interventions en ces termes :

« *Séquencer du gazon avec des palmiers tout le monde peut le faire. Planter 4000 arbres c'est pas un problème, le problème c'est plutôt de bien les planter, c'est la survie des arbres et c'est le souci de la production des arbres* ».

Les paysagistes travaillant pour le compte d'entreprises publiques ou privées, estiment qu'il n'y a pas de culture de l'espace vert et que celui-ci n'est pas pris en compte par l'Etat, qu'il n'y a pas de volonté politique en ce sens hormis quand celui-ci fait office de "*guirlande temporaire*". Selon eux, les projets de réhabilitation d'espaces verts prennent surtout en considération le patrimoine bâti alors qu'avant, Alger était une ville-jardin, si l'on en croit les descriptions qu'en faisait notamment René Lespès en 1935 lorsqu'il décrivait Alger comme une ville militaire revêtue d'un « *somptueux manteau de verdure* ». Pour ce jardinier-paysagiste de l'Edeval qui participe à la conception de tapis de fleurs et d'espaces verts d'accompagnement de voiries, le plan vert d'Alger est avant tout un projet présidentiel où ne se pose que la question de l'esthétique, l'art et la culture étant, selon lui, absents de la commande publique. En tant que responsable d'équipe, il prend l'initiative des aménagements, les propose au directeur général qui les propose au Wali, lequel décide en dernière instance. Bien que les décisions soient centralisées, ce jardinier-paysagiste déclare pouvoir faire appliquer ses propositions sans controverses car, d'après lui, les décideurs n'ont pas de connaissances et d'exigences. L'espace vert participe selon lui d'un critère de développement, mais encore faut-il avoir les moyens humains et matériels pour les entretenir : « *Un parc adulte ça demande beaucoup de moyens et on a pas de moyens, on taille à la main, y'a pas de machines, on travaille manuellement* ». Ce professionnel considère que le jardinier est aujourd'hui loin de son havre de paix car il n'est pas évident de trouver des variétés de plantes en Algérie, que les essences sont importées et que le paysagiste doit vivre en fonction de la commande mais aussi des importations : « *tous les jours y'a un vol pour Abou Dhabi avec les tulipes* ».

Une écologie discursive

La loi 07-06 prévoit un plan de gestion qui préconise le développement des ''espèces et variétés végétales de la région concernée'' (article 29). Or, le palmier n'est pas considéré comme une plante locale et cette essence n'est pas adaptée au climat de l'algérois. Si une partie des habitants se réjouissent des avancées, les professionnels du paysage, de l'architecture, de l'écologie (…) se montrent quant à eux, bien plus critiques en raison de leurs meilleures connaissances des enjeux environnementaux et la plupart d'entre eux considèrent que l'écologie urbaine est une mode qui n'est pas tout à fait nouvelle puisqu'avant de parler d'écologie ou de biodiversité, il était déjà question de constructions bioclimatiques. Or, selon leurs expériences, cette mode reste sans suite, soit de simples concepts importés des pays du Nord et plaqués ex-nihilo sans innovation et sans impact sur la réalité ; c'est l'idée que partage cet architecte (55 ans, formé à l'Ecole Polytechnique d'Architecture et d'Urbanisme - EPAU d'Alger) :

« *Y'a pas un seul arbre et on parle de développement durable ! Les questions d'énergies ne sont pas posées. L'Afrique c'est bien connu : c'est la poubelle du monde, tous viennent jeter leurs ordures sur les côtes car aussi les dirigeants sont corrompus. A El Harrach on dépollue car y'a le projet de la Mosquée* ».

Les références au développement durable constituent en somme un « *arrière-plan* » ou une justification « *inspirée du libéralisme global* » or, comme le souligne cet auteur : « *la ville durable est incompatible avec le système politique autoritaire* » (Sidi Boumedine, 2013, p. 80). Si tous les acteurs déplorent le fait que ces modèles d'écologie discursive soient, comme le disent ces auteurs, « *encore souvent de simples transferts de "recettes"* » conçus comme « *une modalité de participation à la mondialisation* » (Souami, Verdeil, 2006), les avis des professionnels de la ville divergent quant aux solutions pouvant y remédier. Certains urbanistes pensent qu'il faudrait favoriser et confier la conception des grands projets publics à des compétences locales, alors que d'autres considèrent que le problème principal est celui de la gestion et de la coordination des projets et qu'en conséquence il serait plus utile de confier la gestion des projets à des entreprises étrangères. Qu'il s'agisse de la répartition des compétences ou de la gestion des affaires publiques, l'innovation ne peut émerger que lorsque l'environnement social et politique est favorable. Or, il n'y a ni société civile autonome ni volonté politique clairement identifiable en ce qui concerne la protection de l'environnement et le partage plus raisonné des pouvoirs : « *La gouvernance ?! »* s'exclame cet architecte : *« c'est pas hier que c'est arrivé et c'est pas demain que ça changera. C'est du pipo, c'est la chaise musicale, on fait valser les intéressés* ».

Si une partie des habitants constatent quelques améliorations, ce n'est pas un avis partagé par tous. Car, pour cette autre partie de la population, l'aménagement de la baie d'Alger et tous les projets concomitants au Plan Vert sont associés à la densification de la capitale et nullement à la protection de l'environnement. Ces habitants observent des chantiers de travaux partout, trouvent qu'Alger est trop peuplée et qu'il faut arrêter de développer la capitale puisqu'une extension ou une polarisation de la ville vers l'Est est antinomique avec l'idée de durabilité, d'écologie et de qualité urbaine. Pour ceux-ci, il n'y a pas de politique verte ou écologique, ces plans ne sont que des « *écrans de fumée* » qui, par ailleurs, permettent de justifier des destructions de forêts et la multiplication de projets immobiliers. Les ambitions de planification du vert à Alger sont objets de surenchères et sont aussi l'occasion que se donnent les politiques pour monter des projets économiques et immobiliers. C'est pourquoi ces habitants préféreraient que l'État investisse dans le développement de villes nouvelles et évoquent parfois l'éventualité de s'en retourner vivre dans leur wilaya d'origine. Nombre d'habitants disent pouvoir s'imaginer déménager et travailler en dehors d'Alger dans une plus petite ville, à échelle plus humaine.

Une logique de marché plutôt que de projet

Trois types de critiques sociales se dégagent de ces politiques de planification du vert à Alger : la première concerne la qualité des aménagements réalisés et projetés, qui sont objets d'espoirs et d'attentes citadines, principalement en matière de loisirs et d'espaces dédiés à la détente. Le second type de critiques renvoie à l'absence de politique écologique et à l'hypocrisie de la référence au développement durable qui est vu comme une nouvelle forme d'impérialisme. Le troisième type de critiques illustre dans ce même ordre d'idée le désintérêt qu'accordent les décideurs à l'environnement, en exprimant un rejet et une dénonciation des logiques capitalistes et clientélistes qui régissent les projets urbains de part en part : *« les grandes puissances ne s'intéressent pas à la nature. Ils ne s'intéressent qu'à s'enrichir, sur le dos de la nature ».* C'est l'avis que partage ce paysagiste algérois : « *je n'ai pas rencontré de passionnés, le vert c'est pour le business* ». Pour produire des arbres urbains il faut des pépinières avec des cycles longs et des roulements, en les plantant jeunes et en attendant qu'ils soient un minimum adultes : « *mais ici ils font principalement de la multiplication et de la vente* » s'exclame cet autre paysagiste. En plus du fait que ces projets, lois et planifications de la ville sont prisonniers des réflexes sectoriels, de l'absence de coordination entre acteurs, ils sont également soumis à des logiques mercantiles que relaie de temps à autre la presse comme cela a été le cas pour l'affaire du parc Dounia.

Le projet de la baie d'Alger est décrit par cet architecte comme un projet de façade alimenté par le marketing urbain plus proche de « l'égo-logique » que de l'écologie : « *Arte Charpentier il vend une image, il vend Alger dans 30 ans. C'est une logique de marché, pas de projet. Car les politiques aiment ça. Le Wali il est dans un projet de promotion personnelle* ». C'est l'avis que partagent Souami et Verdeil (2006) pour qui la production d'images urbaines constitue la « *finalité essentielle de ces projets* » qui s'appuient sur la multiplication de supports de communication dont l'efficacité est « *performative* » (Cattedra, 2009). Aux côtés des citadins qui estiment que les améliorations initiées sont insuffisantes, de ceux qui ne s'y intéressent tout simplement pas et de ceux qui déplorent au contraire la destruction de l'environnement, il reste une partie de ces citadins qui insistent sur les détournements d'argent public :

« *Y'a pas de travail, y'a beaucoup de chômage, mais notre gouvernement il est en train de planter des palmiers. Voilà, ils ont beaucoup d'argent, au lieu de faire des usines pour travailler, des emplois, ils sont en train de faire des palmiers. C'est de l'argent facile, c'est du vol, voilà. L'État vol l'État* ».

Ihsane El Kadi (2008) considère que la « *marchandisation de la décision politique, administrative et commerciale* » est devenue la norme et qu'après les crimes de sang, la corruption est devenue un crime mineur. Les secteurs les plus touchés par la corruption sont, selon cet auteur, les contrats d'équipements publics, le foncier, l'immobilier et le crédit bancaire d'investissements. Les réseaux clientélistes transfèrent la richesse du secteur public vers le domaine privé, c'est pourquoi la ressource politique importe davantage que la richesse : une place dans l'appareil d'État étant la condition nécessaire pour s'assurer une position de pouvoir (Leca et al, 1983).

Conclusion

Les vocations des espaces verts et les aménagements paysagers se déclinent selon des critères qualitatifs variés et parfois concurrents qu'influencent les appartenances sociales et les cultures professionnelles des individus et qui ne peuvent être réductibles à un type idéal reproductible en série. Pour les cadres des Ministères dédiés à la ville et à l'environnement, la planification technocratique du vert à Alger renvoie à des orientations hygiénistes et ornementales censées servir l'image de la ville et du politique. Cet enjeu est partagé par les gestionnaires et techniciens de la Wilaya qui sont sommés de veiller au respect des seuils et des quotas d'espaces verts dictés par une logique bureaucratique et comptable que déclinent des plans de gestion et de développement. Ainsi, leur rôle consiste à réguler, contrôler et réprimer si nécessaire. Pour l'architecte, la qualité d'un espace vert repose sur des critères de mesure, d'ordre, de respect des normes et des proportions, de lisibilité spatiale, d'harmonie des formes et parfois de prise en compte des spécificités climatiques et culturelles. Pour le paysagiste, l'aménagement doit céder la place au ménagement de l'existant. La qualité d'un jardin repose sur la capacité du concepteur à accompagner les usages et les plantes en questionnant le sens profond des formes urbaines (art, identité, culture, histoire). Pour les usagers des espaces verts, qui ne représentent encore qu'une fraction (elle aussi hétérogène) de la population, la qualité est liée à la multifonctionnalité des aménagements, à la diversité des équipements, à la propreté des espaces mais aussi à l'accessibilité spatiale et sociale du lieu (liée au coût économique et au sentiment de sécurité). Pour conclure, l'adhésion des populations, des associations ou encore des élus locaux, aux politiques de planification du vert est relative à la prise en compte de cette diversité des pratiques citadines et professionnelles. Plutôt que de juxtaposition ou de synthèse, c'est d'une articulation et d'une conciliation des logiques dont la ville et ses habitants ont besoin. Plutôt que de vouloir "sensibiliser" ou "redynamiser" les citoyens pour les faire "adhérer" aux ambitions des autorités, c'est d'une inclusion politique dont il est question.

Bibliographie

Addi L., (2011), Les obstacles à la formation de la société civile en Algérie, in : Anna Bozzo et Pierre-Jean Luizard : *Les sociétés civiles dans le monde musulman,* La Découverte « TAP / Islam et Société », pp.369-381.

Bekkouche A., (1997), L'espace vert urbain public : entre pratique et conception. *Insaniyat*, pp. 59–76.

Belguidoum S., (2002), La difficile émergence de la question écologique en Algérie. *Actes du Colloque Sociologie, économie et environnement,* Université de Laval, Québec, 11 p.

Belguidoum S., Cattedra R., Iraki A. (2015), Villes et urbanités au Maghreb, *L'Année du Maghreb*, n°12, pp.11-32.

Belguidoum S, Mouaziz N., (2010), L'urbain informel et les paradoxes de la ville algérienne : politiques urbaines et légitimité sociale. *Espaces et sociétés,* Mars 2010, n°143, pp.101–116.

Belguidoum S., (2003), Une société bloquée, la crise des idéologies en Algérie. *Recherches internationales*, n°67-68, pp.135–152.

Cattedra R., (2010), Les grands projets urbains à la conquête des périphéries. *Les cahiers d'EMAM - Études sur le Monde Arabe et la Méditerranée,* n°19, pp.58–72.

Deluz J-J, (2010), *Le tout et le fragment.* Barzakh, Alger, 380 p.

Douglas M., (2001), *De la souillure. Essai sur les notions de pollution et de tabou.* La Découverte, Paris, 205 p.

El Kadi I., (2008), Corruption et stratification sociale en Algérie. 2008/1, *Corruption et prédation, NAQD,* Alger, n°25, pp.155-166.

Galissot R., (2002), Urbanisation prolétaire et paupérisation culturelle. *NAQD*, Alger, n°16, *DesOrdres urbains*, pp.152-164.

Icheboudene L., (2009), Réflexion sur la gouvernance urbaine à Alger. Prérogatives institutionnelles et monopoles politiques, *Insaniyat*, n°44-45, pp. 97-113.

Leca J., Schemeil Y., (1983), Clientélisme et patrimonialisme dans le monde arabe. *International political science review*, n°4, pp. 455-494.

Lespes R., (1930), *Alger. Étude de géographie et d'histoire urbaines*. Alcan, Paris, 860 p.

Madani M., (1997), Le travail de conception : les représentations des architectes-urbanistes. 1997/1, *Insaniyat*, pp. 63-84.

Oussedik F. (dir.), (2008), *Raconte-moi ta ville. Essai sur l'appropriation culturelle de la ville d'Alger*. Alger, ENAG, 300 p.

Safar Zitoun M., (2009), Digressions sur l'«Algérois». L'habiter des classes moyennes algéroises ou l'introuvable référent citadin. *Les Cahiers d'EMAM Études sur le Monde Arabe et la Méditerranée,* n°18, pp.21–28.

Safar Zitoun M., (2012), État providence et politique du logement en Algérie. Le poids encombrant de la gestion publique des rentes urbaines. 2012/2, *Revue Tiers Monde*, n°210, Armand Colin.

Sidi Boumedine R. (dir.), (2013), *L'urbanisme en Algérie. Échec des instruments ou instruments de l'échec ? Alternatives Urbaines*, Alger, 228 p.

Souami T. (dir.), VERDEIL E.(dir.), (2006), *Concevoir et gérer les villes. Milieux d'urbanistes du sud de la Méditerranée*. Economica, Anthropos, Paris, Coll. Villes, 222 p.

M*ohamed HOCINE*

La croissance urbaine et ses impacts sur l'environnement à Alger : approche par la notion de « capacité de charge »

Alger d'aujourd'hui doit envisager des instruments innovateurs pour sa planification spatiale qui vont probablement s'inscrire dans le cadre du projet urbain durable. Nous proposons l'approche de la *capacité de charge* comme outil de diagnostic et de *veille*, mais aussi comme paradigme de planification spatiale durable. Durant les vingt-cinq dernières années, Alger a crû hâtivement. Les populations furent peu consultées et les moyens intellectuels d'études furent lapidaires. Cette recherche et après avoir consulté les travaux théoriques les plus importants en matière de capacité de charge, tente d'éclairer cette situation à travers une analyse de différents indicateurs. L'analyse a présenté des investigations sur le rythme des différents facteurs de la croissance : démographie, économie, extensions spatiales et urbaines et ceux relatifs aux atteintes à l'environnement. Dans cette recherche, on a également revu la qualité des études, outils et instruments de planification expérimentés durant cette période.

Contexte

Comme toutes les grandes villes de par le monde, Alger a récemment adopté un plan stratégique de planification de son développement pour la période 2009-2029. Plusieurs opérations sont en cours, à l'exemple de l'aménagement de la baie (Safar Zitoun, 2010) ou encore celui des berges de l'Oued El Harrach, dans un état environnemental critique. Les pouvoirs publics prennent conscience de l'importance des outils de planification modernes.

Pour certaines théories, la ville, comme système anthropique, peut constituer selon le cas : un moteur de développement ou un moteur de régression du système naturel support. Ces situations dépendent d'un équilibre assez dynamique :

- Entre les flux de ressources exploités de l'hinterland et la quantité de déchets et pollutions que celui-ci peut effectivement contenir ou dégrader.
- Entre tous les flux centrifuges et centripètes, concentrateurs et diffuseurs d'urbanisation qu'on peut traduire en termes d'intensité d'usage des sols urbains et territoriaux avec ses composants corollaires : centralité, densité, compacité, qualité de la vie urbaine dans une configuration polycentrique, en réseaux (Da Cunha, 2009).

Ce sont ces équilibres qui permettent d'aboutir à un développement durable urbain. Dans le cas contraire, la situation de déséquilibre produit fatalement des congestions et de l'étalement avec des friches, des inerties et des obsolescences fonctionnelles, diverses vulnérabilités et de la mal-vie. La massification des flux, leurs débits et le déséquilibre dans leur répartition poussent à recourir à d'autres hinterlands pour bénéficier de plus de ressources et plus d'opportunités où se débarrasser de plus de déchets. Nous pensons que les flux de notre écosystème urbain ne doivent pas dépasser certains *seuils*, au-delà desquels les stocks ne peuvent plus se régénérer occasionnant des dégradations irréversibles au sous-système naturel.

Les populations et les autorités publiques savent pertinemment que le maintien de la dynamique urbaine dépend des possibilités d'extension du bassin et de ses ressources territoriales (Berezowska-Azzag, 2005). Selon les récents travaux sur la capacité de charge (Alcott, 2005, 2008, 2010 ; Chertow, 2008), les impacts sur l'environnement dépendent dans l'ensemble de trois catégories de facteurs : a) démographique : taille, métabolisme, b) économique : niveau d'activité, niveau d'aisance financière comportement et enfin c) la composante technologique : niveau de maîtrise technique. Ces composantes constituent des indicateurs de constatation des déséquilibres et en même temps des clefs et solutions pour le rétablissement des équilibres, particulièrement lorsque le régime de fonctionnement est en situation de dépassement d'ultimes limites.

Pour le cas de l'agglomération algéroise, les indicateurs sont rétrospectifs, entre 1984 et 2009. Il vise à vérifier la contribution effective et l'interdépendance des trois catégories de facteurs citées ci-dessus dans une situation de régime de fonctionnement « immodéré » préjudiciable à long terme.

Méthodologie

Le site

Le territoire concerné par l'étude est l'agglomération algéroise, et ses extensions spatiales à l'Est, favorisées par une configuration géomorphologique particulière. Bloquées par le massif de Bouzareah et les collines du Sahel à l'Ouest, les extensions vont trouver plus de facilités à occuper les terrains de la plaine en Mitidja (voir figures 1et 2).

Figure 1 : Composants géomorphologiques du territoire, (MATE, 2008).

Délimitation du territoire à étudier

Afin de tirer profit des statistiques des années antérieures, la délimitation du périmètre d'étude concerne en premier lieu Alger dans ses précédentes limites administratives avec ses 33 communes du centre, d'une superficie globale de 274 km². Pour mémoire, le territoire actuel de la wilaya regroupe plus de 57 communes et occupe une superficie de près de 770 km², à la suite du rattachement de communes issues des wilayas limitrophes en 1997(voir figure 2).

L'échelle temporelle s'étale sur une période de vingt-cinq années (1984-2009). Les indicateurs de la croissance spatiale et a-spatiale (démographique, économique) et les indicateurs d'impacts sur l'environnement et sur la qualité des outils de planification sont recueillis de manière à ce qu'ils couvrent totalement ou en partie cette période.

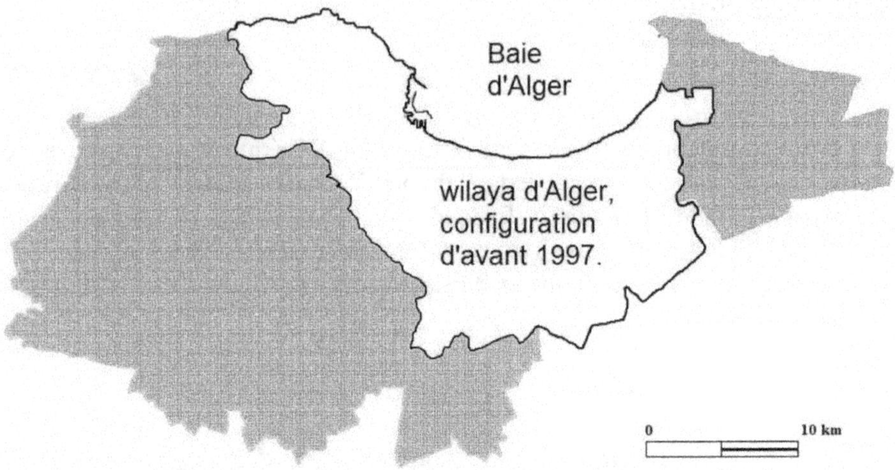

Figure 2 : Le territoire à étudier regroupant les 33 communes sur un total de 57 au centre de la wilaya d'Alger, (Auteur, 2014).

La méthode d'analyse est déductive. La recherche commence à partir d'une affirmation théorique et de différents indicateurs pour le cas algérois. Les indicateurs sont mis en avant de manière à démontrer la validité de la théorie de la capacité de charge dans le contexte urbain.

Deux paradigmes de référence

Les études sur la notion de capacités de charge constituent un large corpus d'études environnementales. Elles s'occupent des limites porteuses de certains écosystèmes, notamment par rapport aux processus de consommation des ressources et d'émissions de déchets et pollutions. Certaines définitions lient la capacité de charge au facteur démographique (Lane, 2010 ; Alcott, 2010), à savoir le maximum de population qui peut être supporté indéfiniment dans un habitat donné sans endommager la productivité de l'écosystème duquel dépend cette population. Il y a également son rapport à « l'usage raisonné et intelligent des sols par les processus de développement urbain qui influent sur le développement équilibré et durable des écosystèmes » (Berezowska-Azzag, 2005). Des indicateurs de seuils doivent apprécier l'intensité des processus d'urbanisation et éviter ainsi d'aller sur la mal-urbanisation.

Notre recherche s'appuie également sur deux paradigmes. Dans le premier paradigme, la ville est une entité à double identité, biologique sur certains aspects et machine sous d'autres aspects ; elle a été qualifiée par Burgliarello de BIOSOMA (BIOlogic-SOciologic-MAchine) (Bugliarello, 2006). Depuis toujours, la ville est le lieu de déroulement de processus de concentration de ressources diverses : populations, matériaux, eau, énergie, usage des sols, informations, puissance économique et opportunités. Ces derniers temps, ces processus se sont renforcés et aujourd'hui plus que jamais, la ville domine désormais la nature. L'auteur avance le concept de machine, il renvoie à l'ensemble de l'infrastructure et les composants matériels (habitats, réseaux divers, commodités, entre autres) (voir tableau n° 1).

La « Bio-so-ma » avec ses trois composantes constitue l'interface entre le système biologique, social et technologique d'une part et celui environnemental d'autre part. La valeur de ce paradigme nous permet de nous poser la question sur la possibilité de contrôler les processus d'échange entre ces deux systèmes sur les limites de la concentration ou de la dilution, dans le cadre de la durabilité de la vie dans la ville et sa région. L'équilibre entre ces deux types de forces centripètes et centrifuges affectera la durabilité urbaine.

Tableau 1: Le paradigme de la ville comme une machine Bio-sociologique. (Source : Bugliarello G.).

The City As A Bio-Social-Machine Entity		
Bio	**So**	**Ma**
• Humans	• Organizations	• Housing
• Other Species	• Government	• Infrastructure
	• Business	• Transportation
	• Health Care	• Utilities
	• Families	• …
	• Religion	• Other machines
	• Customs	

Dans le second paradigme, l'équation I = P.A.T, sont les lettres d'une formule proposée pour décrire l'impact de l'activité humaine sur l'environnement. Impact humain (I) sur l'environnement est égal au produit de (P) pour population ; (A) pour aisance et (T) pour technologie (Randolph, 2003). Cette équation décrit la façon dont notre population croissante, la richesse, et la technologie constituent les trois composants de notre impact sur l'environnement. L'équation a été développée dans les années 1970, au cours d'un débat entre B. Commoner, P. R. Ehrlich et J. Holdren.

B. Commoner (1972) a fait valoir que les impacts environnementaux aux États-Unis ont été principalement causés par des changements dans la technologie de production qui ont suivi la Seconde Guerre mondiale, la technologie (l'aspect machine) joue le rôle de mitigation ou d'atténuation du seuil d'impact admissible. Par contre, Ehrlich et Holdren (1971) ont fait valoir que l'ensemble des trois facteurs étaient importants ; ils ont par contre souligné le rôle de la croissance de la population humaine.

Dans le cas de la croissance urbaine de l'agglomération algéroise, nous allons tenter de démontrer le poids de chacun des trois facteurs dans l'exacerbation des impacts environnementaux et vérifier ainsi dans quelles conditions valider les paradigmes théoriques cités ci-dessus.

Résultats et discussion

Sur le plan des politiques globales, deux lectures à faire :

- Intentions et objectifs des politiques publiques auxquelles l'Algérie a adhéré, à l'exemple des objectifs du Millénaire pour le développement (Nations-Unies, 2009) et de leurs programmes d'action en matière d'élimination de la faim, d'assurance d'une éducation pour tous, de promotion de l'égalité homme-femme et de réduction de la mortalité infantile.
- Ratification, par l'Algérie, de la déclaration universelle des droits de l'homme qui engage ainsi des programmes de développement de la population pour un meilleur accès à l'alimentation, l'habillement, le logement, l'eau, les soins médicaux ainsi que pour les services sociaux, ... etc. Pour la période étudiée, les pouvoirs publics ont démontré un grand intérêt pour l'amélioration des indicateurs de bien-être social et de niveau de vie, particulièrement dans la satisfaction des besoins en logements et la baisse du TOL (taux d'occupation du logement). Sur le plan global, le bilan est mitigé et nous allons tenter de l'expliquer à travers l'approche de la capacité de charge.
-

Les indicateurs sur le plan a-spatiale nous montrent :

- Une croissance démographique moyenne de 20 %.
- Une croissance des activités économiques (construction, commerce, industrie et service) de 276 %

Par contre, sur le plan spatial, on a abouti à :

- Une croissance du périmètre urbain de 124 %,
- Une expansion massive et quantitative du parc logement de 121 %, sans beaucoup de résultats qualitatifs, d'ailleurs, on enregistre un taux de vacance de logements de 18 % en 2008.
- Une augmentation des atteintes à l'environnement.

Le dernier type d'indicateurs consulté est celui relatif à la performance des études, outils et instruments de planification spatiale (Schéma régional d'aménagement du territoire, schéma directeur d'aire métropolitaine, Plan directeur d'aménagement et d'urbanisme) mis en œuvre durant la période étudiée et leurs déficits en matière de qualité et d'opérationnalité.

Indicateurs de croissance démographique

Entre 1987 et 2008, le territoire algérois a connu, dans son ensemble, une croissance démographique de 20 % (voir tableau n° 2).

Tableau 2 : Croissance démographique au Sud-Est d'Alger entre 1987 et 2008, (ONS, 2011).

Populations	Alger (périmètre d'étude)
1987	1.687.576
2008	2.018.727
croissance population	331.151 (+20 %)

Croissance des activités économiques et de l'aisance financière

Dans ce tableau, on remarque l'importante croissance des entités économiques (+276 %) (voir tableau n° 3). La croissance statistique du nombre d'entités économiques peut être expliquée par l'abandon du modèle de développement planifié et administré, à travers de grandes entreprises publiques, intervenu à la fin des années 80 et l'avènement d'une économie basée sur l'initiative privée et la PME (petite et moyenne entreprise). Cette dernière va renforcer la dualité de l'économie : formelle/informelle.

Tableau 3 : Croissance des activités économiques dans les communes du Sud-Est algérois. (Source : Hadjiedj, 1991 et ONS, 2011).

Entités économiques*	Alger (périmètre d'étude)
1982	17.962
2011	67.492
Croissance	49.530 (+276 %)

* Construction, commerce, industrie et service. Les entités agricoles ne sont pas prises en compte dans le recensement.

Par rapport aux revenus des populations, l'évaluation du PIB/habitant montre que ce dernier a pratiquement stagné entre 1986 et 2003. Durant les années 1993 à 1995, le PIB/habitant était au plus bas avec une baisse de -

19 % par rapport aux années 1984 et 1985. L'aisance financière de la population n'amorce une croissance que depuis ces dix dernières années, puisqu'en 2010 elle est en hausse de +10 % par rapport à l'année de référence 1984 (voir figure n° 3).

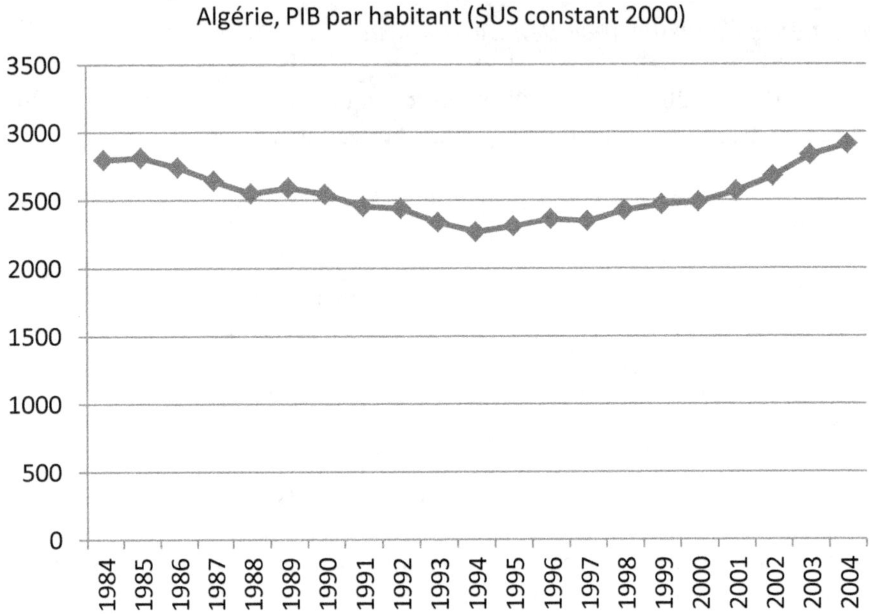

Figure 3 : PIB par habitant en $US (année 2000, constant) entre 1984 et 2009. (Source : Perspective Monde, 2013).

Il y a lieu de signaler que l'indicateur PIB/habitant n'est pas totalement valide pour apprécier le niveau d'aisance financière. Dans le cas de l'Algérie, comme dans tous les pays du Sud, une part importante des revenus provient de l'exercice d'activités économiques informelles. En 1988, elle a été estimée à 67 % du PIB (Henni, 1991) ; aujourd'hui, elle continue à représenter entre 30 et 70 % selon les secteurs.

Par contre, la baisse des recettes publiques entre les années 1985 et 1995 a induit des restrictions financières pour les pouvoirs publics et un changement dans le mode de promotion des logements puisqu'une promotion du logement par l'auto-construction (donc, sur fonds propre des populations bénéficiaires) est venue supplanter les anciens programmes de constructions à financement public.

Indicateurs de croissance spatiale et urbaine

En termes d'étendue spatiale, la croissance de l'agglomération algéroise, dans ses limites d'avant 1997, était de 124 % (voir tableau n° 4). La surface urbaine par rapport à la surface de la wilaya passe de 51 % en 1987 à 114 % en 2008, le périmètre urbain a franchi ses anciennes délimitations. Entre-temps, les pouvoirs publics ont procédé au rattachement de 24 communes à partir des wilayas limitrophes.

Tableau 4: Expansion spatiale de l'agglomération algéroise entre 1987 et 2008, rapportée à la surface totale de l'aire d'étude. (Source : Safar Zitoun et Talamali, 2009).

Aire urbaine	Alger (périmètre d'étude)
1987	139,6 km^2
2008	313 km^2
croissance	124 %

La croissance du logement se fait d'abord à travers les opérations de logements collectifs publics puis à partir de lotissements de maisons individuelles sur les réserves foncières communales. Au départ assez réglementé avec des résultats moyens, ce mode de production a pris de l'ampleur à partir de 1992 (voir tableau n° 5). Dans le cadre de la promotion foncière, l'évolution du parc logement dans son ensemble est de 121 % (voir tableau n° 6).

Tableau 5 : Évolution du parc logement entre 1987 et 2008. (Source : ONS, 2011).

Parc logement	Alger (périmètre d'étude)
1987	233.384 (100 %)
2008	436.187 (100 %)
croissance	238.583 (+121 %)

Tableau 6 : Bilan de la promotion foncière à Alger entre 92 et 2005. (Source : annuaire de la wilaya d'Alger, 2005).

Alger (périmètre wilaya d'avant 1997)	
Bilan promotion foncière	56.173 (lots)

Dans la wilaya d'Alger, le développement urbain mené, essentiellement, à partir de la construction en grand nombre de logements, peut être illustré à partir de l'évolution de l'indicateur TOL (taux d'occupation du logement) (ONS, 2011). Cet indicateur s'est, effectivement, amélioré de +34 % entre 1987 et 2008, il est passé de 7,23 à 4,76 personnes/logement (voir tableau n° 7). Les données ont été recueillies pour toute la wilaya dans sa configuration, à 33 communes, d'avant et d'après 1997.

Tableau 7 : Évolution du TOL dans la wilaya d'Alger entre 1987 et 2008. (Source : ONS, 2011).

Année	Population	Nombre de logements	TOL brut*
1987	1.687.579	233.384	7,23
2008	2.987.160	627.188	4,76

* Sans prendre en compte la vacance du logement.

Le mode de production de logements à travers des programmes de construction massive a induit l'apparition de dysfonction dans le circuit de sa distribution. Le taux brut de logements inoccupés a atteint 18 % en 2008 (voir tableau n° 8). À titre de comparaison, une proportion de logements vacants normale est en moyenne de 7 % en France [1] (Dumont, 2014).

Tableau 8 : Évolution du parc logement pour la wilaya d'Alger entre 1987 et 2008. (Source : ONS, 2011 ; HOCINE, 2014).

Année	Parc logement total	Parc logement occupé	Taux d'inoccupation
1998	435.605	385.344	50.261(11,5 %)
2008	627.188	514.641	11.2547 (18 %)

Indicateurs d'atteinte à l'environnement

Le développement incontrôlé de la croissance urbaine a induit une dégradation de l'environnement. Des études ont démontré cette situation

[1] Pourcentage normal compte tenu des multiples causes d'inoccupation d'un logement constatée lors des opérations de recensement (logement proposé à la vente ou à la location ; déjà attribué à un acheteur ou un locataire et en attente d'occupation en raison, par exemple, de travaux de réhabilitation ; en attente de règlement de succession ; conservé par un employeur pour un usage futur au profit d'un de ses employés ; non habité parce que l'occupant est en mission à l'étranger ou en établissement de soins ; gardé vacant par le propriétaire et sans affectation précise comme un logement très vétuste…).

d'impacts négatifs du développement socio-économique sur plusieurs aspects environnementaux. Dans le cas d'Alger, on peut citer celle du PAC (programme d'aménagement côtier) pour la zone côtière algéroise, mené par le programme des Nations-Unies pour l'environnement (PNUE) en 2006. Il a pris en charge tout le territoire de la wilaya d'Alger et de nombreuses communes des wilayas limitrophes.

Ces conclusions sont sans appel. Alger a dégradé et dégrade toujours ses potentialités environnementales et ceci sur plusieurs fronts : consommation du sol et autre ressource naturelle, productions de déchets et pollutions. Alger est également exposée à d'importants risques naturels et technologiques, que le laisser-aller accentue. Sur le tableau ci-dessous, un échantillon d'atteintes à l'environnement est dressé (voir tableau n° 9).

Tableau 9 : Tableau d'indicateurs des atteintes à l'environnement. (Source : PNUE/PAM, auteur, 2012).

Consommation de l'espace et des ressources	Agression de sites sensibles	Naturels	Disparition du cordon dunaire et de leurs habitats sur le littoral
	Déprise agricole	Agricole	Mitage des terres agricoles à haut rendement. Perte à quantifier en hectare.
	Eau	Qualité	Abaissement de la surface piézométrique dû à la sécheresse. D'où le recours aux eaux de surfaces nécessitant plus de traitement.
		Quantité	En 2004, le besoin de production d'eau est de 450 à 500 millions de m3 par an alors que la production effective n'a été que de 286 millions de m3
Production de déchets	Pollution du milieu	Solides	Le taux de collecte est de 65 à 70 %, accentué par le manque de moyens de gestion (tri, ramassage, enfouissement...)
		Liquides	149 points de rejets d'eaux usées en mer recensés en 2004. Le taux de raccordement au réseau d'assainissement est de 75 %, un volume d'eaux usées de l'ordre de 140 millions de m3/an est collecté. Seul 15 % de ce volume est épuré.
		Gazeux	NOx (oxyde d'azote) et les HAP (hydrocarbures aromatiques polynucléaires) dus au trafic routier accentué par la vétusté du parc automobile. Les particules en suspension dans l'air : les PM-5 et PM-10> aux normes (OMS, USA, UE) avec présence de métaux lourds (Pb, Fe, Cr) accentués par des sols nus et le manque de végétaux.
Exposition aux risques	Naturel	Sismique	Le bassin quaternaire de la Mitidja est bordé au Nord et au Sud par des failles sismiques actives (séisme de 2003). Le risque est amplifié par la nature sédimentaire du bassin et son urbanisation.
		Inondation	Dues au régime très irrégulier des précipitations caractérisant le climat méditerranéen subhumide de la région. Le risque est amplifié par la déforestation et l'urbanisation des lits d'oued.
	Industriels technologiques	Trois types	Explosion, incendie, dissémination de produits toxiques. La zone concentre un grand nombre d'activités industrielles présentant des risques accentués par leur implantation en milieu urbain.

La planification spatiale dans les années 80, 90 et 2000

Durant les années 80, les instruments étaient majoritairement constitués de PUP (périmètre d'urbanisation provisoire). Les constructions, essentiellement publiques, se réalisaient selon la procédure ZHUN (zone d'habitat urbaine nouvelle[2]). Cette procédure est en réalité un lotissement résidentiel, seulement l'habitat de type collectif y est mis en œuvre en priorité. Dès 1986, cette procédure est remise en cause et certains auteurs pensent qu'elle était *transitoire* et qu'il faut abandonner (Trabelsi, 1989).

En 1988 et après plus de 20 années de gestion socialiste, l'Algérie s'est lancée dans une expérience de démocratisation de la vie politique et de libéralisation de l'activité économique. Une nouvelle constitution fut promulguée en 1989, à la suite de laquelle une nouvelle vision, avec moins d'implication des pouvoirs publics dans la production du cadre bâti, a vu un début de mise en œuvre.

En matière de planification urbaine, ces années ont vu la promulgation de deux lois importantes, la loi n° 90.25 portant sur l'orientation foncière et celle n° 90.29 relative à l'aménagement et à l'urbanisme. Cette période est également connue pour la *baisse des ressources financières* de l'État algérien et la signature d'un plan d'ajustement structurel avec le FMI (fonds monétaire international). La nouvelle politique en matière d'urbanisme et d'habitat encourageait l'initiative privée, à travers la promotion immobilière et foncière et limitait le rôle de l'État à celui de l'arbitrage. Les outils de la nouvelle stratégie sont les PDAU (plans directeurs d'aménagement et d'urbanisme) et les POS (plans d'occupation des sols). Cette expérience n'a malheureusement pas abouti, un peu partout, en Algérie et particulièrement à Alger. Le nouveau PDAU[3] n'a pas produit de grands résultats.

> *« N'ayant pas été élaboré avec une vision stratégique, le PDAU a reconduit presque automatiquement les orientations des instruments de la période antérieure. En y apportant uniquement des approfondissements en ce qui concerne les périmètres d'extension, qui s'étendent alors vers tous les sens: à l'Est, à l'Ouest et au Sud. Des couloirs d'urbanisation apparaissent durant cette période et la menace de conurbation avec les localités limitrophes devient inévitable »* (Berezowska-Azzag, 2006).

---

[2] La procédure ZHUN a vu le jour à partir de 1975 et s'est éteinte vers la fin des années 80, début années 9O.

[3] Elaboré par le BET public CNERU entre 1991 et 1993, il n'est adopté qu'en 1995.

Les instruments étaient en effet impuissants et sans effet réel sur le développement de la ville, d'autant plus que l'Algérie, durant cette décennie, est traversée par une forte instabilité politique et sécuritaire, situation imputable à l'échec de l'expérience démocratique de 1989 et à la guerre contre le terrorisme.

Au niveau national, cette période est connue pour l'essor des extensions urbaines par le fait de la politique dite de *promotion foncière*. Le nouvel arsenal juridique adopté[4] encourage l'intervention des opérateurs privés et des particuliers. Au-delà de ce nouveau cadre particulièrement favorable à la consommation foncière, des directives sont adoptées par les responsables politiques nationaux pour encourager la production de terrains à bâtir. Les administrations techniques des ministères et les services déconcentrés prennent en main les opérations en se déconnectant en partie de la décision et des volontés politiques qui sont à l'origine de cette relance. Ainsi, l'objectif de la relance foncière est transformé par les techniciens en objectif de résultat opérationnel et de production : *faire du chiffre* (Souami, 2005).

L'impulsion volontariste donnée en 1992 se traduit par une accélération remarquable de la production de lots à bâtir. De 1993 à 1999, plus de 66 000 lots sont créés dans la wilaya d'Alger. Ce chiffre ne recouvre pas l'ensemble de l'activité foncière puisque les aires loties pour la construction de logements sociaux, celles concernées par les aménagements et les équipements publics, celles investies par les activités industrielles et commerciales n'y figurent pas. Si ce chiffre ne reflète pas l'ensemble de la dynamique des marchés fonciers en Algérie, dans laquelle les réseaux informels jouent un rôle de plus en plus important (en volume notamment), il souligne la forte mobilisation de l'appareil technico-administratif dès 1992.

Dans sa recherche T. Souami (2005) a notamment mis en évidence un *dysfonctionnement*, puisque le total des lots sociaux lancés en travaux est

---

[4] Décrets exécutifs :

- n° 91.175 du 28 Mai 1991, définissant les règles générales d'aménagement d'urbanisme et de construction (JO n° 26 du 01.06.1991).
- n° 91.176 du 28 Mai 1991, modifié et complété, fixant les modalités d'instruction et de délivrance du certificat d'urbanisme, du permis de lotir, du certificat de morcellement, de permis de construire, du certificat de conformité et du permis de démolir (JO n° 26 du 01.06.1991).
- n° 91.177 du 28 Mai 1991, modifié et complété, fixant les procédures d'élaboration et d'approbation du Plan Directeur d'Aménagement et d'Urbanisme (PDAU) et le contenu des documents y afférents (JO n° 28 du04.06.1991).
- n° 91.178 du 28 Mai 1991, modifié et complété, fixant les procédures d'élaboration et d'approbation des Plans d'Occupation des Sols (POS) ainsi que le contenu des documents y afférents (JO n° 26 du 01.06.1991

supérieur à celui des lots dont l'étude a été achevée. Ce « décalage » signifierait qu'une part non négligeable des lotissements sociaux a été mise à la réalisation sans qu'une étude préalable n'ait été lancée, ou du moins enregistrée à leur sujet. Si des erreurs statistiques peuvent partiellement expliquer cette différence, celle-ci révèle les irrégularités dans l'action de techniciens qui ne s'embarrassent pas toujours de procédures légales, voire d'études préalables précises. En d'autres termes, priés de créer rapidement des lots à bâtir, les responsables techniques, locaux surtout, ont parfois fait fi des exigences juridiques et légales. Les dizaines de milliers d'auto-constructions doivent aller satisfaire une demande en logements, mais également renforcer cette tendance à l'étalement en périphéries. Leur aspect « inachevé » et leur implantation inadéquate vont faire naître divers dysfonctionnements en banlieues algéroises.

En 1997, la création du Gouvernorat du Grand Alger avec ses 57 communes pour 770 km² et 2,562 millions d'habitants apporte de l'espoir avec le démarrage d'un GPU (grand projet urbain) et la création de la ville nouvelle de Sidi Abdallah. L'initiative du GPU est cependant interrompue en 2001, avec le retour à l'entité de la wilaya dans les mêmes limites que le Gouvernorat[5]. Pour Berezowska-Azzag (2006), le GPU, qui n'a pas dépassé le stade des constats accompagnés d'une série de propositions, justes, de restructuration et de renouvellement urbain, est arrêté et remis aux oubliettes au profit des actions ponctuelles de *maquillage urbain*.

Durant les années 2000, la ville a connu un contingent de projets de prestige et de projets d'urgence. De grands équipements, émanant de différents secteurs, et de grands ensembles de logement collectifs, dans le cadre du programme d'un million de logements, à réaliser en Algérie à l'horizon 2009. Leurs localisations se sont faites au gré des disponibilités foncières, rarement sur la base de POS. S'il y a production ou actualisation de POS, ils sont en décalage avec le PDAU 1995 et par rapport aux capacités réelles de leurs sites d'implantation en particulier et de l'agglomération algéroise en général.

Des termes de références et un appel d'offres pour la révision du PDAU d'Alger 2025 germent dès 2006. Depuis, un BET est désigné et un premier rapport est produit, seulement, à ce jour aucune approbation n'est octroyée

[5] Le gouvernorat du Grand Alger était dirigé par un gouverneur ayant le rang de ministre, en plus de celui de wali, chef de l'exécutif local. Du coup, l'ensemble des décisions n'avait pas besoin d'être avalisé par d'autres ministères y compris celui de l'intérieur et des collectivités locales. Cette situation a donné une grande autonomie dans la programmation d'actions de gestion et de développement d'Alger et de son territoire. En 2001, ce statut avait été jugé anticonstitutionnel et Alger retrouva son statut antérieur de wilaya comme le reste des 47 autres wilayas composant le territoire national.

par les pouvoirs publics. On peut supposer que les nombreux *coups partis* que le plan est sensé gérer dans différentes communes de la capitale, ainsi que les visions fragmentées par les différents secteurs et appareils de l'État empêchent le plan d'arriver à terme et à un niveau de cohérence globale.

Certains spécialistes pensent que la nouvelle génération de PDAU doit « *...offrir une possibilité de rompre avec les méthodes de programmation directive linéaire, tout en combinant entre une relative souplesse des orientations et la difficulté de les traduire par des règlements urbanistiques stricts...* » (Berezowska-Azzag, 2006). L'innovation scientifique et technique, en matière de gestion de l'espace métropolitain, doit être de mise, si on veut aller sur un *projet urbain durable* pour Alger. Les préoccupations socio-économiques seraient, alors, systématiquement associées aux préoccupations urbanistiques et environnementales.

Conclusion

Quel avenir pour le nouveau plan stratégique de développement d'Alger à l'horizon 2029 ? Est-ce encore un stratagème des pouvoirs publics et on va vite, plus tard, revenir à la situation de non-planification qui a caractérisé le développement de la ville les deux précédentes décennies ? Car aujourd'hui, pour Alger :

- On ne peut plus faire abstraction des nombreuses atteintes à l'environnement.
- On ne peut plus continuer à étaler la ville toujours plus loin, aux dépens du territoire agricole et naturel qui la supporte.
- On ne peut continuer à construire du logement pour le plus grand nombre, sans maîtriser tous les paramètres de la demande. On pourrait ainsi éviter de produire des logements de mauvaise qualité et/ou non conformes aux attentes des demandeurs potentiels.
- On ne peut accueillir et accroître indéfiniment le nombre d'activités économiques. Il y a lieu d'aller sur plus de sélection dans le type d'activité à autoriser et veiller à sa compatibilité avec les objectifs de durabilité.

B. Commoner (1972) a bien mis en évidence l'importance de la technologie et des savoirs dans l'atténuation et la mitigation des impacts dus aux régimes accélérés de développement (Chertow, 2001). D'autres auteurs ont mis en avant le rôle du comportement de la population à travers la réduction de leurs niveaux de consommation et l'orientation des revenus vers l'acquisition de produits à faible coût environnemental, plutôt que la course actuelle à la surconsommation. Une *veille* pour la préservation de la capacité de charge de l'environnement algérois est aujourd'hui une nécessité. Un meilleur comportement de l'ensemble des acteurs, et l'innovation technologique seront les meilleurs outils pour la mener à bien.

Bibliographie

Alcott B, (2005), Jevons' paradox, *Ecological Economics* 54 (1), p. 9–21.

Alcott B, (2008), The sufficiency strategy: would rich-world frugality lower environmental impact? *Ecological Economics* 64 (4), p. 770–786.

Alcott B, (2012), Population matters in ecological economics, Ecological Economics, 80 (2012) p. 109–120

Berezowska-Azzag E, (2006), Alger, le territoire invente son avenir, *Urbanistica,* Rome, Sapienza Università de Roma, n° 44, décembre 2006, p.9-14.

Berezowska-Azzag E, (2005), La notion de seuils de croissance urbaine comme enjeu Stratégique du projet urbain, *actes du Colloque international : développement urbain durable, gestion des ressources et gouvernance-* UNIL, Lausanne.

Bugliarello G, (2006), Urban sustainability: Dilemmas, challenges and paradigms, *Technology in Society* 28 (2006) pages 19–26.

Chertow MR, (2001), The IPAT Equation and Its Variants Changing Views of Technology and Environmental Impact, *Journal of Industrial Ecology* Volume 4, Number 4, p.13-29.

Commoner B, (1972), The environmental cost of economic growth, *Population, Resources and the Environment*, edited by R. G. Ridker. Washington DC: U.S. Government Printing Office, p. 339–363.

Da Cunha A, Kaiser C, (2009), Densité, centralité et qualité urbaine : la notion d'intensité, outil pour une gestion adaptative des formes urbaines ? Plaidoyer pour une ville intense, *URBIA, Les Cahiers du développement urbain durable*, *Intensités urbaines, Lausanne,* n° 9, décembre 2009, p. 13-56.

Dumont G. F, (2014), Les causes démographiques de la crise du logement, *Informations sociales*, 183(3), p. 26-34.

Ehrlich P. et J. Holdren, (1971), Impact of population growth, *Science* n°171, p.1212–1217.

Hadjiedj A, (1991), La concentration des activités économiques dans le Grand Alger et ses conséquences sur la vie urbaine, *thèse*, Usthb, Alger.

Henni A, (1991), *Essai sur l'économie : cas de l'Algérie*, ENAG éditions, 159 pages.

Kerbachi R, N. Oucher, A. Bitouche, N. Berkouki, B. Demri, M. Boughedaoui et R. Joumard, (2009), Pollution par les particules fines dans l'agglomération d'Alger, *Actes du Colloque international Environnement et transports dans des contextes différents,* Ghardaïa, 16-18 fév, ENP éditions., Alger, p. 31-40.

Lane M, (2010), The carrying capacity imperative: Assessing regional carrying capacity methodologies for sustainable land-use planning, *Land Use Policy*, 27(4), p.1038–1045.

MATE – Ministère de l'aménagement du territoire et de l'environnement, (2008), Schéma Directeur d'Aménagement de l'Aire Métropolitaine d'Alger-SDAAM, Un Territoire Durable : Compétitif, Équilibre Et Solidaire, *rapport de l'agence CNERU – IAURIF* , version mai 2008, Alger.
Nations Unies O, (2009), Objectifs du Millénaire pour le développement. En ligne : http://www. un. org/fr/millenniumgoals.
ONS-Office National des Statistiques, (2011) Armature Urbaine, V° Recensement Général de la Population et de l'Habitat – 2008, *Collections Statistiques* N° 163, Office National des statistiques, Alger.
ONS-Office National des Statistiques, (2012), premier recensement économique 2011, Collections Statistiques n° 172/2012 Série E : Statistiques Économiques N° 69, Alger.
Perspective Monde, (2013), PIB par habitant (US $ constant 2000) de l'Algérie. *Statistiques, Université de Sherbrooke*, [en ligne], disponible sur :
http://perspective.usherbrooke.ca/bilan/servlet/BMTendanceStatPays?langue=fr&codePays=DZA&codeTheme=2&codeStat=NY.GDP.PCAP.KD (consulté le 25/01/2013)
PNUE/PAM, (2006), Programme d'Aménagement Côtier de la Zone côtière algéroise, Rapport final, *Série des rapports techniques du PAM*, PNUE/PAM, Athènes, No. 164.
Randolph J, (2003), *Environmental Land Use Planning and Management*, Island Press, 704 p.
Rees W E, (1992), Ecological footprints and appropriated carrying capacity: What urban economics leaves out, *Environment and Urbanization,* 4(2), 121–130.
Safar Zitoun M et Tabti-Talamali A, (2009), La mobilité urbaine dans l'agglomération d'Alger : évolutions et perspectives, Étude de cas. *Rapport définitif*, International Bank for Reconstruction and Development / The World Bank, Sophia Antipolis.
Safar Zitoun, M, (2010), The Development of the Bay of Algiers: Rethinking the City through Contemporary Paradigms, *Built Environment*, Volume 36, Number 2, 4 July 2010, p. 206-215(10).
Souami T, (2005), Le foncier : un enjeu pour techniciens, aussi. L'illustration de la décennie 1990 en Algérie, *Autrepart*, 2005/2 n° 34, p. 51-64.
Trabelsi B, (1989), Les urbanisations nouvelles en Algérie, l'expérience de la procédure des zones d'habitat urbain nouvelles (ZHUN), *actes du séminaire international, Stratégie urbaine et urbanisme opérationnel*, RABAT, 12 et 13 Mai 1989, p. 125-127
Wilaya d'Alger (2005), Annuaire Statistique de la Wilaya d'Alger pour 2005, Alger.

Isma ABDELATIF

La capacité de charge touristique des zones côtières algéroises : essai d'évaluation sur la ZET de Zéralda

Le tourisme est devenu une véritable industrie. Il participe au développement régional et local par la création d'emplois à travers les activités et les services qu'il génère. Néanmoins, outre ces aspects positifs, le tourisme peut avoir des effets néfastes ; il exerce des pressions sur l'environnement naturel et culturel et par conséquent sur les ressources, les structures sociales, les modèles culturels et l'aménagement du territoire. Ces diverses pressions sont de nature à modifier considérablement le fonctionnement des écosystèmes et des communautés locales.

De nos jours, la question du développement touristique s'inscrit de plus en plus dans une stratégie locale de développement durable. Plusieurs études sont menées afin de limiter ces effets et de permettre ainsi un développement qui préserve l'environnement naturel pour les générations futures, parmi lesquelles, des études sur la capacité de charge touristique. Dans ce cadre, définir la capacité des systèmes locaux à supporter et intégrer la charge touristique s'avère une question cruciale pour déterminer les conditions de mise en œuvre d'une politique garantissant un développement harmonieux et intégré des différents secteurs d'activité et des utilisateurs du territoire : permanents et temporaires.

L'un des principes du développement durable du tourisme est la capacité de reconnaître et d'accepter qu'il existe des limites au développement des zones touristiques. Car, il a été largement démontré que c'est souvent quand le volume de touristes ou l'ampleur du développement du tourisme dépasse la capacité de la destination d'accueil que le tourisme est associé à des impacts négatifs sur l'environnement et/ou la société. (OMT & PNUE, 2006)

En vue de ces considérations, la question de la capacité de charge du territoire parait cruciale et essentielle à définir puisqu'elle permet de mettre en évidence le niveau d'aptitude qu'a un lieu de vie à répondre aux besoins de sa population. L'idée est que le tourisme représente une surcharge sur le milieu, environnementale, économique et sociale qu'il faut prendre en compte. Il s'agit de mesurer la capacité du milieu à supporter le supplément de charge apportée par les activités touristiques (Lapèze, 2007).

A partir de ces préoccupations, la présente contribution[1] propose d'abord de cerner le concept de capacité de charge touristique comme outil de maitrise de la croissance touristique. Elle présente ensuite un essai d'évaluation du niveau d'impact du tourisme et de capacité de réponse d'une destination touristique de la côte Ouest d'Alger à savoir la zone d'expansion touristique (ZET) de Zéralda.

La notion de capacité de charge touristique (CCT)

Le concept de capacité de charge (carrying capacity en anglais) a été emprunté au domaine de l'écologie des populations animales[2] au début du XIXème siècle, cependant il a un soubassement bien plus antérieur, à travers l'étude des dynamiques des populations[3] au XVIIIème siècle. Cette notion, transposée par la suite à différents domaines, va susciter de nombreux débats sur les relations entre économie et écologie, entre population maximale et ressources disponibles et conduira à décrire la relation entre les pressions et les limites dans une perspective d'équilibre. Du point de vue de l'aménagement du territoire, l'évaluation de la capacité de charge informe non seulement sur la taille limite de tout développement mais aussi des

---

[1] Cet article retrace les résultats d'une recherche menée dans le cadre d'un travail de magister intitulé « *La capacité de charge touristique face aux dynamiques de développement durable local, essai d'application sur la ZET de Zéralda* », sous la direction de Pr Ewa BEREZOWSKA-AZZAG. Il a été soutenu en 2013 à l'EPAU.

[2] Domaine étudié par Pierre-François Verhulst,statisticien belge, qui s'inspirait des travaux de Malthus, en 1838. Verhulst modélise la croissance de la population animale sous la forme d'une courbe où la population limite est prise comme paramètre central « K » d'une loi mathématique simple de croissance biologique appelée « loi logistique ».

[3] Par un économiste britannique Thomas Malthus en 1798 qui publie un essai intitulé « *An Essay on the Principle of Population* », où il postulait que les ressources naturelles s'accroissent en proportion arithmétique, alors que la population croîtrait en proportion géométrique, il définit alors une limite à l'accroissement des populations humaines.

mécanismes systémiques impliqués dans sa conception. (Murray & Lane, 2010).

Bien que la première analyse sur la capacité des parcs et des zones protégées à absorber les touristes et leurs impacts ait été menée aux Etats-Unis dans les années 1930 (McCool & Lime, 2001), la capacité de charge touristique (CCT) est apparue comme un concept important durant les années 1970 et 1980.

Cette notion permet de déterminer un seuil de tolérance des activités touristiques dans un lieu géographique donné. Plusieurs définitions ont été proposées par les chercheurs, (Chamberlain, 1997), (Clarks, 1997 ; Middleton & Hawkins, 1998). On retient celle de l'organisation mondiale du tourisme (OMT) qui a également été reprise par le Programme des Nations Unies pour l'environnement PNUE (PAP/CAR, 1997):

« Le nombre maximum de personnes qui peuvent se rendre dans une destination touristique au même moment, sans provoquer de destruction de l'environnement physique, économique et socioculturel et une diminution inacceptable de la satisfaction des visiteurs. »

Les définitions s'accordent sur le fait que la capacité de charge est un seuil au-delà duquel l'environnement va être modifié voire détruit. Cet accord révèle aussi que le concept lui-même est en général bien accepté, bien que du point de vue scientifique il ait soulevé une vive controverse du fait des difficultés analytiques qu'on rencontre pour arriver à une capacité "calculée" (seuil ou limite) (McCool & Lime, 2001). Cette difficulté dérive des dimensions multiples du concept ainsi que des contraintes inhérentes à l'évaluation des limites dans les écosystèmes naturels et humains. Plusieurs approches empiriques d'identification de la capacité de charge ont été établies, tel que le modèle de Canestrelli & Costa (1991) appliqué à une destination culturelle urbaine (Venise), le modèle détermine le niveau optimal de fréquentation avec une qualité constante de l'expérience des touristes. D'autres se basent sur une approche multidimensionnelle qui combine les dimensions : environnementale, sociale et économique (Pazienza, 2004 ; Coccossis&Mexa, 2004).

De manière générale les chercheurs insistent sur le fait que la capacité de charge touristique reste un concept fort et pertinent qui sert la planification et la gestion en vue d'un tourisme durable (Coccossis & Mexa, 2004 ; Duvat, 2008). Il est question d'établir, non pas un seuil rigide et définitif, mais un ordre de grandeur qui donne des indications pour la mise en œuvre d'une politique de gestion. Le seuil est évolutif, tout comme l'est le système spatial considéré (Coccossis & Mexa, 2004 ; Pareira Da Cilva, 2002). Il importe, en effet, de tenir compte du rôle positif des mesures de régulation des impacts qui sont adoptées au fil du temps (éducation, réglementation...), parce qu'elles accroissent la capacité de charge potentielle. Une population sensibilisée aux questions environnementales dégradera moins le milieu qu'une population qui ne l'est pas ; aussi, elle pourra être accueillie en plus grand nombre (Marion & Rogers, 1994). Le seuil établi varie donc nécessairement d'un site à un autre, en fonction des usagers et du projet territorial, données qui sont elles-mêmes susceptibles d'évoluer dans le temps. Les notions de consensus et de compromis sont donc centrales dans la fixation de ce seuil, car il s'agit finalement d'évaluer les limites du changement acceptable (Garrigos et al., 2004).

Le tourisme dans la logique d'aménagement du territoire en Algérie

La nouvelle politique visant la diversification des ressources financières pour réduire la dépendance des hydrocarbures mise sur le développement du tourisme qui se veut durable. « Le tourisme n'est plus un choix, c'est un impératif » : slogan affiché par le Ministère de l'Aménagement du Territoire de l'Environnement et du Tourisme (MATET) en 2008 dans le Schéma Directeur d'Aménagement Touristique (SDAT), développé à l'horizon 2025. Ce schéma s'appuie sur cinq objectifs qui entrainent inéluctablement des actions en matière d'aménagement du territoire et d'urbanisme de la ville (MATET, 2008): (i) faire du tourisme l'un des moteurs de la croissance économique. (ii) impulser par un effet d'entrainement, les autres secteurs économiques, (iii) combiner promotion du tourisme et environnement, (iv) valoriser le patrimoine historique, culturel et cultuel, (v) améliorer durablement l'image de l'Algérie.

Le cadre législatif algérien tente, à travers la promulgation de textes juridiques, d'encadrer le secteur du tourisme dans la perspective d'un développement durable. Deux lois cadres (n°03-01 du 17 février 2003 relative au développement durable du tourisme et n°03-03 du 17 février 2003 relative aux zones d'expansion et sites touristiques) viennent consacrer l'inscription du développement touristique dans la politique nationale d'aménagement et de développement durable du territoire. Ces textes proposent des règles de protection, d'aménagement, de promotion et de gestion des ZET selon les orientations du Schéma National d'Aménagement du Territoire (SNAT) et en conformité avec la législation sur l'environnement et la protection du littoral. Elles prévoient un plan d'aménagement touristique.

Capacité de charge de la ZET de Zéralda

Démarche d'évaluation

Cet essai s'appuie sur la construction d'un tableau de bord d'évaluation de la CCT. Le modèle développé se base sur une grille de questionnements et d'appréciation du niveau d'altération des ressources écologiques, économiques et sociales (Abdelatif, 2013). Le but de cette grille est d'apprécier si la CCT du territoire est loin d'être atteinte, en passe de l'être ou déjà atteinte et ainsi d'établir les scénarios de développement futurs et de cibler les actions en vue d'augmenter la capacité sur les aspects où les atteintes sont les plus importantes. La grille est structurée comme suit :

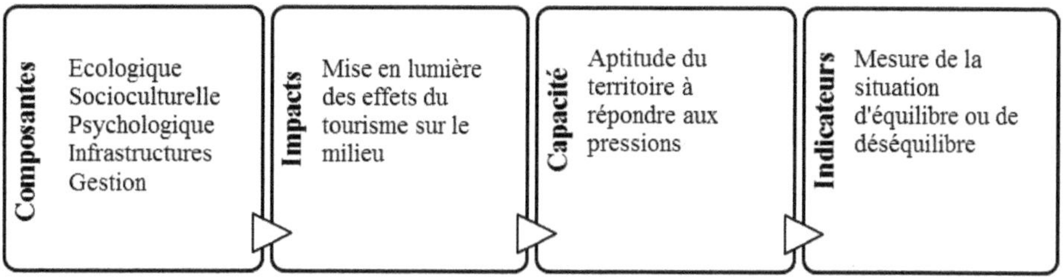

Figure 1 : Principe de structuration du tableau de bord d'indicateurs pour l'évaluation de la CCT, schéma inspiré de (Pottier et al., 2009).

Partant des composantes de la capacité de charge touristique[4], le modèle identifie les impacts relatifs à la zone d'étude en vue de ressortir les effets du tourisme sur le milieu. Puis, chaque impact est rapporté à une capacité de réponse du territoire face aux pressions. Cette phase s'est appuyée sur les observations locales, sur les différentes études de diagnostic ainsi que sur la littérature traitant des impacts des régions littorales (Grimes et al., 2009 ; MATET, 2008 ; OMT, 2004). Une fois les impacts et les capacités

[4] L'OMT identifie cinq composantes de la capacité de charge touristique (OMT & PNUE, 2006) :

- La capacité écologique : basée sur des facteurs biologiques et physiques comme la capacité de certaines espèces à résister aux perturbations ;
- La capacité socioculturelle : qui fait référence aux impacts inacceptables sur la communauté locale ou aux limites imposées par la disponibilité des ressources humaines ;
- La capacité psychologique : le niveau d'affluence que les touristes perçoivent comme acceptable sans diminuer le plaisir qu'ils éprouvent. Elle varie selon le type de touristes et le type d'activité ou d'utilisation ;
- La capacité des infrastructures : par ex. le nombre de chambres ou la capacité des réseaux de transport ou d'approvisionnement en eau. C'est peut-être l'élément le plus facile à changer à moyen ou long terme ;
- La capacité de gestion : le nombre de touristes qui peuvent être de façon réaliste gérés dans une région sans créer de problèmes économiques ou administratifs.

correspondantes identifiées et classées, des indicateurs sont proposés pour mesurer la situation d'équilibre ou de déséquilibre. La sélection des indicateurs s'est basée sur les questions et les enjeux soulevés dans le Programme d'Aménagement Côtier de la région algéroise (PAC)[5] et le Projet Destination[6](OMT & PNUE, 2006 ; Grimes, 2009b). La représentation de la grille finale retient, afin de faciliter l'analyse, une seule question par impact qui correspond à une capacité de réponse (au nombre de 23) associée à (107) indicateurs de mesure de la situation d'équilibre ou de déséquilibre (Abdelatif, 2013). La démarche ne peut se limiter à un cheminement purement technique de l'évaluation, le principe doit se baser sur une co-construction de la grille d'évaluation en associant l'ensemble des acteurs impliqués par la gestion de la destination en question.

---

[5] S'inscrivant dans une phase cruciale d'élaboration de la stratégie environnementale du pays, avec pour base, les dispositifs et instruments définis par la loi n° 02-02 du 5 février 2002 relative à la protection et à la valorisation du littoral, d'une part, et l'apport des méthodologies et outils développés par le Programme d'Actions pour la Méditerranée (PAM), d'autre part. Le PAC se fixe comme objectif principal de développer une démarche reflétant une vision partagée et une stratégie opérationnelle, dans la perspective de développement durable, à travers la définition d'un programme opérationnel à moyen terme. Il s'agira ainsi d'engager un processus de développement durable de la zone côtière algéroise dont les éléments fondamentaux sont :

- le développement social et le bien-être de la population ;
- la poursuite du développement des activités économiques dans l'utilisation rationnelle des ressources naturelles de la zone ;
- l'arrêt de la dégradation des écosystèmes naturels ;
- la prévention de processus à impacts négatifs sur l'environnement.

[6] L'objectifs de ce projet est de promouvoir une planification et une gestion durables du tourisme dans les zones côtières du sud méditerranéen par le biais de :

- l'introduction d'outils d'aide à la décision concourant à une gestion efficace des destinations touristiques en Algérie, au Maroc et en Tunisie;
- l'élaboration de directives qui permettront aux promoteurs touristiques d'évaluer la durabilité de leurs investissements en termes de risques environnementaux et de valeur ajoutée pour les collectivités locales ;
- le renforcement des capacités des promoteurs, décideurs et autres groupes cibles pour l'utilisation des outils précités ;
- la sensibilisation au tourisme durable ;
- Les acteurs cibles du projet sont les représentants locaux et nationaux des gouvernements algérien, marocain et tunisien, ainsi que les représentants de l'industrie touristique des zones projet (tour-opérateurs, agences touristiques locales, propriétaires d'hôtels, etc.).

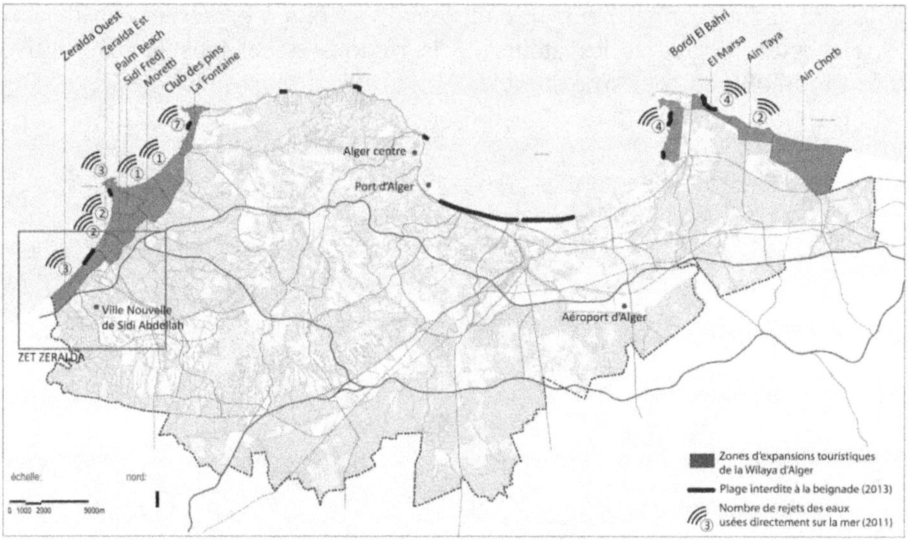

Figure 2 : Les ZET d'Alger. Traitement auteur sur la base de (APPL, 2013 ; Grimes et al., 2009).

La ZET de Zéralda (5,16 km de long et 400 m de profondeur) était à l'origine une bande très boisée formant une barrière de protection des terres agricoles. Sa morphologie de sol plat est formée de dunes stabilisées en partie par la végétation et les terrains agricoles exploités. L'arrivée à la bande côtière de la Route Nationale N°63 coupe celle-ci en deux parties Est et Ouest (Figure 4) : La partie (Est) est la première zone touristique de la commune créée en 1969 ; elle fait partie d'un ensemble de projets touristiques de la côte Ouest de la région algéroise. Elle se développe sur une superficie de 93,5 ha, et possède 3 hôtels en exploitation (Sables d'or, Mazafran et le complexe touristique de Zéralda) qui totalisent un programme de 2276 lits. La partie (Ouest) couvre une superficie de 356 ha et s'étend sur 4 km avec une profondeur de 750 mètres. Elle est traversée par deux oueds (Sidi Menif et AïnEz'zebda). Cette zone comprend également un terrain marécageux situé dans sa partie nord, elle se distingue par son immense plage de sable fin et sa proximité de l'Oued Mazafran, le plus important de la région qui forme, par sa topographie plate et dépressive, un paysage favorable aux activités de loisirs et détente. Dans l'ensemble, les potentialités touristiques de la région demeurent encore sous-exploitées. Toutefois, la proximité de la ZET de Zéralda de la ville nouvelle de Sidi Abdellah (Figure 3) en cours de réalisation, offre une plus grande diversité des opportunités touristiques. Au programme de la ZET orienté vers le balnéaire, celui de la ville nouvelle semble très complémentaire en proposant une multitude d'activités touristiques et récréatives (terrains de golf, parcs et jardins thématiques, fermes pédagogiques agricoles). Ce rapprochement physique et fonctionnel pourrait contribuer à la fois à préserver et valoriser les richesses locales et les atouts de la région, et ce dans la perspective d'assoir un pôle de tourisme durable.

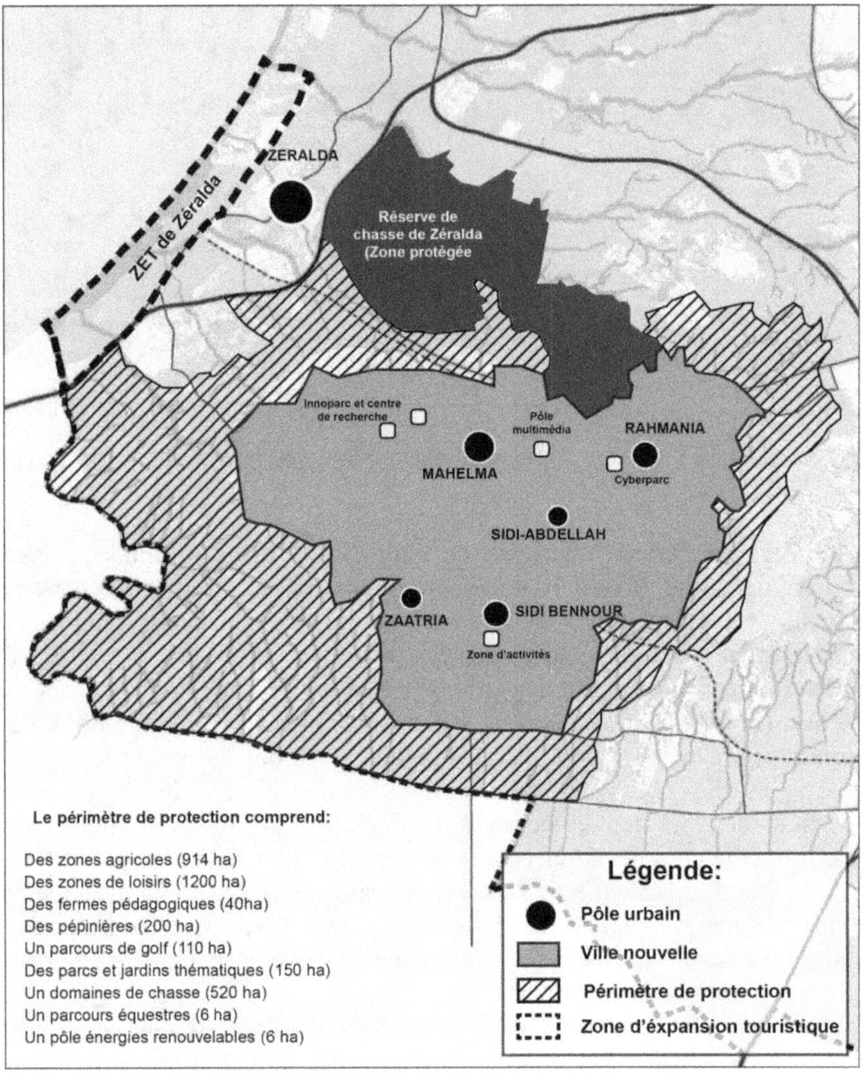

Figure 3 : Situation de la ZET de Zéralda par rapport à la Ville nouvelle de Sidi Abdellah. Source : Auteur.

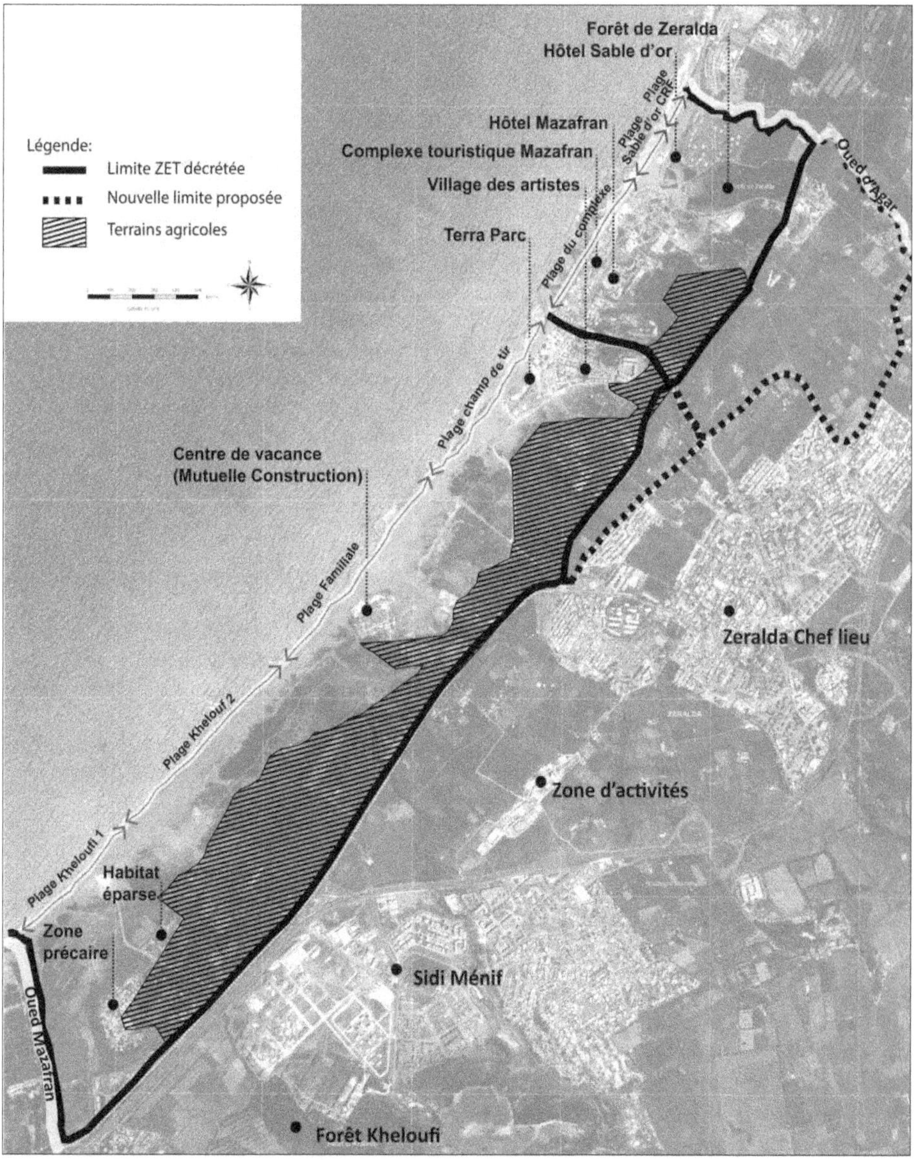

Figure 4 : La ZET de Zéralda. Source : Auteur.

Ce diagnostic préliminaire de la destination Zéralda, a fait ressortir les enjeux suivants :

Tableau 1 : Analyse AFOM de la ZET de Zéralda. Source : Auteur.

Atouts	**Faiblesses**
- Position stratégique (proximité du centre d'Alger, de la Wilaya de Tipaza, de la ville nouvelle de Sidi Abdellah) - Diversité des paysages (plage de sable fin, bois littoraux, embouchure de deux oueds, terrains agricoles…) - Linéaire côtier important avec de belles plages - Climat méditerranéen	- Offre touristique limitée et peu diversifiée - Manque d'infrastructures touristiques (hébergement, restaurants, commerces) - Mauvaise accessibilité et perméabilité - Manque de personnel qualifié dans le secteur touristique - Défaillance dans le traitement des eaux usées et des déchets solides
Opportunités	**Menaces**
- Volonté de l'état de développer le secteur du tourisme - Possibilité de développer plusieurs types de tourisme (balnéaire, agricole, écotourisme, de chasse, etc.) - Couverture réglementaire : loi littoral, loi ZET, loi tourisme durable, etc. - Disponibilité du foncier à vocation touristique - Disponibilité de foncier aménageable (partie ouest) - Possibilités d'aides à l'investissement et de facilités bancaires pour l'investissement dans le tourisme	- Changement climatique et risques naturelles - Erosion côtière et disparition du cordon dunaire - Investissement touristique non durable - Pollution marine - Urbanisation du littoral et pression sur les terrains agricoles - Non gestion des flux des estivants sur les plages et dans les zones vulnérables - Mauvaise gouvernance

Evaluation de la CCT

Partant de la grille méthodologique [7](Abdelatif, 2013), une sélection des indicateurs pertinents pour le cas de la ZET de Zéralda s'impose. Ainsi, 34 indicateurs sont identifiés[8] pour prendre en charge l'évaluation des trois

[7] Une grille méthodologique exemple élaborée dans le cadre d'un travail de magister, elle regroupe les impacts portés aux ressources littorales, sous la forme de (23) questions posées en termes de capacité de charge, associées à (23) capacités de réponse du territoire, avec (107) indicateurs de mesure, ces indicateurs ont été définis en se basant sur les travaux de : (Pottier et al., 2009 ; PNUE et al., 2006 ; Grimes, 2009a ; Grimes, 2011 ; OMT, 2004 ; Graymore et al., 2010 ; LPE, 2001).

[8] Pour le cas de Zéralda, nous écartons les composantes sociale et psychologique du fait de la non disponibilité des données, ainsi que les indicateurs pour lesquels il y a un manque de données et/ou afin de limiter le temps nécessaire pour leur analyse.

composantes de la CCT : la capacité écologique, la capacité des infrastructures et la capacité de gestion.

Tableau 2 : Tableau de bord d'évaluation de la CCT de la ZET de Zéralda. Source : Auteur.

Composante	Impacts sujets au seuil limite	Capacité de réponse du territoire	Indicateurs	Unité	Variation
Ecologique	Surconsommation de la ressource en eau	Capacité à garantir le bon accès à l'eau	Volume d'eau consommé par touriste	l/j/hab	↙
			Etat du réseau de distribution	b/my/m/tm	↙
			Capacité de stockage et de sauvegarde de l'eau	m^3	↗
	Pollution des eaux	Capacité à préserver une qualité de l'eau compatible avec les différents usages du bassin-versant et de la mer	Qualité des eaux de baignade	b/a/m/m+	↙
			Nb de plages interdites à la baignade (pollution)/nb total	%	↙
			Linéaire côtier sableux interdit à la baignade/ linéaire total	%	↙
	Non maitrise de l'utilisation du sol	Capacité à maitriser l'extension urbaine et la consommation du foncier	Pourcentage du littoral artificialisé par rapport au littoral total	%	↙
			Surface touristique aménageable / Surface totale ZET	%	↙
			Perte de surface de terre cultivable	Ha/an	↙
	Altération des paysages	Capacité à préserver les spécificités et la qualité paysagères	% de disparition des cordons dunaires des plages	%	↙
			% du linéaire côtier sableux considéré en état d'érosion/ linéaire total	%	↙
			Extraction de sable	n/f/e/te	↙
Infrastructures	Saturation des équipements et services	Capacité à garantir une bonne offre de service et d'équipements face à une population changeante en nombre et composition	Services touristiques ouverts toute l'année / Total services touristiques	%	↗
			Nb lits de touristes disponible / demande	lits/ha	↙
			Pourcentage d'occupation des établissements principaux	%	↗
	Accessibilité et saturation des infrastructures de transport (Embouteillages)	Capacité de gestion des infrastructures routières et de transport.	Niveau d'encombrement du trafic routier pendant la période estivale	a/f/i/ti	↙
			Temps de voyage moyen par touriste pour arriver à destination	heure	↙
			Disponibilité de places de stationnement	M^2/lits	↗

	Non maitrise de la gestion des déchets solides	Capacité de gestion et maitrise durable des déchets.	Production journalière des déchets solides / capacité journalière de collecte des déchets solides	T/j	↙
			Dépollution industrielle	%	↗
			Déchets recyclés (m3) / Total volume des déchets (m3)	%	↗
	Non maitrise du traitement des eaux usées	Capacité de traitement des EU	Pourcentage d'eaux usées traitées directement par les installations touristiques	%	↗
			Rejets d'eaux usées directement dans les eaux marines	Nb	↙
			Taux de couverture de l'épuration (%)	%	↗
Gestion	Inégale répartition des bénéfices	Capacité à maitriser financièrement le développement touristique	Entrées des collectivités par rapport aux complexes touristiques	%	↗
			Contribution du tourisme au PNB (en %) de la région Recettes fiscales par le tourisme / recettes fiscales totales	%	↗
	Elévation du coût de vie	Capacité de maintenir une qualité de vie des résidents	Coût moyen d'accès à la plage/ coût moyen	da	↙
			Valeur du foncier et immobilier/ valeur moyenne régionale	da	↙
	Saisonnalité de l'emploi	Capacité à maintenir localement les emplois permanents et les diversifier	Évolution du volume de l'emploi et taux de chômage	%	↙
			Emplois annuels dans le tourisme / Emplois annuels	%	↙
			Main-d'œuvre sollicitée par unité d'hébergement	nb/lit	↗
	Mauvaise gouvernance	Capacité de gestion participative durable de la destination touristique	Mesures restrictives (zonage, plans d'occupation des sols..)	s/ps/pi/i	↗
			Coordination des acteurs chargés du développement touristique	tb/n/i/m	↗
			Personnel scientifique et technique capable de gérer les problèmes dus au développement touristique	s/ps/pi/i	↗

Chaque indicateur est noté selon une fonction simplifiée d'une droite croissante ou décroissante qui permet de situer la note de l'indicateur par rapport à la valeur enregistrée et des seuils min et max. La valeur est ensuite rapportée en pourcentage de dépassement par rapport à la valeur limite maximum du standard de l'indicateur en question (Abdelatif, 2013).

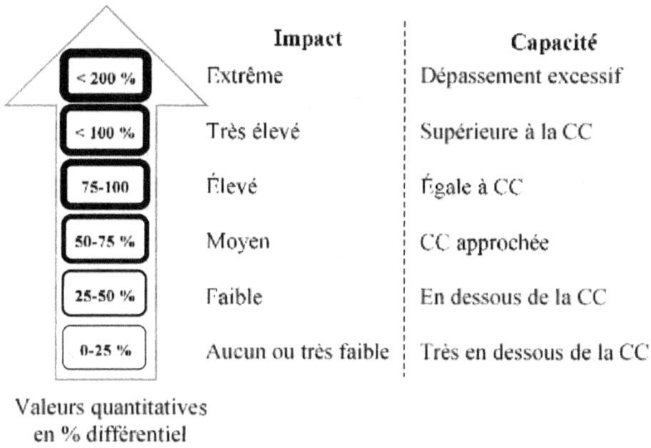

Figure 5 : Echelle d'appréciation du niveau d'impacts et de la capacité du territoire. Source : Auteur.

Les résultats de l'évaluation par indicateur sont représentés dans l'histogramme suivant :

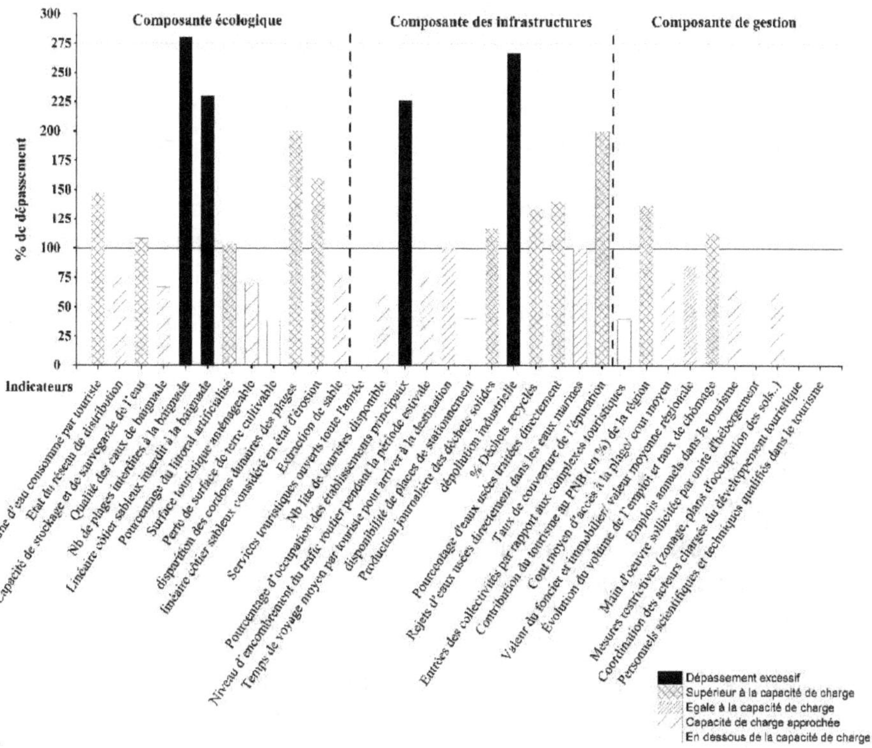

Figure 6 : Résultats des niveaux de dépassements par indicateur. Source : Auteur.

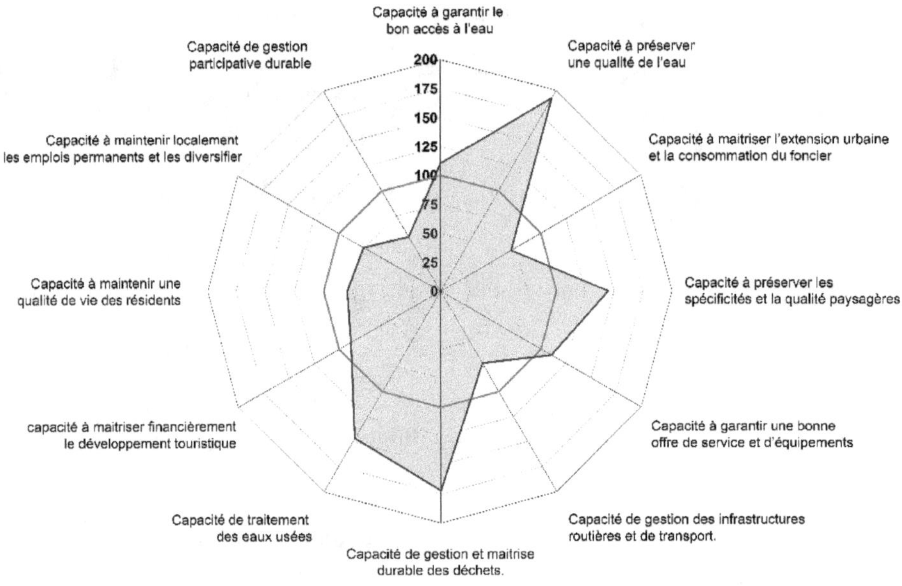

Figure 7 : Résultats des niveaux de dépassements par capacité de réponse. Source : Auteur.

On constate, à partir des graphiques, que les dépassements de capacité concernent : la composante écologique principalement l'eau, le paysage et la pollution avec des dépassements extrêmes nécessitant des mesures d'urgence ; la composante des infrastructures notamment les services et équipements, les déchets et les eaux usées. Ceci démontre que la capacité de préserver l'environnement écologique constitue un problème majeur et que les mesures de protection sont défaillantes. Seule la composante de gestion reste maitrisée et ceci s'explique par les mesures qui sont en cours (zonage, règlementation, création d'organisme de contrôle, etc.).

La moitié des capacités dépasse le seuil limite. Ces capacités concernent l'accès à l'eau, la qualité de l'eau, la qualité paysagère, l'offre de services et d'équipements, la maitrise des déchets solides et le traitement des eaux usées. De plus, certains impacts pourraient être irréversibles tels que l'altération du paysage (érosion et disparition du cordon dunaire) dans un contexte marqué par la menace grandissante liée aux changements climatiques auxquels la côte algéroise y est fortement exposée. A cet effet, la capacité à préserver le paysage devrait être une priorité des actions à entreprendre. Les paramètres inter-reliés de préservation de l'eau, de gestion des déchets solides et de traitement des eaux usées peuvent être améliorés par des mesures telles que la réalisation d'infrastructures technique et la sensibilisation de la population ou encore l'application de taxes ou compensations aux pollueurs. Aussi, la capacité à garantir l'accès à l'eau est en léger dépassement, mais pourrait très vite atteindre un niveau de dépassement excessif, l'eau étant un facteur important du tourisme balnéaire, il devrait être pris en charge de façon prioritaire. La destination de Zéralda reste fortement vulnérable bien que située à proximité des communes de Mahelma et de Douéra qui disposent d'une bonne distribution en eau potable ainsi que d'une capacité de stockage considérable. Toutefois, le problème majeur réside dans le mauvais état des réseaux d'adduction ainsi que la mauvaise gestion de l'eau des établissements.

Aussi, la ZET ne semble pas profiter de sa proximité avec des communes à fort potentiel paysager et hydrique. Une mise en intercommunalité devrait permettre de renforcer les capacités touristiques et fédérer en même temps les efforts de préservation et de valorisation de l'environnement et des paysages.

L'application de la grille élaborée sur la ZET de Zéralda nous a permis ainsi de détecter le niveau d'impact et la capacité de réponse de la destination sur les trois composantes de la capacité de charge globale. Cet état du niveau d'impact n'est qu'une première étape avant la détermination de la capacité de charge en termes de nombre de touristes qui pourrait servir les aménageurs dans la programmation et la gestion de la ZET. Ce travail a permis aussi de dresser un référentiel de normes (valeurs limites pour chaque indicateur) qui devrait servir l'étape suivante.

Conclusion

Alger connait ces dernières années une dynamique et des mutations rapides. Son plan stratégique de développement vise, à l'horizon 2030, une métropolisation de la ville sous fond d'attractivité et de compétitivité régionale et internationale. A cet effet, l'activité touristique devrait retrouver un nouvel essor. Capitale, métropole maghrébine et méditerranéenne, ville côtière et portuaire avec un riche patrimoine naturel et culturel, Alger reste incontournable de par sa position et sa situation stratégique. Tous ces atouts lui permettent de concrétiser plusieurs types de tourisme : urbain, culturel, balnéaires (renforcé par la programmation de 11 ZET), scientifique, d'affaires, écologique, etc.

Toutefois, la ville subit déjà des pressions dues à l'accélération de l'urbanisation, ce qui pose la question de la capacité à supporter ces changements grandissants. La connaissance des capacités du territoire à supporter la surcharge touristique permet alors d'éviter, tant que possible, les effets néfastes de : l'épuisement des ressources, la pollution généralisée, la dégradation du patrimoine et du paysage, la consommation effrénée du sol. Cette approche contribue in fine à préserver les atouts touristiques de la région et à soutenir un développement durable de cette activité afin de supporter l'économie, préserver l'environnement et améliorer la qualité de vie de la population locale.

A travers ce travail de simulation sur la ZET de Zéralda, nous avons pu dresser un état du niveau d'impact de l'activité touristique et de la capacité du territoire à répondre aux pressions. Le modèle d'évaluation s'est ainsi avéré capable de servir d'outil de mesure du niveau d'altération et de capacité de réponse d'une destination. Il reste que son utilité n'est valable que si les résultats d'évaluation peuvent être pris en charge par le système de gestion et de planification locale. Une fois qu'un niveau de capacité de charge ait été défini, les gestionnaires devront mettre en place les outils de mesure nécessaires pour contrôler le développement touristique futur (la programmation) et le nombre de visiteurs (la fréquentation).

Au niveau local, la capacité de charge touristique peut être intégrée :

- durant l'élaboration des programmes d'aménagement des ZET, au moment de l'élaboration des cahiers des charges de nouveaux projets, mais aussi pour le diagnostic et le suivi des ZET réalisées ;
- dans la gestion des parcs nationaux, l'Algérie en compte une dizaine ;
- dans la gestion des sites historiques pour la sauvegarde et la protection du patrimoine, avec l'élaboration des plans de sauvegarde ou dans la mise en place d'une stratégie de gestion des flux de touristes.

Il est donc important de développer des mécanismes pour surveiller et évaluer les changements urbains en vue de prendre rapidement des mesures. A cet effet, la capacité de charge du tourisme peut être un outil utile, voire indispensable pour un développement durable des fonctions territoriales.

Bibliographie

Abdelatif, I. (2013). La capacité de charge touristique face aux dynamiques de développement durable local: Essai d'application sur la ZET de Zeralda. Mémoire de Magister, EPAU.

APPL. (2013). Bilan de la qualité des eaux de baignade du littoral Algérois. APPL (Agence urbaine chargée de la Protection et de la Promotion du Littoral et des zones touristiques de la Wilaya d'Alger).

Canestrelli, E., & Costa, P. (1991). Tourist carrying capacity a fuzzy approach. Annals of Tourism Research,, 18, 295-311.
Chamberlain, K. (1997). Carrying capacity. UNEP Industry and Environment, Volume 08.
Clarks, J. (1997). Coastal zone management handbook. Lewis Publishers.
Coccossis, H., & Mexa, A. (2004). The challenge of tourism carrying capacity assessment: theory and practice.Ashgate.
Duvat, V. (2008, Janvier 16-18). l'intérêt d'une approche en termes de capacité de charge pour la gestion des littoraux : l'exemple de l'île de la Réunion.
Garrigos S. F., Narangajavana, Y., & Palacios Marques, D. (2004). Carrying capacity in the tourism industry: a case study of Hengistbury Head (GB). Tourism Management, 25, 275-283.
Graymore, M., Sipe, N., & Rickson, R. (2010). Sustaining human carrying capacity: a tool of regional sustainability assessment. Ecological Economics, 69, pp. 459-468.
Grimes, S. (2009a). Destinations : développement de stratégies pour un tourisme durable dans les nations méditerranéennes, Algérie: Indicateurs du développement du tourisme durable. Rapport N°03, Septembre 2009.
Grimes, S. (2009b). Destinations : Développement de stratégies pour un tourisme durable, Algérie : Stratégie de développement du tourisme durable. Rapport N°04, Octobre 2009.
Grimes, S. (2011). Profil de durabilité dans quelques destinations touristiques méditerranéennes, La destination touristique pilote en Algérie : la zone côtière de Tipasa. Plan Bleu, Centre d'Activités Régionales PNUE/PAM.
Grimes, S., Lamri, H., & Fodil, R. (2009). Destinations : développement de stratégies pour un tourisme durable dans les nations méditerranéennes, Algérie : Rapport de diagnostic. Rapport N°01, avril 2009.
Lapèze, J. (2007). Apport de l'approche territoriale à l'économie du développement. L'Harmattan.
LPE. (2001). Définir, mesurer et évaluer la CC dans les destinations touristiques européennes. Athènes : Laboratoire de Planification Environnementale, Université de l'Egée.
Marion, J., & Rogers, C. (1994). The applicability of terrestrial visitor impact management strategies to the protection of coral reefs. Ocean and Coastal Management, 22, 153-163.
MATET. (2008). Schéma Directeur d'Aménagement Touristique 2030, livre 1 à 5.MATET.
McCool, S., & Lime, D. (2001). Tourism carrying capacity: tempting fantasy or useful reality. Journal of Sustainable Tourism, 09(05).
Middleton, V., & Hawkins, R. (1998). Sustainable tourism: A marketing perspective. Butterworth-heinemann, Oxford.
Murray, & Lane. (2010). The carrying capacity imperative: Assessing regional carrying capacity methodologies for sustainable land-use planning. Land Use Policy, 27(4), 1038-1045. Récupéré sur http://www.sciencedirect.com/science/article/pii/S0264837710000074
OMT. (2004). Indicators of Sustainable Development for Tourism Destinations: A Guidebook.Organisation mondiale du tourisme.
OMT. (2013). Faits saillants du tourisme. Organisation mondiale du tourisme.

OMT, & PNUE. (2006). Vers un tourisme durable : guide à l'usage des décideurs. Programme des Nations Unies pour l'environnement.

PAP/CAR. (1997). Directives pour l'évaluation de la capacité d'accueil en matière de tourisme dans les régions littorales méditerranéennes. Centre d'activités régionales pour le programme d'actions prioritaires.

Pareira Da Cilva, C. (2002). Beach carrying capacity: how important is it ? Journal of Coastal Research, SI 36, 190-197.

Pazienza, P. (2004). A multidimensional tourism carrying capacity model: an empirical approach.Récupéré sur Dipartimento di Scienze Economiche, Matematiche e Statistiche, Facoltà di Economia dell'Università degli Studi di Foggia: http://www.esade.edu/cedit2004/pdfs/48_Pazienza.pdf

PNUE, PAP, & CAR PAP. (2006). Programme d'Aménagement Côtier (PAC) de la "Zone côtière algéroise": Rapport final intégré. No. 164 de la Série des rapports techniques du PAM. Athènes: PNUE/PAM.

Pottier, P., Chadenas, C., Pouillaude, A., & Struillou, J. f. (2009). évaluer la capacité d'accueil et de développement des territoires littoraux: Approche et méthode. DREAL des Pays de la Loire.

PARTIE II

Aménager de nouveaux territoires : modèles urbains, approches et outils de mise en œuvre

Djamel Eddine BOURAGBA

De la planification stratégique au projet urbain : quel modèle pour Alger ?

La ville contemporaine évolue, se transforme et se crée parfois, vite. Cette dynamique dromologique nous contraint souvent à penser *hic et nunc* et le projeter au devenir. Même si nous percevons peu cette accélération aussi bien sur le terrain que dans la discipline de l'urbanisme, du fait du renouvellement relativement lent du cadre bâti[1], nous demeurons manifestement attachés aux lieux les plus anciens car ils semblent offrir une qualité urbaine appréciable.

Si le philosophe considère la ville comme l'habitacle de l'être, le sociologue la considère comme projection d'une société dans un lieu. L'urbaniste, confronté au caractère disciplinaire et non de science constituée même s'il a longtemps tenté d'édifier une réflexion méthodique d'ordre théorique sur la discipline dans le but d'asseoir une épistémologie propre, peine à s'extirper de la spatialité de la ville. Nous tenons à considérer ici, que penser la ville ne sépare pas la pensée de l'être de celle de la société et encore moins de celle de l'espace. Ainsi, édifier un espace est à la fois être, vivre ensemble et penser l'avenir. Comme le fait remarquer Blanquart (1998), des auteurs comme Michel Serres et Michel Foucault ont, dans leurs travaux fondamentaux, montré combien les savoirs scientifiques sont isomorphes entre eux et interpénétrables, et combien les domaines se traduisaient les uns dans les autres à travers ce que Foucault appelle l'*épistémè*, ce soubassement ou « *socle positif* » déterminant l'ordre et le lien spontané ou réfléchi entre les sciences. Foucault s'efforçait, par le biais de

[1] Les constructions neuves réalisées chaque année en Europe sont estimées à moins de 1% du parc existant (F ASCHER, 2004).

cette formule « *de retrouver à partir de quoi connaissances et théories ont été possibles ; selon quel espace d'ordre s'est constitué le savoir ; sur fond de quel a priori historique et dans quel élément de quelle positivité des idées ont pu apparaître, des sciences se constituer, des expériences se réfléchir dans des philosophies, des rationalités se former, pour peut-être, se dénouer et s'évanouir bientôt... le champ épistémologique, l'épistémè où les connaissances, envisagées hors de tout critère se référant à leur valeur rationnelle ou à leurs formes objectives enfoncent leur positivité et manifestent ainsi une histoire qui n'est pas celle de la perfection croissante, mais plutôt celle de leurs conditions de possibilité* » (Foucault, 1966 :13).

Le fil conducteur

La rétrospective, souvent perçue comme un exercice de luxe dans le présent format, s'impose à nous, même de façon brève, dès lors que nous considérons la ville comme résultat d'un processus continuel trouvant ses origines dans les premiers établissements humains. Les cités antiques ont souvent évolué dans une logique fondamentalement religieuse. Nous citons l'exemple de la pyramide comme synthèse de l'organisation de l'univers. La ville d'Athènes nous semble un cas éloquent car la cité politique y a été inventée. Démocratie et citoyenneté à travers les débats entre athéniens, y ont fait florès et ce, même si le droit à ces discussions sur la cité était exclusif à une seule minorité. Durant l'âge classique, Athènes était réorganisée suivant un quadrillage fonctionnaliste conçu par l'élite scientifique. La ville médiévale qui a décomposé la structure pyramidale de la ville antique, a préservé d'une part la référence religieuse et d'autre part, la hiérarchisation des espaces de la ville à travers les activités et les professions. Les temps modernes ont consacré l'humanisme et considéré les individus comme tels mais ont aussi connu une vision royale qui modelait ses territoires par la volonté de mise en scène géométrique avec l'aide de ses ingénieurs fonctionnaires qui découpaient le milieu de manière technocratique et administrative afin d'arriver, *in fine,* à une unité contraire du multiple inné (Blanquart, 1998). Cela s'exprimait par le rabotage des différences et l'homogénéisation.

La ville industrielle reposant sur la division du travail ne réunissait les individus que dans des machines productives. Ainsi, l'unité thermodynamique était résultante de la ségrégation de l'habitat et l'éclatement de la vie quotidienne. La ville contemporaine pensée principalement par les flux, lesquels sont censés constituer des liens et des jonctions, finit par être disloquée et l'émiettement des groupes finit par s'inscrire dans l'irréversibilité. Blanquart (1998) suppose que nous parvenons à un résultat hybride où l'unité et le multiple sont tous deux exclus. Et pour cause, un développement débridé de la circulation mettant en crise les facteurs d'unité dont la coordination des fonctions découpées sont assurées par l'Etat et sa machine productive.

L'urbanisation à grande vitesse qu'a connue la ville durant le XXème siècle s'est souvent opérée dans un esprit de croissance et d'étalement urbains obéissant à une certaine idée du progrès et de la modernité. Cette idée même, a poussé nombre de spécialistes des questions urbaines, à réfléchir à de nouveaux modes de fabrication urbaine et par conséquent, à de nouvelles démarches. La vague dite post-moderne ou post-fordienne s'est, dès lors, posée comme alternative au courant dit moderne. Nous évoquerons ici, la contribution de Christian Devillers qui a, dès 1994, initié le débat sur la ville en soutenant l'idée d'un urbanisme de projet, qu'il définit comme une pensée de la reconnaissance de ce qui est déjà là, nécessitant une culture, une ambition et une vision à long terme.

Cette prise en considération par nombre de chercheurs et de professionnels de la complexité de la ville et la problématique liée à son édification à travers l'implication de toutes les disciplines qui lui sont liées, a contribué à poser les jalons d'une définition nouvelle de la fabrique urbaine, celle du projet urbain, et selon laquelle ce dernier ne saurait être effectif sans l'intégration de ses trois principaux leviers, à savoir : la temporalité, la pluridisciplinarité et la participation (Ingallina, 2001). La question du projet urbain qui devrait résulter d'une définition collective du devenir de la ville, à partir de ses potentialités et de l'accord entre les acteurs, cette définition prenant une formalisation institutionnelle et procédurale -la concertation- pour une mise en œuvre contractuelle[2], peine à faire florès dans les pays du sud en général et en Algérie en particulier. En effet, cette définition du projet urbain, n'apparaît pas dans les décisions des autorités algériennes aussi bien nationales que locales concernant l'aménagement, le développement et la gestion de la ville.

Avant d'examiner le cas du présent travail, il nous paraît d'abord nécessaire, de questionner la notion de projet laquelle implique une exploration collective du devenir urbain.

---

[2] « La définition des projets urbains en tant qu'elle constituerait au cours des prochaines décennies comme le cadre porteur de la transformation des procédures et de l'action publique relative à la production sociale et à la gestion de la ville » dans Nadir BOUMAZA, « Villes réelles, villes projetées », Maisonneuve & Larose, Paris, 2006, p-485.

Jeter au-delà et fabriquer la connaissance

Comme développé précédemment, la condition complexe et incertaine est inhérente à l'époque contemporaine. Présente dans les disciplines de l'urbanisme et de l'aménagement du territoire, la complexité dans le projet urbain est perceptible dans la multiplication des paramètres propres à la ville. A ce titre, le projet propose d'abord une situation temporelle et comporte l'intégration de la notion du devenir. Il est également une continuelle interaction entre une multitude d'acteurs et d'usagers. Le projet urbain évolue également dans une démarche multiscalaire. Les pratiques et les modes de vie qui sont en perpétuelle dynamique constituent aussi un champ de réflexion que doit intégrer le projet. Cette grille d'analyse nous permet d'avancer que le projet peut être considéré comme « *un dispositif cognitif producteur d'un nouveau savoir, outil d'exploration d'un contexte d'intégration de nouveaux éléments aux connaissances existantes* » (Viganò, 2012). Cette thèse dans laquelle nous nous inscrivons définit le projet, notion couvrante intégrant le projet urbain, comme producteur de connaissance et cela à travers trois strates que nous pouvons décrire comme les phases de construction du projet. La conceptualisation est la première phase dans la production de connaissance. Celle-ci induit la création de l'espace et du temps dans l'abstraction où l'acteur opère une reformulation de la pensée. Le concept, phase première du projet, situé avant tout aboutissement à une définition précise des linéaments et de la matérialité, se formalise souvent en diagrammes ou en schémas. Cette représentation abstraite, métaphorique, n'obéit généralement pas à une logique scalaire. Viganò (2012) soutient que le concept est à la fois la thèse et l'hypothèse. En ce sens, le concept n'est ni le schéma du projet ni le projet dans son ensemble lié à l'échelle, mais constitue plutôt l'aptitude du projet à apporter une nouvelle formulation et une thématisation du problème posé. Cela sous-tend que le concept est à la fois un retour au processus de la connaissance subjective[3] et l'expérience, et une acceptation de la modernité comme processus d'objectivation (Benjamin, 1936). En effet, poursuit Viganò dans sa démonstration, le concept comme acte de pensée, ne doit être assimilé à l'objet dans lequel il se concrétise. Comme le précisent Deleuze et Guattari (1991) « *Dans un concept on retrouve souvent des parties ou des composantes d'autres concepts, qui répondent à d'autres problèmes et supposent d'autres plans. Ceci est inévitable, parce que chaque concept opère un nouveau montage, assume de nouveaux contours, doit être réactivé et redécoupé* ».

---

[3] Nous faisons référence ici, aux cartes et aux plans psychogéographiques établis par Guy Debord et dans lesquels sont exprimées les tensions existantes entre l'objectivité du plan et l'expérience subjective de la ville.

La description est la seconde phase par laquelle la production de connaissance est amenée par l'identification des situations et les relations entre elles. Ainsi, les acteurs procèdent à une construction interdisciplinaire. Se pose alors la question de la distance entretenue entre la description et le projet. Si le projet est une suite d'interprétations, il est certain qu'il est également construction et description. Cette dernière confère au projet, une légitimité d'interprétation de la ville et de ses transformations. Comme le souligne Viganò, le projet est « *une des stratégies cognitives des territoires et des sociétés contemporaines* » (2012 : 22).

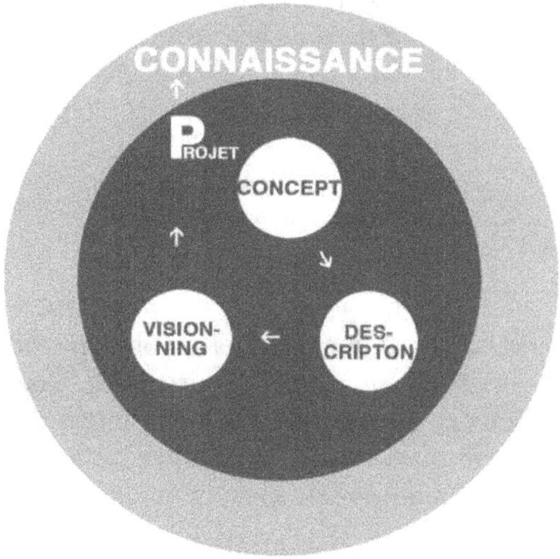

Figure 1 : Le projet comme dispositif producteur de connaissance, schéma établi par l'auteur selon l'interprétation des travaux de Paola Viganò, 2012.

La phase de l'au-delà ou du *visionning*, est la troisième strate du projet qui permet *in fine* une formulation de séquences, de conjectures sur le futur. Elle peut être définie comme un processus de construction du futur dans une suite rationnelle et partagée de choix.

Il paraît utile de discuter la méthode des scénarii que nous retrouvons souvent dans les projets. Cette méthode suggère une imagination multiple et partagée du futur : Le *visionning* (Hopkins et Zapata, 2007). En effet, ce dernier est la description du futur désiré, résultant d'un processus d'échange nécessairement collectif. Le *visionning* peut être défini comme l'imagination collective du futur qui se fonde sur des narrations encore inédites et aussi importantes que les grands récits disparus, car justement collectifs et constituant ce qu'appelle Michel Serres (2012) une « *immense fresque* » qui alimente continuellement les savoirs. Paola Viganò (2012 : 268) le définit, quant à elle, comme « *un autre récit urbanistique qui se construit aujourd'hui : Le récit de la dissolution du projet de la ville moderne et de sa substitution, par tentatives, par un nouvel ordre, par une nouvelle vision. Ou plus simplement ce qui préside est une réflexion sur le projet de la ville et du territoire, sur son rôle heuristique et d'argumentation dans la définition du futur* ».

En définitive, la connaissance est produite dans le fait même du projet, par une série d'opérations engagées dans celui-ci. Cette strate s'inscrit, en fin de compte, dans un processus récursif dans lequel l'acteur concepteur - l'architecte-urbaniste- permet, à travers sa contribution, l'adoption de positions nouvelles par les acteurs impliqués dans la mutation de l'espace. En ce sens, le projet intervient dans différents champs et différents contextes et constitue à lui seul un champ de fabrication de connaissance et un contexte. C'est donc ce processus récursif qui donne signification à la connaissance.

Alger, le cas

Alors que le projet urbain doit constituer un objectif fondamental de toute visée d'aménagement et d'urbanisme inspirée des leçons et des savoirs propres aux enjeux locaux mais aussi de la théorie générale, il semble perçu en Algérie, par les politiques et par les administrations comme un simple discours et comme un dessin privé de dessein qualitatif, coupé du réel.

Dans ce pays où la construction, l'équipement et les politiques publiques connaissent une véritable frénésie depuis le début des années 2000[4], l'urbanisme, caractérisé par une politique d'étalement urbain à grande échelle comme nous le verrons dans la figure ci-dessous, semble plutôt être orienté par un volontarisme technocratique et politique encore marqué par les idéaux de progrès et de modernisation ayant été portés au début du XXème siècle[5], et dont la critique a été forte.

A l'aune de cette démarche où l'Etat préserve son omnipotence quant à la décision urbaine, il paraît nécessaire que soit redécouvert le sens de l'urbain

[4] Dans le programme présidentiel de relance économique 2004-2014, est dégagé un budget de 522 Milliards $. Pour le seul quinquennat 2009-2014, sont dégagés près de 87 milliards $ pour le secteur des travaux publics et 50 milliards $ pour un programme de 2 millions de logements (Conseil des ministres du 24 mai 2010).

[5] C'est ainsi que décrit F. Choay (2010) l'urbanisme fonctionnaliste prôné par Le Corbusier leader du CIAM : « Devant la critique internationale, il (Le Corbusier) a pu représenter le fonctionnalisme le plus sec et le lyrisme le plus délirant, être jugé cubiste par les uns, baroque par les autres, être considéré comme le visionnaire qui a conçu la ville de l'avenir et se voir reprocher un urbanisme inhumain et rétrograde ».

(Ansay, Schoonbrodt, 1998). Une démarche de projet en continuelle réinterprétation et qui se définit en connaissance d'un substratum aux strates multiples. Le projet de ville intègre ainsi, un dessein qui précède et accompagne la projection.

Alger, ville qui présente une situation critique de métropole[6] et portant le double statut de capitale politique et économique, n'a pu faire, jusqu'à 2009, l'objet que d'un seul projet pour son développement. Approuvé en 1975, le Plan d'Orientation Générale dit POG établi sous l'égide du COMEDOR[7], a été remis en cause par la suite[8]. Le Plan d'Urbanisme en remplacement du POG en 1982 s'inscrivait dans la tradition française[9]. Il a été modifié en 1990 pour devenir le Plan Directeur d'Aménagement et d'Urbanisme puis révisé, par la suite, pour servir d'outil au Grand Projet Urbain imaginé en 1997 par le Gouvernorat du Grand Alger et publié l'année suivante[10] dans un ouvrage, GPU (1997), lequel a été supprimé pour cause d'anti-constitutionnalité. Nous constatons par ces allers-retours permanents d'ébauches, de prorogations et d'abrogations consécutives, une réelle difficulté de la ville à se munir d'une stratégie globale et stable de développement urbain.

---

[6] La population algéroise est estimée à plus de 3 millions en 2012 selon le RGPH 2008. Ce nombre n'intègre pas les visiteurs quotidiens de la ville.

[7] Le Comité Permanent d'Etudes de Développement, d'Aménagement et d'Organisation de l'Agglomération algéroise, est un comité interministériel chargé de concevoir le Plan d'Alger. Dirigé par le Secrétaire Général de la présidence de la république, il comprenait des représentants de tous les ministères, ainsi que le wali d'Alger et les représentants des instances élues (président de l'assemblée populaire communale et président de l'assemblée populaire de la wilaya). Pour réaliser ses missions, le COMEDOR s'appuyait sur une structure d'étude composée de près de 70 personnes issues de toutes les disciplines nécessaires à son objet. Après une étude de différentes variantes d'aménagement de niveau régional considéré comme le contexte inséparable d'un plan pour l'agglomération proprement dite, une variante spatiale a été retenue et développée sous la forme première d'un Plan d'Orientation Générale pour le développement et l'aménagement de l'agglomération. Le POG a été adopté par ordonnance en 1975.

[8] Le POG, adopté en 1975 avec l'approbation de l'ensemble des ministres, a été rejeté en 1979, après la mort du Président Boumediene, pour prévision de consommation excessive des terres agricoles dans la partie Est d'Alger. Selon R. Sidi Boumedine, directeur du COMEDOR, ce plan, par ses dispositions stratégiques et ses choix, ainsi que par le contrôle rigoureux des investissements publics et de l'utilisation et l'affectation du foncier gênait plus d'une personne. Dès le rejet du Plan par un comité interministériel, l'accaparement des assiettes foncières par les lotissements réguliers ou irréguliers, allait connaître une croissance fulgurante, ce dont les recensements et les photos aériennes successives donneraient une image explicite, conduisant des extensions bien au-delà des prévisions les plus pessimistes du Plan.

[9] Décrets de 1958 relatifs aux instruments d'urbanisme.

[10] Gouvernorat du Grand Alger, "Alger capitale du XXIe siècle", Le grand projet urbain de la capitale, Urbanis, Alger, 1998.

Cette façon de fabriquer la ville tient, selon nous, à une exclusivité décisionnelle de l'appareil d'État causant une réelle incapacité d'interaction entre les différents acteurs de la ville qu'ils soient professionnels ou usagers, mais aussi, au fait que les milieux professionnels et les acteurs économiques participent à cette approche par crainte d'aller à l'encontre de la politique de l'Etat, principal client. Par ailleurs, du fait de leurs propres pratiques, de leurs intérêts et de leurs convictions, ces acteurs constituent de ce fait, le groupe latent qui, selon la terminologie de Mancur OLSON (1965), demeure dans la difficulté d'organisation bien qu'il soit réuni par le consensus.

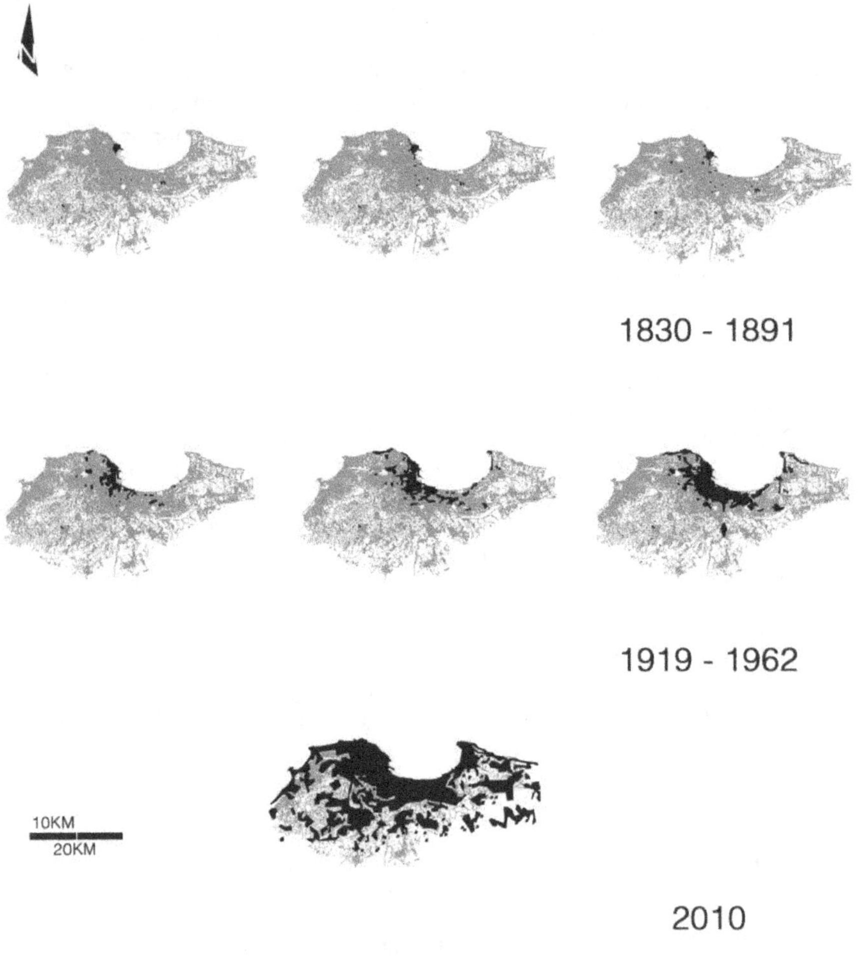

Figure 2 : Processus d'étalement de la ville. Source : Auteur.

Conjectures et écueils

Privilégiant une approche interdisciplinaire du projet urbain, dans une démarche de permanente négociation, nous proposons de discuter avec le cas d'Alger, la question de projet urbain comme alternative au mode d'édification urbaine que connaît présentement la ville.

Il nous semble, cependant, utile de relever trois écueils majeurs à la concrétisation de la démarche du projet urbain. Nous situons les principaux écueils sur trois niveaux. Le premier réside dans le caractère d'omnipotence de l'Etat qui intervient comme seul décideur du devenir urbain. A cette omnipotence s'ajoute l'absence de démarche d'interaction entre différents acteurs visibles de la ville (acteurs économiques, professionnels, associatifs, habitants-usagers). Et enfin, l'absence de représentativité politique intermédiaire (élus locaux) du fait de l'émiettement de la ville d'Alger composée de 57 municipalités dirigées par 12 walis délégués, eux-mêmes dirigés par le wali de la ville d'Alger, alimente le statu quo du modèle de développement de la ville.

Afin de progresser dans le sens de notre problématique et des hypothèses évoquées ci-dessus, nous examinerons la démarche entreprise par l'Etat dans l'urbanisation de la ville, à travers quelques projets significatifs. Nous y opposerons la démarche du projet urbain lorsque nous constaterons les limites que présentent ces projets.

Sans prétendre l'exhaustivité, notre étude se penchera sur les opérations suivantes :

- La désignation par les autorités de terrains hors du périmètre urbain (zones non urbanisables NU ou aires protégées, *non ædificandi*, dans les documents officiels PDAU et POS (1995, 1998) pour accueillir des programmes de logements sociaux et socio-participatifs, ou encore des projets de logements de Standing[11]. Cette décision intervient donc en contradiction avec les prescriptions du PDAU qui les désigne comme servitudes. Suite à cela, les autorités ont procédé à un appel d'offres pour la révision du PDAU devenu caduc par le fait des dépassements évoqués. Par ailleurs, nous constatons lors de l'élaboration de certains POS l'existence de nombre de modifications avant l'adoption finale de ces derniers. Le résultat marque un manque d'intérêt pour les espaces publics abordés uniquement dans la technicité des trames viaires. Par ailleurs, nous

[11] Des projets de logements de standing d'investisseurs nationaux, privés comme publics par la formule du Logement public promotionnel, et étrangers, implantés en bord de l'autoroute en banlieue ouest algéroise ; ou encore sur la zone protégée de la forêt de Sidi Fredj.

relevons dans ces documents d'urbanisme l'absence de places publiques, parcs, jardins, etc.

- La décision de situer le projet de la grande mosquée d'Alger accessible via une autoroute qui subit une forte congestion du fait de la présence et de la société algérienne des foires et des expositions (SAFEX) lieu de rendez-vous des foires et salons internationaux qu'abrite la capitale ; et du projet d'Alger médina, véritable morceau de ville étalé sur plus de 100 hectares et marqué par une densité très élevée.
- La localisation du site de la station de dessalement de l'eau de mer[12] au milieu de la baie d'Alger, en lieu et place d'une aire censée accueillir des aménagements de loisirs en bord de mer. Cette décision est intervenue suite au lancement d'un concours ayant pour objet « L'aménagement de la baie d'Alger », sans être intégrée dans le cahier des charges de ce dernier.
- Le morcellement du site qui devait accueillir la gare multimodale proche de l'aéroport international d'Alger et l'affectation à une vocation de logements de standing, de tertiaire de services, d'hôtels et de centre commercial. Le projet de cette gare située dans un important pôle d'échange pouvant accueillir le projet de ligne TGV Casablanca – Alger – Tunis, se voit de ce fait, annulé. La gare centrale a été affectée dans un premier temps, en centre-ville, où elle devait fonctionner à rebroussement, puis proposée dans les documents du PDAU en proche banlieue sud dans la commune de Bir Mourad Raïs.

À la lumière des opérations évoquées ci-dessus, il nous semble utile de construire une alternative inscrite dans une démarche d'un projet urbain concerté aussi bien dans les rapports à l'espace qu'à la temporalité.

[12] La station de dessalement de l'eau de mer située à El Hamma, est inaugurée le 24 février 2008 par le Président de la république, Abdelaziz Bouteflika. Elle a une capacité de production de 200.000 m^3/j et dessert tout l'algérois. Durant le même trimestre, deux autres grandes stations ont été réceptionnées sur les côtes Est (Cap Djenet) et Ouest (Douaouda) de la ville d'Alger. Elles ont pour capacité 120.000 m^3/j chacune et desserviront 666.660 habitants chacune.

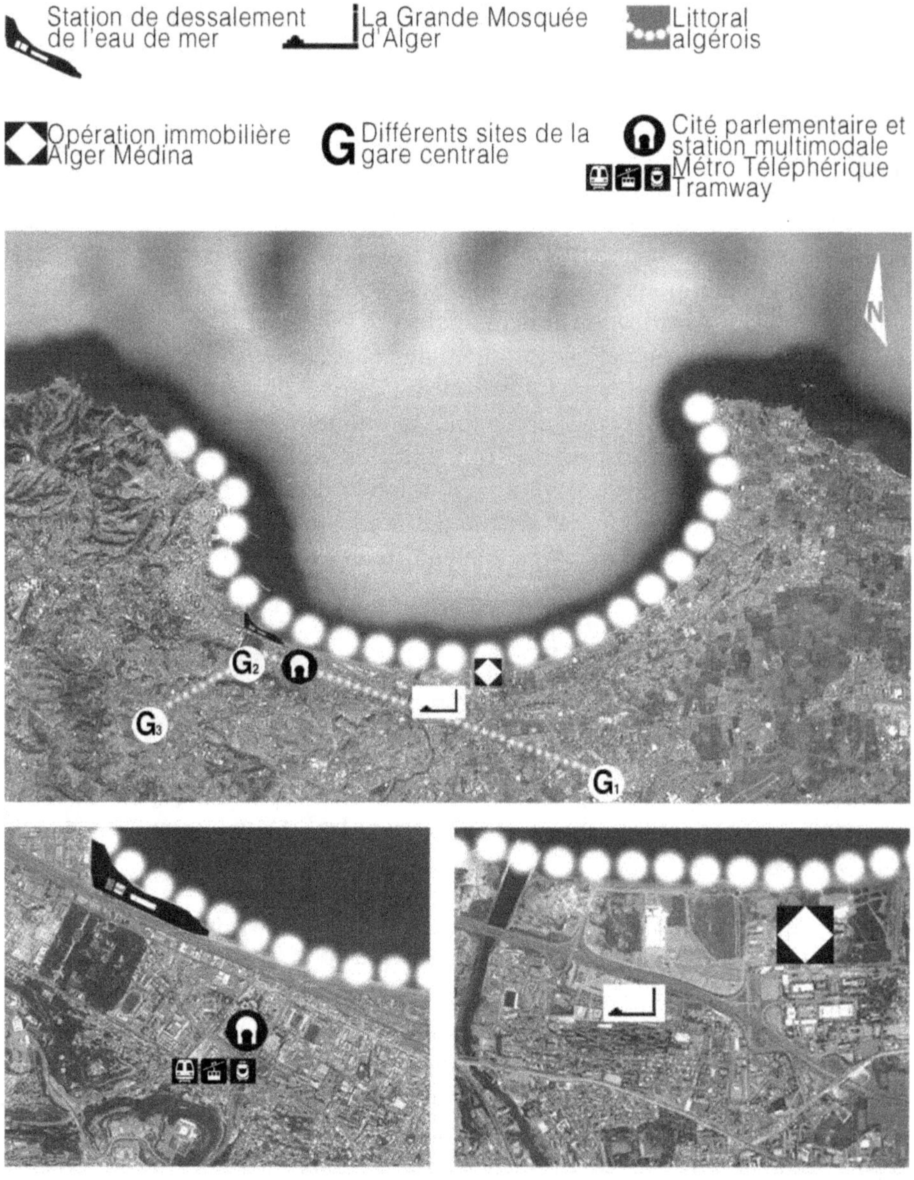

Figure 3 : Localisation de grands projets algérois. Source : Auteur.

Si les grandes opérations urbaines citées semblaient pendant quelques années isolées les unes des autres, laissant croire que la ville se faisait dans une démarche sectorisée, confuse et désorganisée, l'annonce, en grande pompe, du plan stratégique Alger 2030, que nous appellerons PSA2030, a fini par amener une clarté et une cohérence dans l'action urbaine. C'est en

2010 donc que les pouvoirs publics dotent la capitale d'un plan au terme long et dont l'échéance est annoncée dans son appellation même. Aussi, dans la dénomination de l'opération apparaît clairement une démarche de planification stratégique qui ressort comme un parti pris, à tort ou à raison, des institutions publiques tutélaires. PSA2030 est défini par les pouvoirs publics comme l'adjonction de deux opérations majeures, à savoir, le projet d'aménagement de la baie d'Alger et le plan directeur d'aménagement et d'urbanisme d'Alger 2009 dont les concepteurs revendiquent un modèle qui « repose sur une approche systémique du territoire et sur une forte composante opérationnelle qui veut 'rompre' avec le modèle dépassé et simpliste de la planification fonctionnaliste » (Rapport d'orientation, 2011 : 7). Assembler un projet et un document de planification suffit-il, pour autant, à définir une démarche de planification stratégique ? Ce paradigme est-il une tentative de concilier ce qui semble antinomique entre d'une part, la planification traditionnelle, par définition rigide et dont le mode opérationnel est caractérisé par la verticalité ; et d'autre part, la stratégie davantage orientée vers la flexibilité, la dynamique, l'adaptabilité voire la mutabilité ; et somme toute, en interaction permanente avec les réalités du terrain ?

La planification stratégique, proposée comme alternative à une planification urbaine jugée alors trop rigide et montrant ses limites dans le cadre de la projection planimétrique de la composition urbaine, a fait florès durant les années 1960 en Europe et aux États Unis d'Amérique avant d'éprouver un certain désintérêt. Le postulat de départ de la planification stratégique est qu'une ville fonctionne comme un système. Ainsi, appliquer un modèle sur la ville promettait d'ajouter la prospective aux compétences des urbanistes.

En somme, la modélisation, au travers de la scénarisation, permettait de prévoir le futur du système urbain dans le but d'en avoir la maitrise, sinon, un regard *ex ante*. Cette démarche a été largement inspirée des modèles économétriques ayant permis une meilleure compréhension de la macroéconomie, et dont les résultats dans les reconstructions des économies en Europe et aux États Unis d'Amérique ont été jugés probants. Seulement, du fait d'une complexification extrême des agents microéconomiques agissant dans une logique insaisissable et imprévisible, l'entreprise de mathématisation et de paramétrage des valeurs de la ville, conçue alors comme un système urbain identifiable maitrisable, n'a pas connu le succès escompté (Jean Paul Lacaze, 2012). Les limites avérées de la planification stratégique ont néanmoins permis de soulever des questions importantes liées aux rapports entre acteurs urbains publics et privés ainsi qu'à l'intégration de la temporalité dans l'élaboration du projet et de sa mise en œuvre. Ainsi, la planification stratégique a consisté à conjuguer à la fois les décisions prises sur la base des analyses et des modélisations de l'existant, et nous prenons, ici, l'exemple du macro-maillage, du tramway et du métro d'Alger ; et les changements que ces mêmes décisions induisent.

Nous pouvons illustrer notre propos par le cas de la station multimodale des Fusillés, lieu de croisement de métro, tramway, téléphérique et bus. L'ouverture de cette station qui a permis le désenclavement du quartier des abattoirs en friche a inspiré nombre d'algérois. Ainsi, un groupe d'artistes a exprimé sa volonté, au moyen de tracts et de pétitions, de faire du quartier le cœur battant de la création artistique de la ville, mais aussi des entrepreneurs qui ont imaginé la construction d'hôtels et d'immeubles de bureaux dans ce même quartier. L'émulation manifeste qu'a générée cette station autour du devenir du quartier et les velléités des uns et des autres semblaient être inaudibles auprès des autorités publiques qui avaient leur projet. Une cité démocratique composée de l'Assemblée Populaire Nationale, du Conseil de la Nation et du Congrès des délibérations communes se construira, envers et contre tout, sur une table rase du quartier des anciens abattoirs.

La décision relative à tout projet dans la capitale algéroise, répond à un mode où les pouvoirs publics sont seuls maitres du jeu. Ainsi, comme nous l'avons évoqué précédemment, les projets, quels que soient leur fonction, leur usage, leur envergure, leur budget, leur emplacement, au milieu des champs ou en cœur de ville, sur un terrain domanial ou sur une propriété privée, sont décidés indépendamment du citoyen, habitant-usager. Celui-ci semble être considéré comme un élément pour qui est destiné le projet suite à sa livraison. Le déficit d'information et plus manifestement, l'absence de concertation autour des projets, semblent aussi provoquer dans certains cas, un rejet de la population. Nous évoquons le cas de l'opposition des habitants du quartier des Bois des pins dans la commune d'Hydra à la construction d'un parking en lieu et place du jardin de leur quartier. Face au blocage du projet, les pouvoirs publics ont privilégié la répression aux dépens de la négociation[13].

Enfin, si la planification stratégique a longtemps été présentée comme alternative à la planification urbaine traditionnelle, pour nous, elle a clairement, par les limites auxquelles elle a été confrontée, constitué une transition et a permis le passage de la planification urbaine au projet urbain.

---

[13] Ce conflit a connu une large diffusion médiatique à travers les réseaux sociaux comme à travers des organes de presse nationaux et étrangers. Nous en citons : Desloir, C. (Aout, 2011). Algérie : à Hydra, la révolte des habitants contre une opération immobilière douteuse, Jeune Afrique, Repéré à : http://www.jeuneafrique.com/Article/ARTJAWEB20110812165559/alg-rie-justice-corruption-proc-s-alg-rie-alg-rie-hydra-la-r-volte-des-habitants-contre-une-op-ration-immobili-re-douteuse.htm

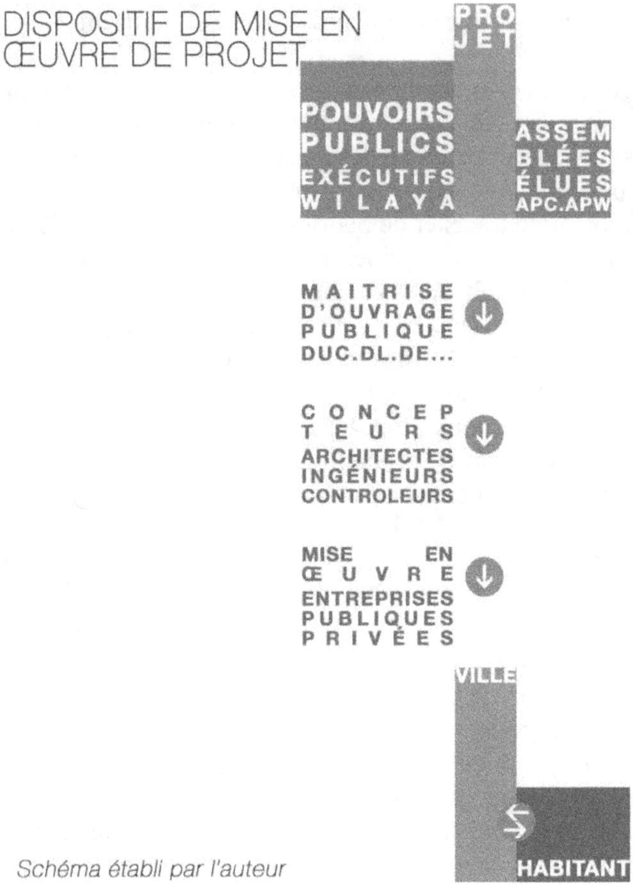

Figure 4. La mise en œuvre du projet, état actuel. Source : Auteur.

Le projet urbain comme alternative

Le projet urbain apparaît comme substitut à une planification technocratique marquée à la fois, par l'intervention de l'Etat comme acteur central, la rigidité des schémas établis et l'addition des logiques sectorielles. Le projet urbain propose une démarche stratégique générale et décomposée afin de permettre une flexibilité vis-à-vis des conjonctures et des attentes. De même, la notion implique, comme illustré dans la figure 5, une négociation permanente entre différents acteurs et habitants-usagers, la concertation, et ce, dans le but d'approcher de la façon la plus équitable, un projet de ville évoluant sur la base de rationalités flexibles. Dans son aspect stratégique, le projet urbain, permet à la fois l'intervention en milieu urbain et au-delà de sa périphérie dans l'aménagement des zones extérieures à la ville dans des logiques d'intercommunalité. À ce titre, nous pouvons admettre que le projet urbain est multi-scalaire. Il n'est donc pas seulement un projet d'urbanisme, encore moins un projet d'architecture. Il intègre par sa réalisation et par ses objectifs, les paradigmes économique, social et culturel. Par conséquent, la négociation entre différents acteurs de la mise en œuvre urbaine, paraît comme un facteur majeur et indissociable de la notion du projet urbain. La question du paysage qui paraît totalement inexistante dans les opérations urbanistiques de la ville d'Alger, est, elle aussi, une composante essentielle dans la démarche du projet urbain. En effet, la considération de la question paysagère, permet la recherche d'une qualité de vie dans les espaces urbains et donc la mise en valeur de la ville. L'enjeu est important dans un contexte d'attractivité, d'image de marque et de compétition internationale.

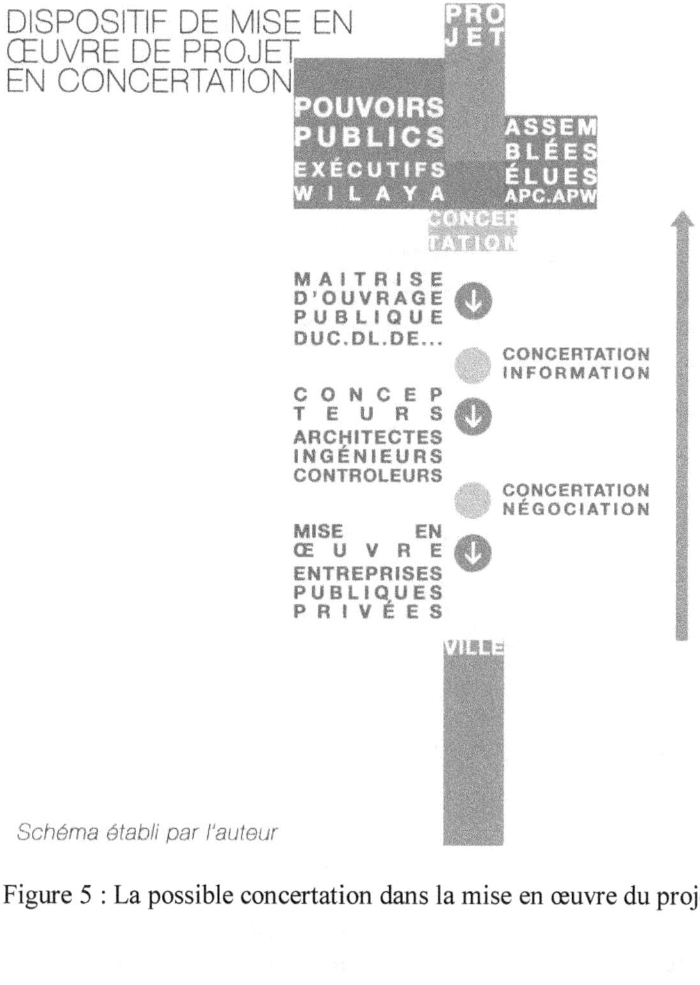

Figure 5 : La possible concertation dans la mise en œuvre du projet. Source : Auteur.

La question de la démocratie à travers la décentralisation est tout aussi importante. En effet, dans un contexte décentralisé, le projet urbain peut être défini comme une série de démarches adaptables aux spécificités des contextes. Afin d'atteindre cette logique procédurale multiple, il est primordial que les outils de planification soient flexibles, réinterprétables et adaptables aux différents lieux et aux différentes conjonctures. Ainsi, ils répondront à une réalité complexe de la ville en discussion permanente. Le projet urbain négocié est là, un travail transversal dans lequel sont intégrés à la fois des acteurs publics considérés à travers le décloisonnement des services de la wilaya, des directions de l'urbanisme et de la construction, des services municipaux, etc. mais aussi des acteurs professionnels à travers une logique d'équipes pluridisciplinaires ; et enfin des habitants-usagers amenés à une mobilisation autour du projet de leur ville et ce, à dessein stratégique. Le concours de ces trois forces peut s'avérer constructif dans la mesure où l'on assiste à une émulation génératrice de mouvement, constante dans toutes les villes qui se réinventent en toute circonstance.

Afin de s'emparer de la réalité urbaine à travers ses différentes échelles, le projet urbain doit prendre en considération les spécificités historiques, sociales, économiques, géographiques, territoriales, paysagères, culturelles et économiques. Par cette approche, le projet urbain ne se résume pas à la seule notion de projection, il se situe en amont de la programmation et l'engendre par l'aptitude prospective qui le caractérise. L'espace devient ainsi, en auto-organisation permanente grâce à cette configuration multipolaire dynamique dans laquelle évolue l'*homo urbanus.*

Bibliographie

Ascher F., 2004, *Les nouveaux principes de l'urbanisme*, L'aube, Paris, 106.

Avitabile A., 2005, *La mise en scène du projet urbain Pour une structuration des démarches*, L'Harmattan, Paris, 336.

Benjamin W., 2000, *L'œuvre d'art à l'époque de sa reproductibilité technique, in Œuvres III*, Gallimard Folio, Paris, 480.

Blanquart P., 1998, *Une histoire de la ville pour repenser la société*, La Découverte, Paris, 194.

Boumaza N., 2006, *Villes réelles, villes projetées*, Maisonneuve & Larose, Paris, 691.

Deleuze G., Guattari F., 1991, *Qu'est-ce que la philosophie ?*, Les Editions de Minuit, Paris, 206.

Deluz J-J., 2010, *Le tout et le fragment*, Barzakh, Blida, 450.

Devilliers C., 1994, *Le projet urbain*, Pavillon de l'Arsenal, Paris, 72.

Foucault M., 1966, *Les mots et les choses*, Gallimard, Paris, 400.

Gouvernorat du Grand Alger, 1998, *Alger capitale du XXIe siècle, Le grand projet urbain de la capitale*, Urbanis, Alger, 2 Tomes.

Hopkins, L. D., Zapata, M., 2007, *Engaging the future, forecasts, Scenarios, Plans, and Projects*, Lincoln Institute of Land Policy, Cambridge, 374.
Ingallina P., 2001, *Le projet urbain*, PUF, Paris, 128.
Lacaze J-P., 2012, *Les méthodes de l'urbanisme,* PUF, Paris, 128.
Paquot T., 2004, *Les faiseurs de villes, 1850-1950*, Parenthèses, Paris, 510.
Serres M., 1972, *L'interférence, Hermès II,* Collection Critique : Les Editions de Minuit, Paris, 232.
Serres M., 2012, *Andromaque, veuve noire*, L'Herne, Paris, 152.
Sidi Boumedine R., 2005, *La fabrication urbaine en Algérie, Une partie de Bonneteau ?*, Communication présentée au premier colloque international Fabrique de la ville et mutation des formes d'urbanité
Viganò P., 2012, *Les territoires de l'urbanisme, Le projet comme producteur de connaissance*, MétisPresses, Paris, 293.

Mehdi BENNAI

La requalification des espaces urbains comme moteur de reconquête des territoires en perte de vitalité : quelles approches à Alger ?

L'espace public urbain est aujourd'hui le sujet majeur de l'urbanisme opérationnel, objet essentiel de l'action publique dans le cadre des projets urbains contemporains. Au sein des opérations de reconquête des quartiers en perte de vitalité, mobilisant les initiatives actuelles des acteurs décisionnaires dans la plupart des villes, la requalification des espaces urbains devient l'outil stratégique par excellence de la régénération de quartiers entiers.

La requalification signifie l'action concrète sur un espace physique, comme la cristallisation d'une conception complexe de la mutation de ce lieu, portant divers enjeux imbriqués (morphologiques, fonctionnels, sociaux, économiques, marketings, patrimoniaux…). Elle s'inscrit de plus en plus dans le cadre de projets urbains stratégiques et de moins en moins comme une série d'actions ponctuelles d'embellissement. Les impacts attendus de la requalification des espaces urbains l'emportent sur les actions menées dans le lieu lui-même et c'est ainsi qu'elle constitue un outil fondamental de reconquête des quartiers en crise ou en perte de vitalité.

Cet article cherche à situer l'émergence de ces approches urbaines contemporaines fondées sur la mutation de la perception, de l'appréhension de la ville et de ses espaces publics. Une définition complexe de la requalification des espaces urbains démontrera le caractère stratégique des projets actuels au-delà des actions menées. En fin, un aperçu de l'approche des espaces publics à Alger permettra de situer l'intervention sur les tissus existants par rapport aux approches contemporaines de reconquête urbaine.

Une évaluation des nouveaux projets décrits dans le plan stratégique d'Alger 2029 sera ainsi possible.

Cet article est issu de mes travaux de recherche de doctorat en cours[1], ayant pour but l'analyse du contexte et du cadre de l'action publique urbaine à Alger, en termes de reconquête des territoires en friche. La finalité est d'identifier les facteurs et les causes du décalage observé entre les approches de mutabilité à Alger et les approches contemporaines internationales de régénération urbaine. Les recherches théoriques et territorialisées ont porté sur l'évolution des approches de construction de la mutabilité des quartiers existants et les caractéristiques des approches contemporaines de reconquête des territoires. La mutabilité des quartiers péricentraux Est d'Alger en tant que terrain d'étude a fait l'objet d'observations sur site, d'analyse de contenu de documents d'urbanisme divers et d'entretiens avec les différents acteurs concernés. Depuis 2007, dans le cadre de l'enseignement du projet à l'EPAU, de multiples expériences pédagogiques ont été menées avec les étudiants, démontrant par le projet urbain opérationnel, les vertus des approches contemporaines d'aménagement urbain, en termes de retissage et de recomposition des paysages dans la continuité de l'urbanité des lieux.

La reconquête des quartiers existants : contexte et enjeux

Aujourd'hui, il est devenu difficile de parler de villes au sens traditionnel du terme, tant les agglomérations urbaines sont devenues gigantesques et complexes. La croissance effrénée des villes a été encouragée par la périurbanisation programmée dans les années d'après-guerre dans la plupart des villes d'Europe et du monde, poussées par la généralisation de l'usage de l'automobile et le désir des familles d'habiter dans des maisons individuelles à l'extérieur de l'hyperactivité des zones centrales. Cela engendre un étalement urbain constant des agglomérations aux conséquences écologiques graves. De ce fait, lutter contre l'étalement des villes constitue aujourd'hui une préoccupation majeure des stratégies territoriales.

En parallèle, les cœurs d'agglomérations, concentrant les lieux d'animations urbaines, les emplois et les services, sont asphyxiés par la convergence des flux, des activités et des hommes. L'hypercentralité urbaine, déjà saturée, devient le lieu privilégié d'implantation des activités

[1] Bennai M., (Thèse de doctorat en cours), *La mutabilité des quartiers péricentraux Est d'Alger : Des territoires de tradition industrielle face à la métropolisation*, Ecole Polytechnique d'Architecture et d'Urbanisme (EPAU), sous la direction de Pr. Chabbi Chemrouk N.

métropolitaines tertiaires, issues des nouvelles logiques de localisation des fonctions nécessaires à l'économie contemporaine. Aujourd'hui, dans le contexte économique global, les villes cherchent à se placer sur le marché des territoires et doivent donc développer leurs processus de métropolisation.

D'autre part, ces espaces hypercentraux comportent des territoires en perte de vitalité (crise urbaine et sociale) : quartiers délaissés, dégradés (vétusté du bâti, déqualification des espaces publics, réduction de l'activité urbaine et de l'animation...), comportant des vides et des dents creuses, ainsi que des édifices désertés et des friches urbaines. Les espaces en déshérence et les quartiers les plus dégradés des grandes villes coïncident souvent avec les anciens faubourgs industriels engloutis dans la centralité de la ville. Ces quartiers péricentraux complexes nécessitent des interventions curatives, coordonnées par un projet urbain d'ensemble afin de répondre aux problèmes sociaux des habitants, satisfaire leurs besoins quotidiens et rétablir les qualités nécessaires à l'amélioration du cadre et des conditions de vie.

Cependant, cette nécessité de requalification, relevant du « *Samu socioéconomique* » (Chaline, 1999) s'accompagne aujourd'hui d'une double opportunité issue de la réutilisation des friches urbaines (potentiel foncier), favorisant une reconquête durable de ces territoires :

- La densification/ le recyclage des tissus existants (quartiers centraux et péricentraux) afin de freiner l'étalement urbain, tout en conservant, valorisant et modernisant les espaces urbains à travers un processus de renouvellement global et à long terme.
- L'extension et le renforcement des centralités urbaines existantes ou la création de nouvelles polarités en lien avec l'hypercentre. Ces nouveaux lieux urbains sont destinés à recevoir les fonctions métropolitaines nécessaires au développement économique des grandes villes (rayonnement, fiscalité, emploi...), tout en incarnant les nouvelles vitrines des villes.

De nouveaux paradigmes guident, aujourd'hui, l'intervention sur les tissus existants en vue de les reconquérir[2] : la « Régénération urbaine » et le « Renouvellement urbain » en profondeur des territoires, réunissant de multiples enjeux croisés dans le cadre des démarches de projets urbains stratégiques.

---

[2] Le terme « Reconquête » signifie en langue française : « *l'action de retrouver, de regagner, au prix d'un effort, la maîtrise de quelque chose que l'on avait perdu* ». (Centre national de ressources textuelles et lexicales, [En ligne] URL : http://www.cnrtl.fr). De ce fait, les lieux urbains à reconquérir dans les villes, seraient les territoires échappant aux logiques de gestion urbaine globale, en marge des dynamiques de développement des agglomérations.

S'éloignant de la table rase et de la rénovation urbaine, les nouvelles approches de mutabilité[3] des territoires accordent une attention particulière aux contextes urbains existants. Elles visent à allier sauvegarde de l'urbanité et innovation, mais sans nostalgie, à la recherche d'images nouvelles en accord avec les modes de vie actuels et les perceptions contemporaines.

Ainsi, dans le cadre des stratégies globales (projets de territoires), des périmètres opérationnels sont identifiés comme prioritaires et des projets urbains complexes sont lancés. L'urbanisme de reconquête peut avoir plusieurs domaines d'application superposés parfois dans les projets urbains (Masboungi, 2002) :

- Construction de nouvelles centralités/ polarités urbaines.
- Recomposition des paysages urbains, mise en cohérence des espaces publics, réactualisation des formes urbaines pour les mettre en phase avec les besoins et usages contemporains (arrivée de nouveaux modes de transport par exemple).
- Conservation, valorisation et modernisation de situations urbaines, dont les valeurs symboliques, historiques ou architecturales sont reconnues (quartiers anciens).
- Recomposition de nouveaux quartiers gagnés sur les friches urbaines, retissage et couture entre les différentes parties d'une ville.

C'est pour cette raison que les projets urbains contemporains sont tous différents en fonction des échelles, des contextes d'intervention, des enjeux mobilisés et des cadres d'action territorialisés (acteurs et dispositifs d'action). Ainsi, les approches contemporaines de reconquête urbaine ne décrivent pas de modèles de projets, de méthodes reproductibles, mais des démarches d'intervention à inventer au cours de l'action, au plus près des réalités urbaines[4]. L'action publique urbaine contemporaine est davantage caractérisée par les stratégies audacieuses et imaginatives qui la guident. Elle cherche, à la fois, à mettre en avant les atouts des situations urbaines et à créer de nouvelles potentialités de développement des quartiers.

En réalité, les approches contemporaines de reconquête urbaine émanent de la mutation de la culture de l'action publique, d'un urbanisme

---

[3] Le concept de « Mutabilité » est défini comme la somme des « *dynamiques de mutation foncières, fonctionnelles, sociales dont les villes font l'objet, dynamiques centrées sur la réutilisation des espaces urbains abandonnés ou sous occupés (...)* (elle désigne) *l'ensemble des processus forgeant l'aptitude de la ville à être l'objet de mutation, c'est-à-dire de changements radicaux ou profonds* » (Andrès, 2008).

[4] Pour parler de projets urbains contemporains en général, les références théoriques évoquent davantage le caractère flexible des opérations et le partenariat entre les acteurs, qui élaborent collectivement le contenu des actions et les montages opérationnels au cours du processus. Voir par exemple : (Frébault, 2005).

réglementaire et technocratique de gestion et de planification vers un urbanisme opérationnel de projet et de management stratégique des territoires. Cette mutation qui s'est opérée progressivement à partir de la fin des années 1970 a impliqué un renouvellement des démarches décisionnelles et opérationnelles à des degrés différents, selon les pays. Les projets contemporains de reconquête urbaine rassemblent, cependant, un certain nombre de valeurs communes et agissent sur la base d'ingrédients récurrents, dont la requalification des espaces urbains comme fondement des stratégies.

Le Projet urbain stratégique : une nouvelle culture de l'action publique

L'intérêt grandissant porté sur la requalification des espaces publics urbains dans le cadre des projets de reconquête des territoires en perte de vitalité est la conséquence de la mutation des approches urbaines et du revirement de la culture de l'action publique. Alors que les contextes urbains et économiques actuels ont engendré les nouveaux enjeux d'action décrits précédemment, la reconquête des quartiers existants apparait aujourd'hui à la croisée des enjeux contemporains. Cela a remis en cause les pratiques urbaines des années 1960 et 1970, fondées sur la planification réglementaire pour laisser place à l'action concrète par le projet dans une démarche stratégique et flexible. Mais comment cette mutation a-t-elle transformé l'approche vis-à-vis des espaces urbains ?

L'urbanisme fonctionnaliste et rationaliste de planification des années 1960 et 1970 avait émergé dans un contexte de forte croissance économique et l'enjeu était l'accompagnement et la maîtrise du développement urbain. La pratique urbaine ne portait pas de grandes ambitions, mais consistait à gérer l'occupation du sol et la répartition des programmes, démarche qui se basait sur la définition technocratique des règles régissant le cadre urbain, souvent en contradiction avec les logiques socioéconomiques et les initiatives privées. Le volontarisme étatique est principalement vertical et sectoriel[5].

Influencé par la doctrine du mouvement moderne, interprétée de façon très disparate par l'administration, l'urbanisme rationaliste cherchait à

---

[5] La plupart des ouvrages qui cherchent à décrire les approches urbaines contemporaines, les présentent en opposition aux approches de planification ayant émergé dans les années d'après-guerre et dominé la pratique urbaine durant les trente glorieuses. Les caractéristiques de ces approches, évoquées dans cet article, sont largement récurrentes dans la littérature. Voir par exemple: (Chalas, 2004 ; Avitabil, 2004 ; Ascher, 2006 ; Ingallina, 2010).

abstraire les réalités urbaines complexes, afin de les réduire à des schémas et plans masses dans une approche foncière et programmatique (définir des emprises bâties par grandes destinations fonctionnelles et des infrastructures de transport). Sans se préoccuper des dimensions sensibles, culturelles, sociales et n'accordant que peu de valeur au vécu et à l'urbanité de la ville existante, l'action publique agissait par le biais de règles rigides et de normes abstraites, dans une illusion de maîtrise et d'objectivation de la ville. Les villes nouvelles et les grands ensembles réalisés à partir des années 1960 en France en sont l'illustration.

Ces approches combinaient la promotion d'un modèle extensif d'organisation de la ville et la restructuration des tissus existants dans une logique qui privilégiait la table rase et la reconstruction ex-nihilo sur la base de schémas quantitatifs. Les hommes, les usages et les espaces urbains n'étaient plus que des chiffres, des grilles programmatiques et des formes géométriques résiduelles. Des pans entiers des territoires des 13e et 19e arrondissements de Paris ont ainsi été transformés en une série de barres et de tours déconnectées du tissu urbain, après d'importantes opérations de rénovation urbaine d'îlots entiers.

La forme urbaine traditionnelle étant rejetée, sous l'influence des idées de la « *Charte d'Athènes* »[6] qui dominait la pensée urbaine de l'époque (Ragon, 1972), les espaces urbains (rues, places…) n'avaient pas d'intérêt aux yeux des décideurs et des professionnels. La ville devant être efficace et rationnelle, les zones urbaines étaient envisagées comme l'agencement de volumes bâtis selon les logiques fonctionnelles, reliés par des infrastructures de circulation. Entre eux des vides informes végétalisés, sans usages et sans identité, constituaient des *no man's land.*

L'échec observé à contrecoup de ces approches urbaines a révélé que les zones urbaines produites ainsi n'étaient que l'expression de la non ville, où l'absence d'urbanité procurait un cadre de mal-vie[7]. Cependant, les situations les plus irréversibles concernaient les opérations de « Rénovation

---

[6] La Charte d'Athènes est l'aboutissement du quatrième Congrès international d'architecture moderne (CIAM), tenu sous l'égide de Le Corbusier en 1933. Le thème en était « la ville fonctionnelle ». Urbanistes et architectes y ont débattu d'une extension rationnelle des quartiers modernes.

[7] Dès la fin des années 1970 la circulaire Guichard (Journal officiel de la république française du 5 avril 1973 page 3864, Circulaire du 21 mars 1973) en France mit fin à la construction des grands ensembles. La politique de la ville, qui consiste à corriger les méfaits de ce type d'urbanisme, constitue aujourd'hui un thème central des politiques urbaines et cela depuis 1977 avec les procédures « *Habitat et vie sociale* ».

urbaine »[8], consistant à éradiquer les lieux urbains vécus pour les remplacer par de nouvelles formes urbaines. Les quartiers existants et vivants même en crise urbaine et sociale, se caractérisent généralement par une urbanité constituée à travers le temps, au fil de l'accumulation du vécu collectif et des récits superposés, constituant une ressource précieuse et difficile à reconstituer ex-nihilo. Quelle que soit la valeur des nouvelles réalisations, après démolition intégrale des quartiers, il est difficile d'assurer leur ancrage urbain et leur appropriation sociale. L'opération de rénovation des Halles à Paris en 1971 témoigne de la radicalité des démolitions entreprises et de la difficulté de réussir l'intégration des nouvelles structures. Cette opération avait néanmoins soulevé les débats sur les approches de mutation urbaine et les structures reconstruites (forum des Halles) accumulant les problèmes de fonctionnement ont dû faire l'objet d'un projet ambitieux de réhabilitation dont les travaux ont commencé en 2011.

Les approches urbaines contemporaines ont émergé dans un contexte de rupture avec l'urbanisme de planification, ayant largement montré son échec. Elles se caractérisent par des démarches plus opérationnelles, basées sur des réflexions stratégiques cristallisées par des projets urbains comme modes d'actions majeurs. Dès le début des années 1980, l'action étatique réglementaire a été remplacée, dans de nombreux pays d'Europe notamment en France, par une approche managériale décentralisée, plus à l'écoute des réalités urbaines et des logiques socioéconomiques qui les définissent. L'urbanisme s'est donc orienté vers l'action au lieu de la réglementation, en réfléchissant à la mobilisation des facteurs de développement des situations urbaines existantes, dans un contexte économique plus tendu.

On remarque une attention renouvelée aux contextes existants, aux enjeux sociaux, aux réalités culturelles vécues, mais aussi au développement économique nécessaire dans un contexte de concurrence internationale. La qualité des espaces urbains est ainsi devenue un aspect prépondérant de la construction de la mutabilité des quartiers, et cela dans un esprit de continuité avec l'existant, en croisant les enjeux dans une approche stratégique. De ce fait, l'action s'est orientée vers une approche contextuelle de l'espace urbain (reconnaissance des aspects matériels et immatériels de l'existant), en réintroduisant la « composition urbaine » dans une logique morphologique d'ordonnancement du paysage et la redécouverte de

---

[8] Maurice Blanc explique le caractère brutal des approches de rénovation urbaine spécifiquement en France et leur remise en cause dès le début des années 1970 au profit des politiques de réhabilitation (mutation plus douce), dans son article intitulé : « *La rénovation urbaine : démolition ou patrimonialisation ? Comparaison entre la France et l'Allemagne* » (Blanc, 2013).

l'importance de l'espace urbain (vide) comme élément structurant du paysage (Avitabile, 2004).

De ce fait, l'action sur les espaces urbains (requalification) est devenue le moteur des projets de reconquête, impulsée par des besoins d'amélioration du fonctionnement de la ville (mobilités, usages et activités urbaines, plaisirs et aménités...), mais matérialisée par des aménagements orientés également sur la perception et l'image des lieux. La requalification des espaces publics comme liants fait aujourd'hui l'objet de conceptions de la forme urbaine élaborées par des architectes, des paysagistes, des artistes... dans une appréhension complexe de l'espace et de ses relations avec le bâti.

De nouvelles approches sensibles de l'espace urbain

L'évolution qualitative des approches de la ville est le fruit d'expérimentations diverses et de réflexions théoriques sensibles de la ville. En effet, dès les années 1960, l'urbanisme fonctionnaliste a été critiqué par la réhabilitation de la notion de ville traditionnelle, notamment par *Jane Jacobs* en 1961[9], qui fait l'apologie de la rue et des trottoirs. Les approches typo-morphologiques[10] en Italie puis en France, ont mis en avant l'intérêt historique des formes urbaines existantes. L'analyse de la morphologie des quartiers est devenue un préalable aux projets, afin de garantir la mutation dans la continuité et l'intégration des nouvelles actions menées dans les tissus existants.

Alors que les approches typo-morphologiques se focalisèrent sur les dimensions spatiales et physiques de la ville, des approches plus sensibles des lieux urbains ont introduit l'humain, le vécu, les perceptions et les caractères immatériels superposés à l'espace. *Kévin Lynch* décrit la ville à travers la perception de ses habitants (Lynch, 1969) et *Christian Norberg Schulz* la définit comme une succession de lieux vécus, caractérisés à la fois par des aspects morphologiques « *espace* » et mémoriels « *caractère* » (Schulz, 1981). Les récits urbains écrits par les hommes dans l'espace de la ville à travers leurs usages, influençant l'image des situations urbaines, sont progressivement devenus matières des projets.

---

9 L'ouvrage : « *The Death and Life of Great American Cities* », (Jacobs, 1961) avait soulevé un courant inattendu en faveur de la ville.

10 Le père des approches typo-morphologiques est l'architecte Italien : *Severio Muratori*, ses réflexions ont été prolongées par ses disciples : *Aldo Rossi*, *Carlo Aymonino*, *Vittorio Gregotti* et *Gianfranco Caniggia*. En France, c'est l'école Versaillaise qui avait développé ces approches de la ville à travers *Jean Castex* et *Philippe Panerai*.

Les paysagistes[11] qui participent de plus en plus à la conception de l'espace urbain depuis la seconde moitié du XXe siècle, au sein d'équipes pluridisciplinaires de maîtrise d'œuvre, ont également influencé la perception des lieux de la ville, abordés dès lors comme des totalités complexes où le bâti et le vide sont indissociables (paysage urbain). La ville doit désormais être appréhendée à partir de l'intérieur, comme une succession de paysages vécus et les approches rationnelles des formes urbaines abordées exclusivement en plan, sont désormais révolues.

Ainsi, les projets urbains contemporains sont de plus en plus sensibles à des valeurs implicites, liées au vécu et au caractère des lieux urbains[12]. C'est davantage la mémoire des quartiers, leur âme, l'imaginaire qui les incarne et leurs paysages urbains, qui constituent les sujets de la conservation/ mutation, en tant que garants de l'urbanité et comme potentialité de réappropriation, ressource principale qui fait la ville et qui est difficile à reconstituer ex-nihilo.

Cependant, grâce à l'évolution de la notion de patrimoine du monument historique aux paysages urbains exceptionnels et du quotidien, dans leurs aspects matériels et immatériels[13], la conservation d'un contexte urbain ne se fait plus aujourd'hui avec nostalgie et passéisme. C'est la « modernité » qui est recherchée à travers les interventions sur les espaces existants. En effet, sauf l'intégration et le dialogue avec l'existant, il n'y a pas de restrictions à l'innovation et à la créativité des nouveaux aménagements, dans le cadre des projets urbains récents. Bien au contraire, les images contemporaines dans leurs diversités constituent des ingrédients essentiels à la revalorisation des situations urbaines, destinées à améliorer l'image des quartiers marginaux, désertés par les habitants, accumulant les dégradations et les problèmes de toutes sortes.

Lorsque les quartiers présentent des valeurs urbaines et architecturales remarquables et ne souffrent pas de problèmes socioéconomiques majeurs

---

[11] En France, le paysagiste *Michel Corajoud* a révolutionné la formation et le métier des paysagistes en établissant le lien avec l'urbanisme en 1970.

[12] Le lieu urbain ne se définit pas seulement par un espace physique, mais il y a un imaginaire qui va avec, une histoire, une identité, traduits et amplifiés par les récits urbains (discours, mythes, mémoires…) émanant des représentations, des expériences et des relations entre la société et les lieux urbains. La nature humaine fait que les pratiques ordinaires de la ville sont « *qualitatives, composées de choses ayant des relations de significations réciproques* » (Schulz., 1981).

[13] L'élargissement et la complexification de la notion de patrimoine sont observés à travers la succession des rencontres internationales sur le patrimoine culturel et naturel, notamment à partir de la « *Charte de Venise pour la conservation et la restauration des monuments et sites historiques 1964* » et « *La convention européenne du paysage, Florence 2000* ».

(quartiers centraux anciens), les aménagements réalisés doivent se plier à des règles d'intégration plus contraignantes. En revanche, plus les quartiers présentent des signes avancés de dégradations urbaines et sociales, ainsi qu'une hétérogénéité/ vétusté du cadre urbain global, plus les aménagements doivent être expressifs et créatifs. Ils deviennent des outils stratégiques pour affirmer de nouvelles images et désenclaver les quartiers en créant de l'attractivité tout en perpétuant les valeurs qui font l'urbanité des lieux.

L'aménagement qualitatif des espaces urbains : un garant de l'urbanité des quartiers

Le fondement des approches contemporaines de projet urbain est le traitement qualitatif des espaces publics en tant qu'éléments majeurs du cadre de vie, lieux d'identité, de mobilité et des activités urbaines. L'aménagement urbain consiste donc essentiellement à requalifier les espaces urbains ouverts, non pas dans un souci d'embellissement superficiel, mais à travers une conception alliant images et usages, l'objectif étant de créer un lien fluide entre le bâti et le vide pour composer le paysage urbain global (les bâtiments créent les espaces publics qui les articulent).

Les aménagements effectués dans les espaces publics (existants ou nouvellement créés), consistent à articuler les mobilités urbaines (liens entre les modes de transport), à gérer les réseaux et à favoriser différents types d'échanges, de convivialités et d'aménité. L'espace public devient donc matière à projet, où différents spécialistes s'associent parfois (équipes pluridisciplinaires) pour créer des lieux emblématiques alliant flux et mobilités divers, végétation et œuvres d'arts.

Le projet de réaménagement de la place de la gare de la ville de *Strasbourg* en France est exemplaire pour illustrer la complexité stratégique des actions urbaines contemporaines. Loin d'un embellissement ponctuel, ce projet urbain répond à un évènement stratégique territorial : l'arrivée du TGV dans la ville. Il consiste à articuler les flux et les modes de transport pour créer une multimodalité (véritable nouvelle porte pour l'agglomération). La frontière entre bâti et espace public est diluée par des continuités et des discontinuités structurantes, bâties ou aménagées, aériennes ou souterraines.

L'intérêt des actions menées n'est pas incarné par des images spectaculaires, mais par le génie de la conception globale et la pureté des agencements. C'est l'efficacité des déplacements, l'émotion des perceptions, le confort des usages et le plaisir du vécu global des lieux qui sont simultanément recherchés.

Tout en donnant des prescriptions globales pour la cohérence d'ensemble, les projets urbains n'ont pas vocation à dessiner des images finies ou des plans-masses. L'action publique contemporaine, notamment dans les villes occidentales, consiste principalement à agir sur les espaces urbains collectifs et à aménager des lots à bâtir destinés, dans la majorité des cas, à être vendus à des opérateurs/ promoteurs privés. De ce fait, la requalification des espaces urbains permet aux pouvoirs publics de déclencher des processus de régénération spontanés du bâti et des activités urbaines (amélioration de l'image des quartiers). Les résultats probants des expériences territorialisées dans les villes d'Europe démontrent l'efficacité de ces actions destinées à produire des effets leviers et des contaminations positives.

L'action publique urbaine à Barcelone est symbolique de cette approche, où les aménagements d'espaces publics, riches et diversifiés, permettent de vérifier l'efficacité de cette stratégie notamment dans le quartier *El Raval*, au cœur du centre ancien, dégradé, populaire et d'immigration, qui connait, depuis le début des années 1990, une politique vigoureuse de réhabilitation, destinée à le revitaliser en profondeur. Tout en respectant la structure du tissu urbain, en conservant le bâti et en perpétuant son imaginaire populaire, les actions menées consistent à remodeler l'image des espaces urbains par des aménagements minéraux et végétaux fortement qualitatifs. Des architectes et des artistes de renommée internationale y sont appelés à intervenir. Les actions sont combinées à des stratégies programmatiques destinées à accroitre l'attractivité du quartier dans le but de stopper son processus de déqualification. C'est dans ce cadre que le musée d'art contemporain de Barcelone, conçu par l'architecte *Richard Meier*, y a été réalisé en 1995, articulé à une place publique qui rassemble à la fois touristes et habitants en toute convivialité. Le revers de ce type d'approche reste la gentrification, dont l'ampleur doit être contrecarrée par les pouvoirs publics pour éviter le rejet des habitants après réhabilitation (Minassian, 2010).

Ariella Masboungi, dit en parlant de Barcelone « ... *il parait toujours surprenant de vérifier les effets stimulants d'un renouveau de l'espace public sur la vie et l'image urbaines, sur la régénération spontanée du bâti, des commerces, etc. Ce choix d'agir sur l'espace public est certainement davantage né de la nécessité (choix plus aisés et moins coûteux pour la collectivité) que de la théorisation du lien entre espace public financé par les pouvoirs publics et intervention des privés sur leur bâti* » (Masboungi, 2010).

Lorsqu'il s'agit d'une reconquête physique d'un territoire de grande emprise désaffectée, au-delà de l'aménagement de l'espace public, c'est la forme urbaine qu'il faut créer. On parle de retissage et de reconstitution d'un morceau de ville. La rupture morphologique et fonctionnelle avec le tissu existant se justifie dans certains cas comme pour le projet Euralille (rupture assumée et justifiée par l'ambition métropolitaine de l'opération), mais dans la majorité des situations, l'exigence est bien d'assurer la continuité avec les formes urbaines de la ville existante.

La composition urbaine interroge les modalités de reconstitution d'une pièce urbaine nouvelle, au sein d'un tissu vivant, avec comme objectif de favoriser son appropriation (éviter le rejet de la greffe), mais aussi offrir de nouveaux lieux urbains, en accord avec une vision contemporaine de la ville. Les expériences réalisées durant les dernières décennies en Europe, montrent la recherche d'un compromis entre forme urbaine traditionnelle et référentiels liés aux modes de vie actuels. *Dominique Mons* parle d' « *une typo-morphologie renouvelée où il est toujours question d'îlots et de parcelles, d'alignements et de continuités. Mais les îlots sont traversants, les maisons de ville ne cachent plus leurs jardins et les petits collectifs se tournent davantage vers les espaces communs intérieurs, que vers la rue* » (Mons, 2009).

L'échec des formes urbaines issues du mouvement moderne a réorienté la pratique urbaine vers les fondements de la structure urbaine traditionnelle : rues, îlots, alignements des bâtiments. Toutefois, certains acquis des réflexions urbaines successives ont été conservés : aération, ensoleillement, dégagement des façades des bâtiments, continuité des espaces publics dans les îlots et omniprésence des espaces verts. L'architecte Français *Christian De Portzamparc* a mené des réflexions/ expérimentations sur la recomposition de nouvelles formes urbaines en ville dès les années 1980, aboutissant au concept très opérationnel d'îlot ouvert[14]. Les avantages de cette démarche sont largement perceptibles dans l'opération d'aménagement *Paris Rive Gauche*, qui constitue une référence majeure en termes d'approches contemporaines de reconquête urbaine.

---

[14] « *L'îlot ouvert rassemble des bâtiments autonomes autour d'une rue traditionnelle. La hauteur des immeubles est limitée sans être identique d'un bâtiment à l'autre. Les façades sont en général alignées sur rue mais sans continuité. La notion de continuité sert à décrire les phénomènes qui ne sautent pas brutalement, mais évoluent progressivement d'une construction à l'autre. Portzamparc rejette la mitoyenneté afin de créer des appartements dotés d'expositions multiples et de créer des échappées visuelles à l'intérieur de l'îlot. Ses conceptions architecturales retiennent une hiérarchisation entre espaces publics, semi-publics et privés, que l'architecture moderniste de tours et de barres sur dalle a perdu en rejetant la rue traditionnelle multifonctionnelle* ». URL : http://projets-architecte-urbanisme.fr/ilot-ouvert-portzamparc-concept/

Ainsi, qu'il s'agisse de requalification de tissus existants ou de recomposition d'une nouvelle forme urbaine, les dimensions qualitatives et sensibles dominent la pratique urbaine contemporaine. L'espace public, le paysage, les parcs et espaces verts, l'articulation du bâti et du vide, les continuités, le respect du contexte et l'innovation... sont des thèmes majeurs pour assurer le plaisir et le bien-être en ville.

Mais qu'en est-il de l'approche des espaces urbains dans les politiques et l'action publique à Alger ? Pouvons-nous parler de requalification des espaces publics comme outil de reconquête des quartiers en perte de vitalité ?

Les approches de l'espace urbain dans l'action publique à Alger : cohérence ou contradiction avec les approches contemporaines internationales ?

Alors que les politiques urbaines postcoloniales (après 1962) à Alger se préoccupaient davantage de l'organisation et de la maîtrise de l'extension de la ville en périphérie à partir des années 1980, l'action publique urbaine s'est réorientée vers la reconquête des quartiers péricentraux Est. Un cadre d'action juridique[15], financier et institutionnel approprié fut alors élaboré. Cependant, la construction de la mutabilité des quartiers existants s'est inscrite dans des approches de restructuration/ rénovation[16] des tissus urbains. Ainsi, de nombreux périmètres ont été définis à cet effet et des opérations d'aménagements y ont été lancées, dont les plus emblématiques : celle du quartier du *Hamma* débutée en 1985 (inachevée) et celle du quartier des *Abattoirs* d'Alger lancée en 2005 (en cours de réalisation).

Dans le cadre de l'opération de restructuration du quartier du *Hamma*, 18 hectares de tissus urbains ont été intégralement démolis pour la reconstruction - sur une partie du foncier dégagé - d'une « dalle » sur un

---

[15] Voir : Journal officiel de la république algérienne du 29 novembre 1983, *décret n° 83-684 du 26* novembre 1983 fixant les conditions d'intervention sur le tissu urbain existant.

[16] « *La rénovation urbaine : intervention profonde sur le tissu urbain (destruction d'immeubles vétustes et reconstruction). L'objectif étant d'accorder le tissu urbain aux normes d'hygiène et de concrétiser la nouvelle conception de la ville* » - « *La restructuration : intervention sur la voirie et les réseaux divers, l'implantation de nouveaux équipements, la destruction d'îlots, la modification des caractéristiques d'un quartier, le transfert d'activités, la désaffectation et la réutilisation de bâtiments. L'objectif étant d'améliorer le fonctionnement de la ville* » Voir le document : *Avant-projet de plan d'urbanisme directeur d'Alger 1985*, réalisé par le CNERU (Centre National d'Etudes et de Recherches en Urbanisme).

parking, reliant des bâtiments très volumineux juxtaposés (Hôtel Sofitel, Bibliothèque Nationale et Tours d'affaires). Cette opération s'est inscrite a priori en rupture avec l'échelle et le vécu des quartiers adjacents, sans porter d'attention aux traces et tracés du tissu urbain existant (parcellaire, structure viaire, bâtiments...), ni à la mémoire accumulée dans les lieux. Les nouvelles structures créées ont été envisagées sur la base de plans-masses dessinant de nouvelles formes imaginées ex-nihilo[17]. Cette grande structure a été pensée dans la continuité des opérations de prestige réalisées sur les hauteurs de la ville (Mémorial et complexe culturel de *Riad El Fath*)[18], témoignant de la vision étatique de l'urbanisme à Alger, qui porte avant tout des enjeux globaux d'image, en mettant les besoins locaux des habitants au second plan.

L'opération de restructuration du *Hamma* a engendré la délocalisation de nombreuses activités et le relogement de plusieurs familles en périphérie. Après l'éradication de tout un quartier de la ville, les travaux de reconstruction se sont arrêtés et l'opération reste, jusqu'à aujourd'hui, inachevée à cause de sa complexité opérationnelle. La béance urbaine engendrée par les démolitions demeure comme une gangrène au cœur de la ville, causant davantage de dégradations et de dysfonctionnements dans tout le quartier.

Les faiblesses de cette approche de table rase, imposée par le désir politique de création d'une nouvelle centralité ex-nihilo, étaient pourtant connues : complexité opérationnelle (statuts de propriété et délocalisations) – coût élevé – bilan foncier négatif (cette opération a consommé cinq fois plus de surfaces foncières en périphérie qu'elle n'en a dégagé dans ce quartier péricentral de la ville) – destruction de l'âme de la ville – production d'espaces artificiels[19]. Le résultat de cette opération n'a fait que confirmer ces remarques : inachèvement de l'opération – production d'espaces stériles en rupture avec le paysage et le vécu urbain – rejet par la population –

---

[17] Les pièces graphiques présentées dans le document de l'avant-projet de plan d'urbanisme directeur PUD, élaboré par le CNERU en 1985, montrent explicitement la volonté d'inscrire aux forceps, une nouvelle forme urbaine structurée par un grand boulevard central aboutissant à la dalle du *Hamma* et ses grands équipements. Cela en négation avec l'usage et la morphologie du quartier, structurée en réalité par deux axes ancestraux où se concentre l'animation urbaine.

[18] « *Le projet Riad El Fath est né de la convergence de plusieurs logiques : politiques, symboliques, culturelles. L'argumentaire le plus évident pour la réalisation de ce projet repose sur la volonté des pouvoirs publics de produire une image de la ville liée aux idéaux de l'Etat. Le projet architectural et urbain devient alors un référent à partir duquel le politique peut élaborer un discours légitimé par l'action* » (Dris, 2002).

[19] Les équipes techniques du CNERU, en charge de l'élaboration de l'Avant-projet de plan d'urbanisme directeur 1985, avaient conscience des faiblesses de cette approche de restructuration urbaine et les avaient mentionnées dans ledit document.

destruction d'une partie de la ville, de son vécu, de son imaginaire, de son patrimoine bâti (même mineur) et de la mémoire industrielle et populaire du quartier. En effet, le rejet de ce « corps étranger » est aujourd'hui visible dans les espaces (urbains) créés. La grande esplanade au-dessus de la dalle aux géométries régulières, revêtue de matériaux prestigieux et modernes, encombrée d'aménagements minéraux et végétaux sensés l'embellir, reste déserte et sans vie alors que les rues alentour, même dégradées et sales, sont pleines de monde et d'histoires. Les nouveaux espaces créés sans liens avec les usages de la ville apparaissent ainsi comme des corps sans âmes. Alors que les connections physiques et fonctionnelles avec les flux urbains y sont faibles, cet espace froid et inhospitalier est fermé par des clôtures, réduisant davantage son lien avec la ville. Celles-ci imposent, par ailleurs, un contrôle supplémentaire limitant sa perméabilité et accentuant le sentiment de rejet des habitants de la ville et de ségrégation sociale. A ce propos, Nassima Dris parle de « *centralités des uns et centralités des autres* » (Dris, 2002).

Dans la continuité de l'opération du *Hamma*, l'aménagement du quartier des *Abattoirs* a été initié pour accompagner une multi modalité engendrée par la rencontre de plusieurs modes de transport dans ce quartier (métro, tramway, téléphérique, bus et taxis). En effet, la mutation de ce périmètre urbain a été enclenchée de fait par les grands travaux d'infrastructures menés de manière sectorielle, étant donné sa situation stratégique aux portes du centre-ville (bouche de métro, ligne de tramway, trémies, élargissement des voies...).

Les politiques urbaines successives pour Alger, exprimées à travers les différents plans qui se sont annulés les uns les autres (PUD Plan d'Urbanisme Directeur 1985, PDAU Plan d'Aménagement et d'Urbanisme 1995, GPU Grand Projet Urbain 1996...), ont abordé les quartiers péricentraux Est, dont le *Hamma* et les *Abattoirs*, comme une continuité de l'hypercentralité de la ville d'Alger, en les réservant aux activités tertiaires et administratives de haut niveau. Censée accroître le prestige de la capitale et afficher une certaine idée de la modernité, la juxtaposition de ces équipements dans le prolongement du centre est destinée à générer de nouvelles polarités urbaines et à accélérer le processus de métropolisation de l'agglomération algéroise [20]. Il ne va pas sans dire qu'une telle approche globale et verticale de tertiarisation de la ville, risque de compromettre la

[20] Les documents du plan d'occupation des sols POS U31 élaborés par le CNERU en 2003, pour la restructuration du secteur *Hamma-Hussein Dey*, ne font que redessiner le même schéma dans le quartier du *Hamma* (équipements de haut niveau dans la perspective d'un grand boulevard) selon plusieurs variantes. Alors que le quartier nécessite une réflexion urbaine approfondie et plus complexe, afin d'assurer sa régénération et l'amélioration du cadre de vie de ses habitants.

mixité fonctionnelle et sociale caractéristique des centres urbains. Les nouvelles structures bâties sont une accumulation d'équipements administratifs entourés de clôtures, d'architectures-objets de verre et de béton, sans grand intérêt. Les activités urbaines traditionnelles sont considérées comme banales. Elles ne sont pas à la hauteur de la centralité de la ville et sont systématiquement délocalisées au même titre que les habitants en périphérie. Ainsi, ces zones urbaines, autrefois quartiers vivants et animés, risquent, à l'avenir, de devenir des espaces monofonctionnels déserts et sans vie, sans pour autant que l'objectif de métropolisation ne soit réellement atteint. Les propos de *Guy Burgel* nous interrogent à ce sujet : « *A quelle condition aussi peut-on aspirer à devenir une ville internationale ? (...) Et la réponse ne se mesure pas en déclarations incantatoires, ni même en nombre ou en qualité d'équipement, mais plus profondément en vie culturelle et en sentiment de bien-être et de sécurité* » (Burgel, 2003).

Depuis la réforme des outils d'urbanisme en 1990[21], la mutabilité des tissus existants en Algérie est pensée sur la base de plans d'occupation des sols POS. Des instruments de droit commun de gestion réglementaire, ayant une approche foncière et programmatique du tissu urbain. Ils définissent des parcelles foncières à bâtir et proposent une fonction sectorielle par parcelle pour la construction d'un équipement.

A Alger, les POS sont généralement élaborés par le Centre National d'Etudes et de Recherches Urbaines (CNERU), sous forme de plans-masses définissant les destinations fonctionnelles des lots à bâtir, dessinés aléatoirement, sans tenir compte de la réalité physique de la ville et encore moins de son caractère. Les nouvelles pièces urbaines sont imaginées exclusivement en plan, telles des formes abstraites, à tracer sur une page blanche.

L'usage de ces instruments pour matérialiser la restructuration des quartiers d'Alger, notamment ceux des *Abattoirs* et du *Hamma*, dans des logiques sectorielles, foncières et fonctionnelles, conditionne les approches de l'espace public et de reconquête urbaine, ou plutôt de reconquête du foncier urbain. Dans le POS de restructuration du quartier des *Abattoirs*, les espaces urbains se résument aux vides résiduels entre les clôtures des objets bâtis (forme des lots) et des infrastructures de transport et de circulation abordées de manière exclusivement technique par les administrations chargées des infrastructures de transports.

[21] Voir : Journal officiel de la république algérienne du 01 décembre 1990, Loi n° 90-29 du 01 décembre 1990 relative à l'aménagement et l'urbanisme.

Loin d'être appréhendés comme des lieux d'échange et de vécu collectif, articulant les bâtiments, les flux et les usages, les espaces urbains sont considérés comme des espaces physiques problématiques, dont les aménagements à entreprendre sont destinés à masquer les dysfonctionnements. Bancs, luminaires, garde-corps, arbustes, bosquets, stèles et fontaines de toutes sortes sont essaimés quasi arbitrairement dans l'espace, revêtu du matériau le plus disponible ou le plus cher pour accentuer le prestige de l'action publique.

En réalité, dans beaucoup de cas, les aménagements réalisés dans les espaces publics encombrent davantage les lieux. Ces espaces sont perçus par les décideurs à Alger comme des surfaces non bâties, dont la seule mutation envisageable est l'embellissement superficiel (changement des revêtements, juxtaposition de décorations naïves, verdissement aléatoire...). Une approche primaire à travers laquelle l'aménagement réalisé dans l'espace n'apporte aucune utilité au fonctionnement de celui-ci. Les projets sont initiés et conduits par les services techniques des collectivités locales sous l'ordre du premier décideur et selon une approche linéaire, sans faire appel aux compétences en termes de conduite et de réalisation des projets.

Ainsi, l'approche des espaces urbains à Alger semble en décalage par rapport aux approches contemporaines décrites au début de cet article, envisageant l'action sur la base de projets complexes. En effet, ces dernières croisent plusieurs enjeux selon une réflexion stratégique, dépassant les dimensions physiques de l'espace et son périmètre d'action. L'embellissement superficiel des espaces urbains, tel qu'il est ponctuellement mené à Alger, ne peut être considéré comme action de requalification et ne participera donc pas à la dynamique de reconquête des quartiers. De vraies actions d'intervention sur l'espace public, dans le cadre de projets urbains stratégiques, sont aujourd'hui nécessaires pour reconquérir durablement les quartiers péricentraux à Alger et améliorer le cadre de vie de leurs habitants. Ainsi, cela permet de réorienter la dépense publique en matière d'aménagements urbains vers des actions plus durables.

Il est important, dans la construction de la mutabilité des quartiers existants, de croiser tous les enjeux (patrimoniaux, morphologiques, sociaux, économiques, environnementaux...), dans un esprit de continuité et non de rupture avec l'existant, pour assurer une véritable reconquête. En effet, l'action physique sur les espaces urbains n'est qu'un aspect des projets contemporains et fait l'objet d'une réelle composition urbaine, où les espaces bâtis et non bâtis sont indissociables. Ces approches nécessitent au préalable, des diagnostics sensibles des quartiers dans le but d'identifier les valeurs matérielles et immatérielles à respecter ou à renforcer, ainsi que les dysfonctionnements à prendre en charge.

Bien entendu, il ne suffit pas de le dire, mais l'effort à faire se situe au niveau de la mutation des processus décisionnels et opérationnels de l'action publique à Alger. En effet, les causes du décalage des approches d'intervention sur les tissus existants et les espaces urbains, émanent principalement de la centralisation des décisions, de la verticalité du cadre d'action et de la sectorisation de l'action publique[22].

L'action sur les espaces urbains : indicateur de décryptage des nouvelles approches du plan stratégique d'Alger 2029

Etant donné la complexité du cadre et du contexte de l'action publique à Alger, il ne suffit pas d'opérer l'importation de concepts et d'approches internationaux pour réorienter le processus de reconquête des quartiers existants dans le bon sens. « *Il n'est pas sûr que nos mots importés contribuent à lui donner un sens (...). N'apparait-il pas plus judicieux, plutôt que ces placages verbaux artificiels, de déceler à travers les processus, les expériences spécifiques de l'urbanisation algérienne, de nouvelles convergences avec les villes occidentales, qui l'éclaireraient et pourraient inspirer la nécessaire réflexion nationale ?* » (Burgel, 2003). Il faudrait plutôt construire des démarches locales adaptées au contexte urbain et opérationnel, en privilégiant l'action concrète, à travers des pensées qui « *se laissent travailler par le réel avant de travailler sur le réel* »[23].

C'est en partant de ce postulat que le nouveau plan stratégique d'Alger 2029, tente de réorienter la politique urbaine et l'action publique vers des approches contemporaines de projet, en privilégiant l'action concrète sur les réformes institutionnelles et juridiques. En effet, de nombreux projets structurants ont été lancés dans la capitale, mis en cohérence par une stratégie globale exprimée par le nouveau plan directeur d'aménagement et d'urbanisme (PDAU 2029). De ce fait, malgré la persistance des dysfonctionnements du cadre de l'action publique, ce sont les impacts des projets réalisés qui sont destinés à pousser la transition vers des approches plus performantes de l'espace urbain « *contaminations positives* ».

---

[22] Ces conclusions proviennent d'une recherche que j'ai menée dans le cadre de l'élaboration d'un mémoire de magistère intitulée : « *Le processus d'intervention sur les quartiers centraux de l'époque coloniale à Alger : Approches – Démarches – Cadre d'action* » (Bennai, 2010).

[23] Le support théorique de cette hypothèse étant le concept de « *pensée faible* » de *Gianni Vattimo*, repris par *Yves Chalas* (Chalas, 2004).

Il transparait, à travers les documents et discours communiqués en 2012[24], une volonté des pouvoirs publics à Alger (principalement la wilaya), de faire évoluer l'action urbaine vers de nouvelles approches et démarches d'aménagement et de gestion de la ville, en ayant recours à des méthodes plus stratégiques et moins réglementaires (rupture avec la planification), à travers des paradigmes contemporains. Poussées par l'enjeu de rayonnement et d'ouverture de la capitale algérienne sur le monde (métropolisation), les instances de la wilaya d'Alger cherchent à trouver de nouvelles voies, fondées sur l'innovation (marketing urbain, planification stratégique, tertiarisation comme moteur de développement).

Alors que ces thèmes caractérisaient les politiques et les plans précédents, les innovations de l'approche du plan stratégique 2029 peuvent être relevées dans les points suivants :

- *Une attention nouvelle aux espaces publics*

La première innovation qui ressort à travers les discours et communications de la wilaya est la volonté de donner une place primordiale aux espaces publics et aux aménités, selon une approche qualitative de la ville. En effet, cette dimension est nouvelle dans la gestion urbaine à Alger, car elle rompt avec les pratiques traditionnelles de la seule juxtaposition des équipements métropolitains de haut niveau dans le but de créer de nouvelles centralités. Cela dénote d'une avancée certaine des référentiels de l'action publique urbaine et de la culture des acteurs décisionnaires.

Bien qu'il soit prématuré de parler de démarche de projet urbain, les communications graphiques des projets en cours de réalisation montrent une approche plus qualitative des espaces urbains, dont le lien avec les bâtiments est plus fluide. En effet, les grands équipements lancés sont de plus en plus dépourvus de clôtures opaques, ils semblent participer désormais à la structuration de l'espace public, à l'amélioration des usages, à la connexion des flux et à la cohérence des paysages urbains. Il ne s'agit plus de dispositifs de maquillage superficiel, mais des aménagements plus savants et purs, destinés à produire des effets leviers de requalification urbaine à plus grande échelle. Cela peut être observé à travers les images des projets dits prioritaires, diffusées dans la revue « *Vies de Villes (hors-série n°03), 2009* » : plages et bains naturels à *Bab El Oued*, aménagement de la place des *Martyrs* en bas de la *Casbah*, terrasses du port d'Alger à l'*Amirauté*, La

[24] Voir : Le dernier *PDAU d'Alger règlement et plan d'aménagement*, élaboré en 2011 par le bureau d'études portugais *ParcExpo*, à l'initiative de la *wilaya d'Alger* et la revue *Vies de Villes*, qui a publié en 2009, les orientations du plan stratégique d'Alger à horizon 2029, dans un numéro spécial (Hors-série n°03) intitulé : « *Les projets qui transforment Alger* ».

maison d'Alger à *Tafourah*, etc. En toute conscience que cela reste au stade d'images utilisées pour convaincre et séduire. Néanmoins, celles-ci diffusent la volonté d'aller vers les approches décrites précédemment.

A présent, le défi réside dans le montage opérationnel de ces projets en itération avec des études plus approfondies, tout en tenant compte des écueils de la réalité locale. Les porteurs du plan stratégique d'Alger 2029 en sont bien conscients et choisissent de donner la priorité à l'action concrète et à l'expérimentation du processus décisionnel en temps réel[25]. Certains de ces projets sont, ainsi, bien sortis de terre comme l'école de médecine à *Ben Aknoun*, la gare routière à *Kouba,* l'aménagement de la promenade des *Sablettes* au cœur de la baie d'Alger. Il faudra bien du temps, des retours d'expériences, de nouvelles organisations et compétences autant en maîtrise d'œuvre, qu'en maîtrise d'ouvrage pour que la mutation des approches des espaces urbains en Algérie acquiert sa pleine maturité.

- Le bien-être des habitants devient une préoccupation des politiques urbaines

La prise en compte du bien-être de la population est formulée clairement dans les nouvelles politiques urbaines communiquées : multiplication des modes de transports collectifs – qualité des espaces publics – diversité des activités urbaines répondant aux besoins des citoyens (hôpitaux - nouveaux logements - établissements éducatifs, culturels et sportifs de qualité...). Cependant, bien que le désir de cohésion sociale soit affiché, le leitmotiv des nouvelles stratégies d'aménagement reste principalement l'ambition de rayonnement et d'attractivité de la ville d'Alger à travers l'affirmation de son prestige et de son ouverture internationale : « *ville emblématique* » - « *moteur de développement tertiaire de l'Algérie* » -« *le grand événement international* »...etc.[26]

- Les enjeux de métropolisation et d'attractivité sont pris en compte dans une logique stratégique et de projets urbains

Bien que les enjeux de métropolisation, d'image et d'ouverture internationale de la ville d'Alger, légitimement présents dans les politiques urbaines antérieures, aient été réaffirmés avec force dans le plan stratégique 2029, la manière d'y répondre est nouvelle. Le plan d'urbanisme directeur (PUD) des années 1980 et le grand projet urbain (GPU) de la fin des années 1990 mettaient en avant des centralités ou des polarités thématiques

---

[25] Dans le cadre de ma recherche de doctorat, plusieurs entretiens ont été réalisés avec *Amine Benaissa*, Architecte-Urbaniste consultant de la wilaya d'Alger et auteur des cahiers des charges du plan stratégique d'Alger 2029.

[26] Slogans relevés dans le document du *PDAU d'Alger règlement et plan d'aménagement*, élaboré en 2011 par le bureau d'études *ParcExpo,* sous la direction de la wilaya d'Alger.

rassemblant des équipements de façade, sous forme de programmes quantitatifs. Au contraire, les nouvelles approches exprimées dans les dernières études urbaines (2011), cherchent à améliorer l'usage de l'agglomération dans un cadre de cohérence globale, se déclinant sous forme de projets structurants (équipements et espaces publics) destinés à requalifier, régénérer et redynamiser des situations urbaines existantes ou à créer.

Il apparait ainsi, à travers la lecture présentée dans les paragraphes précédents, que les actions sur les espaces urbains constituent des indicateurs pertinents pour analyser les nouvelles approches de reconquête des quartiers existants à Alger.

Conclusion

Etant donné que la requalification des espaces urbains constitue un ingrédient essentiel des projets contemporains de reconquête, l'analyse des actions menées dans les espaces publics constitue un critère d'évaluation des approches urbaines qui les caractérisent.

Les actions actuelles de requalification des espaces urbains se caractérisent par leurs dimensions sensibles et qualitatives. Elles sont conçues dans le cadre de projets urbains complexes, par des équipes pluridisciplinaires, et suivant une approche stratégique de mutabilité des quartiers. Ces approches contemporaines des espaces urbains (requalification d'espaces existants ou recomposition d'une pièce urbaine) se définissent par une approche paysagère des lieux urbains (espace et caractère). Elles cherchent aussi à s'inscrire dans la continuité du contexte urbain existant (urbanité), tout en réalisant des aménagements créatifs et innovants. Elles peuvent être considérées comme des outils stratégiques d'attractivité et de redynamisation des quartiers.

Ces nouvelles approches résultent de la mutation de la culture de l'action publique, marquant la rupture avec l'urbanisme de planification réglementaire. Celui-ci nie les situations urbaines existantes, à travers des approches rationalistes et fonctionnalistes, imaginant la ville sur la base de plans-masses où l'espace urbain est réduit aux périmètres physiques résiduels. Ces approches caractéristiques de l'urbanisme des années 1950, 1960 et 1970 en Europe, ont inspiré les opérations de restructuration des tissus existants à Alger depuis le début des années 1980. La démarche de reconquête est alors orientée vers le dégagement du foncier dans les quartiers péricentraux, afin de réaliser des équipements administratifs juxtaposés. Les actions de requalification continuent d'engager des travaux d'embellissement ponctuels et superficiels, ne produisant aucun effet sur la reconquête des territoires en perte de vitalité.

Prenant conscience de l'intérêt stratégique de la reconquête des territoires péricentraux de la ville (lutte contre l'étalement urbain et accélération du processus de métropolisation), les politiques urbaines traduites dans le nouveau plan stratégique d'Alger 2029, cherchent à orienter l'action vers des approches plus performantes de requalification des espaces urbains.

Images rassurantes ou véritable stratégie opérationnelle ?

Face à ces innovations en termes d'approches à Alger, les démarches d'action devront forcément évoluer afin de ne pas compromettre l'opérationnalité et la qualité des initiatives. Le contexte et le cadre actuels de l'action publique à Alger, ne paraissent pas en accord avec les nouvelles approches de gestion du territoire. Il est donc nécessaire de suivre de près les réalisations afin d'éviter que les dimensions politiques des projets et les dysfonctionnements de la maîtrise d'ouvrage ne les écartent des enjeux annoncés.

L'évaluation permanente des actions sur les espaces publics à Alger constituerait un critère d'analyse à temps réel de la cohérence des réalisations, avec les objectifs et les enjeux énoncés dans le contenu des nouvelles politiques urbaines.

Bibliographie

Andrès L., (2008), *La ville mutable : Mutabilité et référentiels urbains : les cas de Boucharay Viallet, de la Belle de Mai et du Flon*, Thèse de doctorat en urbanisme et aménagement sous la direction de Vanier M., Université Pierre Mendès France, Grenoble, 498 p.

Ascher F., (2006), *Métapolis ou l'avenir des villes*, Odile Jacob, Paris, 345 p.

Avitabile A., Le projet urbain : une culture du territoire et de l'action urbaine, In Chalas Y. (Dir.), *L'imaginaire aménageur en mutation*, Ed. L'Harmattan, Condé sur Noireau, 2004.

Bennai M., (2010), *Le processus d'intervention sur les quartiers centraux de l'époque coloniale à Alger : Approches – Démarches – Cadre d'action,* Mémoire de magistère sous la direction de Chabou Meriem, Ecole polytechnique d'architecture et d'urbanisme, Alger, 158 p.

Burgel G., (2003), Convergences algériennes, *in* Burget G., Hammache S. (dir.), *Villes Algériennes, Villes en parallèle*, Nanterre, décembre 2003, numéro 36-37, p. 9-14.

Blanc M., (2013), La rénovation urbaine : démolition ou patrimonialisation ? Comparaison entre la France et l'Allemagne, *La vie des idées.fr*, Article publié le 11 juin 2013, [En ligne] URL : http://www.laviedesidees.fr/La-renovation-urbaine-demolition.html.

Chalas Y. (dir.), (2004), *L'imaginaire aménageur en mutation. Cadres et référents nouveaux de la pensée et de l'action urbanistique*, L'Harmattan, Paris, 340 p.

Chaline C., (1999), *La régénération urbaine,* Coll. Que sais-je ?, PUF, Paris, 127 p.

CNERU, *Avant-projet de plan d'urbanisme directeur 1985*, Alger.

Dris N., (2002), *La ville mouvementée. Espace public, Centralité, Mémoire urbaine à Alger*, L'Harmattan, Paris, 435 p.

Frébault J. (dir.), (2005), *La maitrise d'ouvrage urbaine*, Le Moniteur, Saint-Just-la-pendue, 147 p.

Ingallina P., (2010), *Le projet urbain,* Coll. Que sais-je ?, PUF, Paris, 127 p.

Jacobs J., (1961), *The Death and Life of Great Américan Cities*, Random House, New York, 458 p.

Journal officiel de la république algérienne du 29 novembre 1983, *décret n° 83-684 du 26 novembre 1983 fixant les conditions d'intervention sur le tissu urbain existant.*

Journal officiel de la république algérienne du 01 décembre 1990, *Loi n° 90-29 du 01 décembre 1990 relative à l'aménagement et l'urbanisme.*

Lynch K., (1969), *L'image de la cité* [« The Image of the City »], Dunod, coll. Aspects de l'urbanisme, Paris, 222 p.

Masboungi A. (dir.), (2002), *Projets urbains en France*, Le Moniteur, Paris, 208 p.

Masboungi A. (dir.), (2010), *Barcelone la ville innovante*, Le Moniteur, Paris, 175 p.

Minassian T., (2010), Le paysage urbain du centre de Barcelone : Outil d'analyse des processus de gentrification, *Projets de paysage*, Article publié le 18/07/2010, [En ligne] URL : http://www.projetsdepaysage.fr/

Mons D., (2009), *Les formes de renouvellement urbain dans la ville de tradition industrielle, in* Paris D. et Mons D. (dir.), *Lille métropole laboratoire du renouveau urbain*, Parenthèses, Marseille, p. 126-157.

Ragon M., (1977), *Histoire Mondiale de l'architecture et de l'urbanisme modernes,* Tome2 Pratiques et méthodes 1911-1976, Casterman, Tournai, 470 p.

Schulz C.-N., (1981), *Genius Locci*, Mardaga, Liège, 213 p.

Vies de Villes (revue), (2012), *Les projets qui transforment Alger* ; *Le plan stratégique d'Alger 2029*, Hors-série N°03 - juillet 2012, Alger.

Wilaya d'Alger, ParcExpo, (2011), *PDAU d'Alger règlement et plan d'aménagement, Avril 2011*, Alger.

Mohamed SRIR

Concevoir des écoquartiers à Alger ? De l'expérimentation aux enjeux de durabilité

Les écoquartiers sont des modèles qui permettent aux collectivités locales de dialoguer et de faire participer l'ensemble des acteurs autour d'une nouvelle forme de conciliation entre l'homme et son environnement. Un environnement de plus en plus multiple qui engage les binômes : bâti et naturel, politique et culturel, économique et social. Cet article propose d'explorer ces nouveaux modèles urbains basés sur la durabilité et de questionner les enjeux de leur mise en œuvre à Alger.

En Algérie, l'intégration des exigences du développement durable s'affirme de plus en plus dans les stratégies de développement territorial et urbain. Cependant, la mise en place réelle et efficace de ce processus n'est pas encore maîtrisée, particulièrement dans le contexte local en raison notamment des moyens et outils d'urbanisme traditionnels obsolètes. En effet, la mise en œuvre d'une démarche visant la durabilité urbaine se réfère à une certaine logique depuis la prise de décision jusqu'à l'élaboration du plan d'actions. Aussi, l'échelle du quartier semble être un niveau privilégié à ce genre de projets où les principes de bonne gouvernance peuvent être mieux appliqués. Cette échelle de proximité permet, en effet, de toucher directement l'espace de vie quotidien où se manifestent les enjeux, les besoins et les attentes des habitants et usagers (Dind et al., 2007). Aujourd'hui, l'importance de la référence à l'identité et aux enjeux locaux dans la fabrication de l'espace urbain est incontestablement reconnue et revendiquée par ces nouvelles approches de l'urbanisme contemporain. Une démarche qui pourrait produire du sens dans le contexte local algérois où l'espace de proximité est encore ancré dans l'imaginaire collectif à travers la notion de « *El Houma* »[1]. De ce point de vue, comment envisager le développement durable des quartiers futurs à Alger ? Quels sont les enjeux de durabilité urbaine à prendre en compte ? Comment et à quel niveau organiser la participation citoyenne ? Quels sont les enjeux prioritaires à privilégier dans ce genre d'opérations ? Le modèle occidental d'« écoquartier » est-il transposable dans le contexte local ? Ce sont les questionnements de cette contribution qui propose d'explorer dans un premier temps le concept du « quartier » à travers sa nouvelle dimension dite « écologique » ou « durable », avec un essai sur les compréhensions propres de cet échelon dans le contexte algérois. L'article introduira ensuite à des analyses appliquées au projet d'écoquartier du secteur « Verte Rive, Bateau-Cassé » à Alger.

Le quartier ? Une échelle privilégiée pour l'action « durable »

L'urbanisme d'aujourd'hui tend à travailler sur des échelles urbaines plus homogènes et délimitées. Cette tendance envisage l'action aussi bien par l'expérimentation des modèles dits « éco » ou « durables » que par le renouvellement réel des espaces urbains. Le projet urbain, les opérations de réhabilitation et de rénovation, les projets de quartiers durables ne sont que des exemples de cette nouvelle approche. Elle consiste à intervenir sur des périmètres restreints sans toutefois perdre du regard l'approche globale. La notion de quartier apparait ainsi comme une échelle intermédiaire entre l'ilot et la ville (Figure 1) susceptible de supporter le développement durable local.

Il n'existe pas une signification singulière du terme « quartier ». Il acquiert des appréhensions plus ou moins diverses en fonction des approches utilisées. La conceptualisation de cette notion se base selon les auteurs sur un aspect particulier révélant, comme le note Martin Alain (2002), « *la complexité d'un objet théorique comportant plusieurs dimensions : sociales, économiques, morphologiques, politiques,...* ». En termes de définition, le quartier est vu, par le dictionnaire de l'urbanisme et de l'aménagement (Merlin et Choay, 2005), comme une :

> « *Fraction du territoire d'une ville, dotée d'une physionomie propre et caractérisée par des traits distinctifs lui conférant une certaine unité et une individualité (...) la notion de quartier s'impose, le plus souvent, comme la résultante des mécanismes de différenciation*

[1] Dans certains écrits « Houma » ou « Hawma ».

morphologique, économique et sociale qui affectent les espaces urbains au fur et à mesure du développement des villes. Mouvante au gré des rythmes de l'urbanisation, cette géographie des quartiers urbains participe étroitement de l'univers des formes qui concourent au façonnement et à la composition des paysages citadins ».

Le dictionnaire de la géographie « de la géopolitique aux paysages » (Lacoste, 2007) lui donne la définition suivante :

> « *En géographie, le terme quartier désigne toutes sortes de sous-ensembles urbains. Ce peut être le résultat de la division administrative de la ville, d'une antériorité historique (la vieille ville opposée aux quartiers tardivement englobés dans la ville), de phénomènes de localisation fonctionnelle (quartier des affaires, quartiers industriels, quartiers de tel type de commerce), d'une différenciation spatiale (quartiers périphériques), d'une ségrégation ethnique (ghetto, quartier noir, quartier chinois). L'identité d'un quartier telle que la perçoivent ses habitants résulte aussi de son plan, de ses monuments, de ses commerces et de tous signes qui traduisent des phénomènes de différenciation sociale, ce que l'on exprime par les expressions de quartiers riches, quartiers pauvres, quartiers bourgeois, quartiers populaires* ».

Les deux définitions s'entendent à dire qu'il s'agit d'un ensemble physique homogène identifiable grâce à ses spécificités au sein de la ville, qu'elles soient géographiques, administratives, fonctionnelles, historiques, ethniques ou sociales. Ainsi, dans les écrits récents, on lui reconnait sa vocation sociologique et son rôle dans la formation de l'urbain. L'ouvrage dirigé par J-Y. Authier, M-H. Bacqué et F. Guérin-Pace (2007) interroge, à travers un débat scientifique des sciences sociales, la notion du quartier et son utilité dans la compréhension des formes d'ancrage local et des pratiques de proximité. Les auteurs de cet ouvrage préfigurent la difficulté d'identification d'un objet multiforme relevant de plusieurs acceptations selon qu'on le traite du point de vue du sociologue (Grafmeyer, 2007), du politique (Neveu, 2007) ou du géographe (Humain-Lamoure, 2007). Du point de vue socio-urbain, le quartier est en effet l'espace de perception des habitants, leur niveau urbain en termes de vie partagée, de culture commune et d'unité spatiale. Le quartier est donc une cellule de base, le plus petit système où se manifestent les caractéristiques fonctionnelles et structurelles de l'écosystème urbain. Mais, en raison de la difficulté d'identifier clairement ses « frontières » - qui souvent ne correspondent pas aux entités de gestion administrative – l'enjeu opérationnel d'intervention à cet échelon relève d'une grande complexité et appelle à des méthodes adaptées aux spécificités des projets.

En outre, l'insertion du quartier ou précisément un projet de quartier dans la logique de la ville est une question clé pour la cohérence du tissu urbain. Il est primordial de relier le quartier avec le reste de la ville, notamment pour renforcer les connexions (fluidité intérieure- extérieure, accessibilité, attractivité, mobilité et déplacements périphériques, espaces et services partagés,...) sous peine de faire émerger des points de discordance et de non compatibilité avec d'autres fragments de la ville.

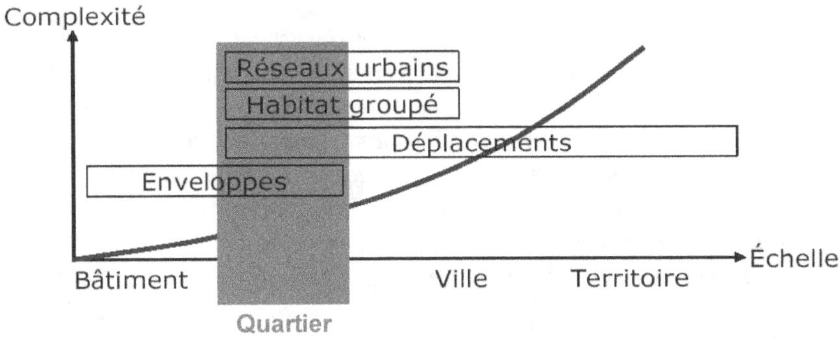

Figure 1 : Comparaison des échelles d'étude (Charlot-Valdieu et Outrequin, 2006).

L'échelle de proximité est à la fois influencée et caractérisée par des pressions sociales, économiques et environnementales. Ces pressions mettent en évidence les enjeux locaux ainsi que les incertitudes et les défis du développement urbain. Leurs interactions de différents ordres et les transformations qu'elles génèrent constituent une question centrale pour les acteurs de l'aménagement urbain ; d'autant plus qu'elles sont à l'origine d'une controverse quant aux impacts sur le quartier et la capacité d'ajustement des projets urbains aux sollicitations du développement local et aux nouveaux besoins exprimés par la population.

Le quartier dans l'Alger d'aujourd'hui ou « l'impossible Houma »[2]

> *« Cité idéalisée par le discours des Algérois d'ancienne citadinité, elle est encore recherchée puisqu'elle a été une expérience sociale et culturelle de l'histoire de la ville » (Icheboudene, 2004 ; p.345).*

---

[2] Expression empruntée à L. Icheboudene (2004).

Les travaux sur l'urbanisme opérationnel en Algérie dans les années 1980, à travers les écrits de A. Zucchelli (1983) et la grille théorique des équipements élaborée par le Centre National d'Etudes et de Recherches Appliquées en Urbanisme CNERU (1989), abordent le quartier comme une unité principale d'organisation du tissu urbain, constitué d'un groupement allant de 3 à 6 unités de voisinage[3] soit 8.000 à 32.000 habitants selon la taille de la ville, c'est-à-dire environ 1.800 à 6.400 logements et 50-110 hectares de surface foncière brute. Il comporte des équipements nécessaires à son organisation et son fonctionnement correct (écoles, mosquée, cinéma, polyclinique, pharmacie, commerces, etc.). Cette définition selon les deux critères de taille démographique et du niveau d'équipement est purement fonctionnelle et reste liée aux différents besoins du programme nécessaires pour que la population puisse vivre correctement sur son territoire. Selon le point de vue typologique, la définition du quartier évoque l' « unité », qui désigne le caractère homogène d'un ensemble. Dans cette même logique, A. Zucchelli (1983) évoque l'« unité de voisinage », qui constitue la cellule de base du quartier. Un quatrième critère prend alors de l'importance dans le sens où le terme « voisinage », qui exprime à la fois un contenu sociologique et spatial, « *se réfère à un type de rapports plus directs créés par la proximité, favorisant les contacts – échanges entre individus et groupes d'individus. Ceux-ci, tout en gardant leur identité dialectiquement vécue, peuvent contribuer positivement à la création d'un esprit, d'une mentalité communautaire, face à l'anonymat qui prévaut dans les relations à une plus grande échelle, celle de la ville* » (Zucchelli, 1983).

La loi d'orientation de la ville[4], venue consacrer en 2006 son rôle fondateur dans le développement urbain durable, introduit le quartier dans la classification des échelles urbaines en Algérie. Elle le définit comme une « *partie de la ville délimitée sur la base d'une combinaison de données relatives à l'état du tissu urbain, de sa structure, de sa composition et du nombre d'habitants y résidant* ». La nouvelle loi décrivait ainsi quelques objectifs qui peuvent être réalisés à cette échelle de proximité: la réduction des disparités inter-quartiers et la promotion de la cohésion sociale (art.6), la lutte contre la dégradation des conditions de vie dans les quartiers (art.10), la participation des citoyens dans les programmes relatifs à la gestion de leur cadre de vie (art.17). Cependant, le quartier en Algérie ne constitue pas pour autant un niveau d'action ou de gestion infra-communale mais il reste

---

[3] Une « unité de voisinage » est un ensemble résidentiel programmé, planifié, organisé spatialement de manière à assurer à une population déterminée, le déroulement correct des diverses fonctions d'habiter, de récréation et des loisirs éventuellement accompagnés d'autres activités productives et tertiaires, compatibles avec la fonction résidentielle dominante (Zucchelli, 1983).

[4] Loi n° 06-06 du 20 février 2006 portant loi d'orientation de la ville.

néanmoins ancré dans l'imaginaire populaire à travers la notion de « El Houma » en tant que forme d'identification et d'appartenance sociale.

Le caractère à la fois social et spatial est exprimé profondément par ce type d'espace « El Houma », souvent interprétée dans le contexte vécu en tant qu'espace communautaire approprié par ses habitants et fondé sur une identité commune et la sacralité des relations. Cette forme communautaire de la ville traditionnelle « *favorisait des relations sociales et humaines intensives notifiées par la notion de houma dont les significations socio-spatiales traduisaient un ordre social fondé sur la convivialité, la solidarité et l'entraide* » (Dris et Ostrowetsky, 2002). Bien que toujours ancrée dans l'imaginaire social et encore présente dans le langage populaire (Bouaouina, 2007), El Houma ne se rapporte plus à cette institution qui favorisait la cohésion et l'appartenance tant sociale qu'urbaine. La signification réelle de cette notion, symbole d'intégration et d'identité communautaire comme à l'origine, semble fortement atténuée voire révolue dans la société d'aujourd'hui. « *En effet, la hawma, dans les discours et les pratiques, paraît n'être pertinente que ponctuellement et se loger essentiellement au sein d'expériences précises et même personnelles de la vie urbaine, s'effaçant devant d'autres formes actuelles d'expressions de l'identité urbaine plus en phase avec les cadres administratifs de l'organisation de l'espace urbain* » (Grangaud, 2008). C'est, peut-être, justement la dilution de cet espace caractéristique de la mémoire du tissu urbain et de la structure de la ville qui serait aujourd'hui derrière la fragmentation du territoire et l'estompage de l'identité de la ville. Les propos de L. Icheboudene (1998) sur l'impossible reconstruction de cette « cité idéale : El Houma » trouvent toute leur signification dans un contexte encore marqué par la production des grands ensembles comme seul modèle de réalisation de quartiers nouveaux. En effet, l'évolution de la société, le changement de l'ordre urbain, la montée de l'individualisme, etc. empêchent la reconstitution des conditions d'émergence d'un espace socio-urbain idéalisé (Icheboudene, 1998 ; 2004).

L'écoquartier, figure d'un renouveau urbain

Historiquement, les quartiers écologiques ont émergé dans l'Europe du nord et centrale comme des communautés initiées par des associations d'habitants défenseurs de la nature. Dans les années 1980-1990, on assiste à l'élargissement de cette notion d'écoquartier à la sphère des décideurs qui en font un mot d'ordre de leur politique urbaine dans un esprit d'exemplarité d'approche (Souami, 2009 ; Renauld, 2014). À partir des années 2000, les projets se multiplient partout dans le monde et l'appellation quartier durable semble être privilégiée mettant ainsi l'accent sur les objectifs socio-économiques du développement durable qui doivent accompagner les impératifs environnementaux de ces quartiers types (Loubière, 2006). Aujourd'hui, on a tendance à utiliser les deux notions « écoquartier » et « quartier durable » comme synonymes. Toutefois, B. Boutaud (2009) propose de « *formuler une distinction entre éco-quartier et quartier durable qui ne se situerait pas entre la performance environnementale et les trois piliers historiques du développement durable mais entre ce qui est réalisé techniquement et ce qui est éprouvé temporellement. En d'autres termes, si l'éco-quartier fait appel à une réalité synchronique et spatiale d'un ensemble bâti, le quartier durable appartient lui davantage à une réalité diachronique et bidimensionnelle plus large (temps et espace)...* ». En Algérie on évoque plutôt le terme « écoquartier » pour désigner la seule opération de « Diar El Djenane » inscrite dans le cadre des pôles d'habitat intégrés[5] prévus par le plan stratégique d'Alger à l'horizon 2029 (Wilaya d'Alger, 2011). Toutefois, l'appellation n'a rien d'institutionnel car non encore adoptée dans la nomenclature juridique des outils d'urbanisme.

Le caractère encore exploratoire du concept est à l'origine de compréhensions diverses :

> *« L'écoquartier est un aménagement urbain conçu, organisé et géré dans une démarche de développement durable et de réduction de l'empreinte écologique, intégrant la croissance urbaine dans une logique globale de développement économique, de performances environnementales rigoureuses, de qualité de vie, et d'intégration et de mixité sociale et fonctionnelle. »* (MEEDDM[6]).

> *« Réaliser un éco-quartier, c'est fédérer un grand nombre de problématiques sociales, fonctionnelles, économiques, environnementales autour d'un retour aux fondamentaux de l'urbanisme et de l'architecture : mieux vivre avec les ressources localement disponibles et mieux vivre ensemble. De nouvelles synergies se dégagent ainsi que des solutions innovantes qui renversent l'ordre des habitudes. »* Plan urbanisme construction architecture (PUCA, 2008).

---

[5] Par opposition à la cité-dortoir, le pôle d'habitat intégré vise à injecter des équipements d'accompagnement et des commerces afin d'assurer la vie et l'animation des cités d'habitation.

[6] Ministère français de l'Ecologie, de l'Energie, du Développement durable et de la Mer.

« *Un projet de quartier durable ou d'écoquartier se caractérise par la mise en œuvre d'une démarche – projet visant à répondre, à son échelle, aux enjeux globaux de la planète, aux enjeux locaux afin d'améliorer la qualité de vie de ses habitants et usagers et de contribuer à la durabilité de la ville.* » (Charlot-Valdieu et Outrequin, 2009a).

L'écoquartier apparait donc comme un projet d'aménagement urbain réalisé selon les principes de développement durable : une conception intégrant les critères environnementaux, une organisation sociale favorisant la mixité et valorisant le vivre ensemble et un développement économique équilibré et soutenable. Il peut correspondre à l'idée de la « ville compacte » qui inclut des densités optimales, des mixités d'usages et d'activités, des modes de déplacements propres et une meilleure qualité de vie (Srir, 2007). Il peut être présenté aussi comme l'outil opérationnel de la ville durable où il fait figure de laboratoire de l'éco-urbanisme (Charlot-Valdieu et Outrequin, 2009b). En effet, depuis plusieurs décennies, les pays de l'Europe du nord expérimentent des projets de quartiers exemplaires, souvent dans le cadre de politiques environnementales volontaires (Souami, 2009). Ces projets de quartier, neufs ou en rénovation, agissent comme des vitrines multi-facettes du progrès et d'innovation technologique (Lefèvre, 2008) et œuvrent à garantir des qualités paysagères naturelles et urbaines à leurs territoires. Leur conduite suivent des méthodologies différentes mais permettent de concevoir un modèle d'action de ces projets.

Des pratiques de communication et d'éducation en termes de comportements sociaux responsables constituent un volet important de la mise en œuvre des écoquartiers. C'est pourquoi le processus de concertation et de participation de tous les acteurs, de la « société civile » plus particulièrement, tient une place centrale dans la démarche de ces projets (Lefèvre et Sabard, 2009). Le côté social est pris en charge à travers l'instauration d'une vie commune qui favorise les relations de voisinage, la responsabilité et l'adaptation des comportements. Dans ce cadre, plusieurs réflexions croisées entre les partenaires doivent être engagées afin d'assurer la formation de citoyens sensibilisés, la création de lieux d'échanges et le renforcement de la cohésion sociale (Valegeas, 2013).

Les expériences de quartiers durables développent plusieurs thématiques qui se croisent d'une manière transversale à différents niveaux. Dans le tableau suivant sont énumérés les différents aspects environnementaux et sociaux, économiques et politiques qui sont à la base d'une approche intégrée d'un quartier durable :

Tableau 1 : Les principaux thèmes et domaines d'action de la démarche « écoquartier », (Synthèse réalisée par l'auteur).

Catégories d'approche	Facteurs déclencheurs	Thématiques	Domaines d'action
Environnementale	- préservation et valorisation de l'environnement. - étalement urbain et fragmentation des territoires. - dégradation des paysages. - insalubrité.	- revalorisation de la biodiversité. - gestion du foncier. - gestion de l'eau. - gestion des déchets ménagers et industriels. - gestion des déplacements. - collecte et épuration des eaux usées. - limitation des nuisances sonores, visuelles, et olfactives. - réduction de l'empreinte écologique.	- maîtrise de la consommation. - limitation de l'imperméabilisation. - conception écologique. - principe de « ville compacte ». - mobilité durable et modes de déplacements doux. - réduction des émissions de CO_2 et de la pollution. - préventions des risques.
Socio - culturelle	- logement. - équité sociale. - image et identité locales. - équipements et services publics.	- accessibilité équitable aux services publics. - promotion des ressources humaines locales. - considération pour l'authenticité et la diversité culturelle. - renforcement de la cohésion sociale. - interaction entre individus. - gestion du patrimoine d'hier et de demain. - appropriation de l'espace public. - éco-citoyenneté et pratiques responsables	- image, qualité de vie, identité. - animation de la vie sociale et associative. - relation inter-quartiers et solidarité territoriale. - capacités d'évolution du logement, des espaces. - services de proximité, commerce et équipements culturels. - accessibilités aux handicapés.
Economique	- limitation des ressources. - besoin de redynamiser un quartier en difficulté. - paupérisation. - recherche d'attractivité économique et urbaine.	- utilisation rationnelle de l'énergie et des ressources. - instauration d'une économie en boucle. - promotion des technologies innovantes dans l'énergie, la construction, les filières économiques. - financement de projet de réhabilitation. - mixité fonctionnelle. - emploi et activités locales.	- équilibre entre les fonctions (logement, emploi, équipements, transport,...). - valorisation des énergies renouvelables, ensoleillement et ventilation naturelle, chauffage urbain, recyclages des matériaux, récupération des eaux de pluies,... - transport en commun. - performance des solutions techniques et financières.

Politico – institutionnelle	- volonté de mettre en place une opération exemplaire de développement durable. - politique locale sur le développement durable. - recomposition politique et institutionnelle.	- mode de gouvernance. - participation et concertation. - information, formation et communication. - politique et stratégie d'actions (agenda 21, PADD, projet urbain, projet de ville, ville durable, quartier durable).	- évaluation et suivi des opérations urbaines. - élaboration d'indicateurs de développement durable. - sensibilisation du grand public sur les nouvelles approches. - induire un changement des pratiques. - rapprochement habitants, usagers, collectivités locales à travers les différents modes de participation.

Un projet de quartier durable doit être pensé dans son contexte global. Inscrit en résonance avec les autres parties de la ville, il peut encourager des opérations de renouvellement urbain sur les territoires attenants. Lucien Kroll (2007) parle de « micro – société », où la « programmation générative » enrichit la composition de quartier « soutenable », ouvert sur son environnement, relationnel, divers en tous ses composants et évolutif. Cet « espace micro urbain » contribue avec d'autres, par les mêmes principes et dans des logiques d'interrelations, pour former la grande société qui est la ville (Bellante et al., 2013). Par ailleurs, pour qu'il puisse fonctionner correctement et en harmonie avec le reste de la ville, l'aménagement du quartier doit découler d'une politique globale ou d'une stratégie urbaine d'ensemble (Charlot-Valdieu et Outrequin, 2006 ; Charlot, 2012).

Certes les écoquartiers présentent beaucoup d'avantages en termes d'amélioration des conditions de vie et de réduction des impacts environnementaux mais nombreux sont aussi les points faibles. Fondamentalement, on reproche à ces opérations de s'axer sur les performances environnementales au détriment des aspects socio-économiques qui sont aussi importants. Quelques aspects négatifs sont présentés dans le tableau suivant :

Tableau 2 : Les principaux points faibles des écoquartiers, d'après (L'observatoire, 2009).

Le manque d'insertion dans le tissu urbain périphérique existant…	Souvent conçus comme des « îlots écologiques » au sein d'une ville, le rapport de l'écoquartier avec le reste de la ville est négligé. Il en découle un risque d'isolement de la population, le développement d'une vie en autarcie par rapport au reste de l'agglomération.
Des quartiers créés ex-nihilo	Les écoquartiers projetés ou en cours correspondent fréquemment à de nouvelles zones urbaines pour lesquelles des démarches éco-responsables sont plus aisées, alors qu'ils devraient être en priorité axés sur des secteurs de rénovation.

Le manque d'approche systémique	Rien ne sert de réaliser un écoquartier en zone isolée qui va générer des déplacements…Il y a donc une nécessité de coordonner les chantiers de mise en place de transports en commun par exemple avec celui de l'écoquartier…
La complexité de la mise en place de l'écoquartier	Une complexité liée à la multitude des acteurs qui entrent en jeu (urbanistes, associations de citoyens, promoteurs, maître d'œuvre…) et à des moments divers.
Une attention trop excessive est portée à l'esthétique	Négligeant parfois la performance énergétique, la qualité urbaine…
Le choix de l'échelle du quartier fait débat.	L'échelle du quartier peut en effet être trop réduite pour résoudre l'ensemble des problèmes environnementaux… par exemple les cycles de l'eau et la qualité de l'air ne peuvent être maîtrisés qu'à des échelles plus larges…
La négligence de l'aspect social.	On accuse les écoquartiers d'élitisme social, d'être des « ghettos de bobos écolos »[7], engendrés par le coût d'opérations peu accessibles à des populations modestes.
L'inadaptation technologique	Les solutions technologiques peuvent paraitre très coûteuses et parfois inadaptées à une utilisation quotidienne par les habitants.
L'abus de l'utilisation de l'appellation « écoquartier »	…risque que tout nouveau projet urbain soit qualifié d'écoquartier.

Les modèles urbains durables en Méditerranée

Nous avons pu constater que les modèles urbains durables sont très en vogue, depuis quelques années déjà, dans les politiques urbaines des pays du nord notamment européens où les nouvelles opérations de quartiers se convertissent rapidement au durable. Cette tendance commence à gagner les esprits planificateurs des pays du sud qui tentent d'expérimenter ces nouveaux modèles ou à la limite certains de leurs principes. Si les démarches occidentales diffèrent selon le contexte géographique entre le nord et le sud de l'Europe, les spécificités locales sont encore plus marquées entre les deux rives de la Méditerranée et au sein même de la rive sud entre le Maghreb et le Machrek. En effet, les différents travaux sur le développement durable appliqué aux villes méditerranéennes confirment les spécificités propres des villes de la rive sud (Plan bleu[8] ; Barthel et Zaki, 2011 ; Zaki, 2011 ; CAT-MED, 2012 ; Mésini, 2012 ; Lagane, 2013). Le projet Cat-med, bien qu'il ait concerné dans sa première phase les métropoles du nord de la Méditerranée, a pu mettre en évidence plusieurs points communs de la réalité et des perspectives de l'ingénierie de projet urbain. Cette expérience a été l'occasion pour renforcer les capacités des participants dans le management de projet, la gouvernance et la coopération décentralisée. Confirmer la vision du « quartier sur mesure » comme

[7] www.agirpourlaplanete.org

[8] Plan-bleu : Environnement et développement en Méditerranée, www.planbleu.org/

alternative à celle de « quartier prêt-à-porter » constitue un point très fort des résultats de ce projet qui a mis aussi en lumière les difficultés majeures de la maitrise d'ouvrage dans les villes du sud (Bellante et al., 2013), à savoir : (a) le portage politique du projet et l'engagement des élus, (b) la difficulté de l'apprentissage de la transversalité, (c) l'insuffisance de la pratique de la participation.

Partant de la réalité des villes du Maghreb, C. Chaline (2003) définit quatre déterminants qui peuvent être perçus à la fois comme des objectifs et des contraintes de la mise en œuvre d'un développement urbain durable : (a) pressions démographiques sur les grandes métropoles, (b) intervention du privé dans la prise de décision en aménagement, (c) tendances encore limitées de la décentralisation, (d) caractères encore récents et incertains de la démocratie locale. Ainsi, les enjeux de durabilité d'Alger dépendent fortement de son mode de gouvernance, de son développement économique et de ses singularités socio-culturelles. Il est important de souligner pour le cas d'Alger, le caractère d'urgence des préoccupations sociales dont le logement figure en tête. Pour répondre à la crise, les pouvoirs centraux ont lancé des programmes colossaux d'opérations d'habitat dont témoigne la forte dynamique urbaine depuis les années 2000. On compte aujourd'hui 236.000 logements publics, toutes formules confondues, en cours de réalisation au niveau de la capitale (El-Moudjahid, 2014). Alger est en chantier, son territoire éclate et l'étalement périurbain bat son record. Avec ce que tout cela entraine comme inconvénients et pressions sur l'environnement et les ressources.

L'écoquartier « Diar El Djenane » de Bateau-Cassé à Alger

> *« Un écoquartier, c'est avant tout un quartier mixte, à la fois fonctionnellement et socialement parlant, un quartier correctement desservi par les transports publics, mais également un quartier généreux sur le plan de la proportion d'espaces verts et sur la qualité des espaces publics et des espaces de partage. Des qualités qui participent non seulement à la qualité du cadre de vie, mais qui participent également pleinement de la préservation et de la consommation raisonnée des ressources et de l'énergie dont les enjeux se déclinent ensuite à l'échelle des bâtiments. Un écoquartier à Alger doit partager toutes ces qualités et intégrer les spécificités climatiques, géographiques, culturelles et sociales propres à ce site particulier. »* Marie-France Bouet, Architecte-urbaniste associée, Arte-Charpentier Architectes (Vies de villes, 2012).

Figure 2 : Image de synthèse de l'écoquartier « Diar El Djenane », (Arte Charpentier, 2012).

Contexte de l'opération

Alger fait l'objet d'un ambitieux projet de développement, consacré par un plan stratégique à l'horizon 2029. Ce plan comprend entre autres la réalisation de 14 quartiers d'habitat intégré dont celui de « Diar El Djenane » baptisé « écoquartier »[9]. Cette opération pilote est située au cœur de la zone prioritaire de Verte Rive – Bateau Cassé dans la commune de Bordj El Kiffan. Elle relève le défi de construire des logements performants avec un confort optimal mais à moindre coût. Le projet sera développé sur 2.7 hectares d'un site libéré par la Société Nationale du Transport Routier (SNTR). La conception est confiée à l'Agence française ARTE CHARPENTIER ARCHITECTES qui s'est attachée à développer une réflexion autour de l'habitat abordable « affordable Housing ». Les études ont été financées par le Groupe LAFARGE dans le cadre de sa politique de recherche-développement. La contribution de LAFARGE vient apporter aussi un soutien technique en expérimentant un procédé innovant de béton

---

[9] Nos sources d'analyse pour ce projet sont :

- Le plan stratégique d'Alger 2030 (Révision du Plan Directeur d'Aménagement et d'urbanisme : PDAU d'Alger, 2011) ;
- Le numéro spécial hors-série N°3 de la revue Vies de villes « Cinquantenaire : Les projets qui transforment Alger », 2012 ;
- Le site internet de l'Agence ARTE CHARPENTIER Architectes : www.arte-charpentier.com ;
- Un entretien avec l'expert en charge du Plan stratégique d'Alger Mr Amine Benaissa en Août 2014 ;
- Une visite rapide du site du projet en septembre 2014.

écologique. Cependant, la procédure d'appel d'offres de promotion – réalisation n'a pas été, à ce jour, engagée, ce qui empêche le démarrage des travaux de réalisation. Cette situation de flottement incite à poser des questions sur l'avenir incertain de ce projet pilote, qui affiche, a priori, une rupture avec les approches traditionnelles. En effet, le futur projet annonce des objectifs de mixité fonctionnelle et sociale, de mobilité durable, de création d'espaces verts, de qualité des espaces publics et de préservation des ressources dans le respect des spécificités locales. Il serait constitué de 143 logements de typologies variées réparties entre le T2 et le T5 ; le standard des logements s'aligne avec les prescriptions des cahiers des charges des logements aidés en termes de surfaces. Le jeu d'imbrication et de composition des unités selon un modèle spatial qui s'inspire de la maison traditionnelle à patio constitue une des caractéristiques majeures du projet.

L'opération s'intègre dans le schéma global d'aménagement de la baie, spécifiquement dans sa séquence de Verte-Rive - Bateau-Cassé (Figure 3). A cette échelle, les macrostructures paysagère et de la mobilité marqueront fortement le fonctionnement ainsi que la vie du quartier qui s'appuiera sur les dynamiques existantes en termes d'activités de loisirs et de tourisme. Les concepteurs proposent également de créer des connexions aux réseaux existants et futurs et d'y réaliser un parc-promenade. Ce dernier aura pour mission, non seulement de créer un couloir vert de récréation mais jouera aussi un rôle dans la valorisation des terres agricoles en renforçant l'interface urbain / rural et en instaurant le dialogue avec les exploitants des parcelles dans un esprit de sensibilisation des habitants sur les questions de développement durable tant pour les petits que pour les grands.

En termes d'accessibilité financière, les prix des logements sont alignés sur ceux pratiqués pour le social[10]. Ceci constitue un point très important car démontre que pour le même prix on peut s'offrir un cadre de vie meilleur et écologique et ce, grâce notamment aux procédés techniques liés au matériau utilisé et à la démarche globale fondée sur une réflexion en coût global (rationalisation des espaces et des surfaces, réduction des charges de consommation électrique, augmentation du confort thermique par la conception passive, vision du long terme, etc.). Néanmoins, le foncier étant public, il contribue davantage à la baisse des prix.

---

[10] Entretien réalisé le 25 août 2014 avec A. Benaissa, Architecte-urbaniste, Expert en management des projets territoriaux et urbains complexes, en charge du plan stratégique d'Alger de 2006 à 2013.

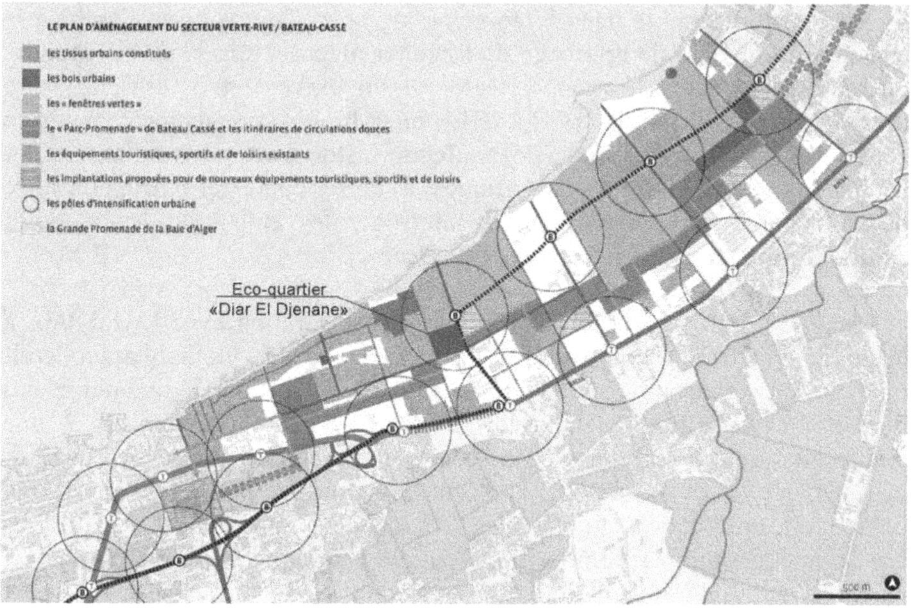

Figure 3 : Plan d'aménagement du secteur Verte-Rive / Bateau-Cassé, (Arte Charpentier, 2012).

Modèle spatial

En Algérie, les quartiers d'habitat collectif et la production urbaine de façon générale relèvent largement du domaine public. Et le modèle d'aménagement spatial adopté jusque-là se confine dans les grands ensembles constitués de tours et de barres identiques et implantées souvent au gré du chemin de grue. Ce modèle subi qui fait abstraction des caractéristiques du site a pourtant largement démontré ses limites quant aux exigences de la qualité urbaine et aux attentes des habitants. Tous les sites se ressemblent et partagent les problèmes récurrents d'absence d'urbanité, de manque de viabilisation, d'espaces publics et verts et d'équipements de proximité, etc. « *La production urbaine et architecturale des espaces d'habitation connait par conséquent une crise de créativité, d'innovation, de ressourcement, d'esthétique, d'urbanité, de gestion et de contrôle* » (Benyoucef, 2003). Cette absence de qualité est accentuée par les démarches quantitatives actuelles qui visent à satisfaire les demandes grandissantes en logement en construisant plus et vite, n'ayant pas conscience de la crise urbaine multiforme engendrée.

Si l'écoquartier « Diar El Djenane » avec sa nouvelle approche de concevoir l'habitat vient rompre avec les démarches pratiquées jusque-là, il évoque néanmoins le paradoxe d'un modèle construit à l'étranger pas forcément transposable dans le contexte algérois. Ce qui pose d'emblée la question du modèle de référence de l'habiter algérois (algérien) ? Répondre directement à cette question délicate est un exercice très difficile voire impossible (dans l'immédiat) ! La réflexion et les questionnements étant trop complexes en considération des valeurs historiques, culturelles, socio-économiques et politiques spécifiques à notre contexte. Néanmoins, le développement suivant participe à interroger les enjeux et les modèles actuels d'intervention urbaine dans l'Algérois.

Le groupe ARTE CHARPENTIER en collaboration avec LAFARGE a mené une réflexion contextualisée afin de proposer un habitat collectif innovant qui réintroduit les qualités majeures de l'habitat individuel et qui respecte les spécificités culturelles et géographiques. Le recours à une recherche sur la culture constructive locale a permis d'étudier les qualités urbaines et architecturales du centre historique d'Alger dans ses composantes ottomanes et coloniales. Cet exercice a pu dégager des attributs qui vont constituer la composition spatiale réinterprétée et adaptée de la maison à patio algéroise conjuguée au modèle de la ville haussmannienne. Ce sont deux modèles cités souvent comme idéaux en termes d'organisation et de qualité de l'espace que ce soit par les spécialistes que par les profanes. Certes, le rôle déterminant des deux villes ottomane et coloniale dans la formation urbaine de l'Alger actuelle est très marqué. Toutefois, le fait historique très imprégné du territoire et de la société algéroise évoque souvent cette dichotomie entre l'identité d'appartenance et l'identité de référence qui surgit dans les rapports à l'espace urbain exprimés par la « citadinité » (Sidi Boumedine, 1998). Mais au-delà des considérations idéologiques et celles liées à la notion complexe de citadinité, les modèles spatiaux réinterprétés dans ce projet ont le mérite de repenser le lieu à partir du vide construit comme mode d'organisation et d'occupation de l'espace. Les modes d'appropriation et d'utilisation de ces espaces ouvriraient certainement sur d'autres hypothèses.

L'organisation générale du quartier semble d'ailleurs faite pour les piétons. À partir des cœurs d'ilots, partent des cheminements piétons diversifiés et ponctués d'espaces verts. Toutefois, les informations disponibles sur ce projet ne disent pas grand-chose sur les espaces de jeux pour les enfants et les aménagements particuliers concernant les handicapés. En outre, le programme et les capacités des structures et équipements à réaliser, notamment ceux de proximité : crèches, écoles, centres de santé, etc. restent méconnus. De nombreuses terrasses et échappées visuelles obtenues par la suppression de certaines trames de logements composent également le paysage du quartier. Ce qui peut attirer des usagers extérieurs car le groupement est presque totalement ouvert. Les concepteurs n'ont pas prévu de clôture. La transition de l'espace public à l'espace privé est cependant hiérarchisée, les façades sont aérées naturellement via les coursives, les halls et les volumes doubles des patios.

Tableau 3 : Référents conceptuels du projet et leurs attributs spécifiques, d'après (Vies de villes, 2012).

Objectifs	Attributs spécifiques
Réinterpréter les modèles spatiaux existants de la Casbah et de la ville haussmannienne	- réintroduire des morphologies urbaines qui améliorent le microclimat urbain - hiérarchiser l'espace par la multiplication des seuils entre la sphère publique et l'intimité des logis - construire le vide et l'espace public par l'architecture - réintroduire la mixité sociale et fonctionnelle - retrouver l'usage de la cinquième façade (les terrasses) - proposer des espaces « partagés », lieux du voisinage et de la convivialité
Retrouver les qualités spatiales de la typologie traditionnelle de la maison à patio	- concevoir l'espace ouvert comme l'élément identitaire, fondateur et fédérateur du logement - réinventer de nouvelles relations entre les espaces extérieurs et les espaces intérieurs - proposer une entrée individualisée appropriable et identifiable - préserver l'intimité par un dispositif d'entrée inspiré de la *sqifa* - réinterpréter la figure du patio et ses fonctions (organisation, distribution, usages, régulation thermique) - réintroduire la figure du *moucharabieh* pour filtrer le soleil et les regards

Les appartements ont une surface comprise entre 56 m^2 et 92 m^2 et disposent tous d'un espace extérieur privatif en double hauteur qui réinterprète la typologie de maison à patio traditionnelle. Tous les logements sont conçus à partir d'un carré fondamental qui comprend un « patio-loggia » double hauteur (Figure 4), une pièce de séjour, une chambre et un module technique, ce qui correspond à une cellule de base de type T2. Le module technique de 39.69 m^2 (Figure 5, carrée grisonné) est constitué de quatre trames carrées de 3.15 m de côté et il comprend les éléments suivants : un espace d'entrée, une cuisine, une salle à manger, une salle de bain et des toilettes.

Ce modèle spatial s'appuie en outre sur deux trames modulaires (Trame 1 = chambre + chambre ; Trame 2 = chambre + vide sur patio) permettant de composer les autres typologies des logements (T3, T4 et T5).

Figure 4 : Patio-loggias en double hauteur donnant sur un jardin semi-privé, (Arte Charpentier, 2012).

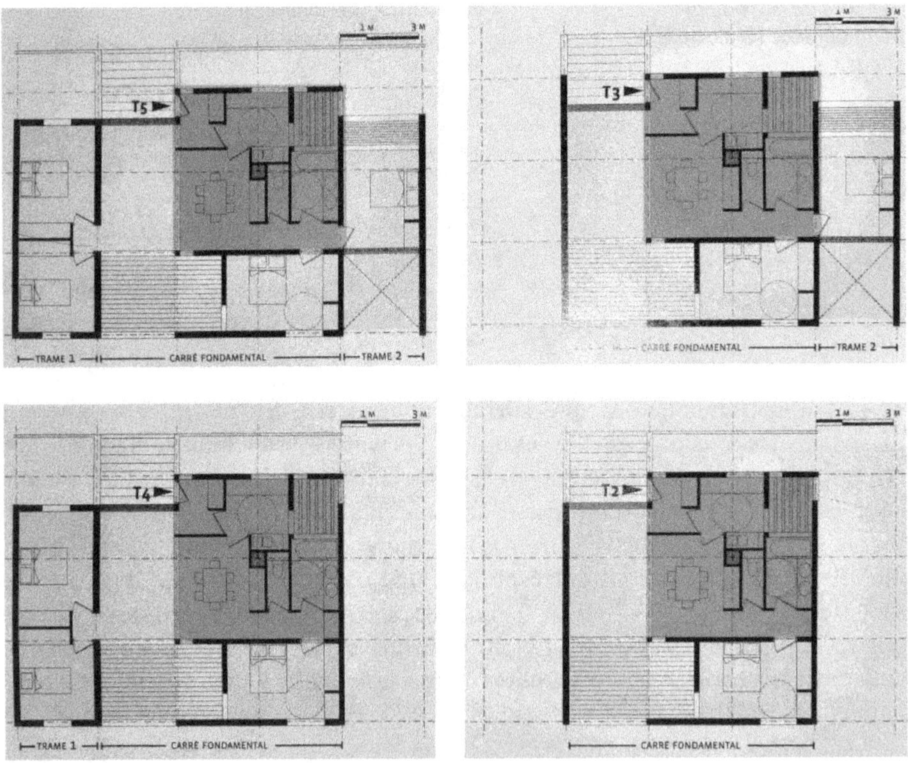

Figure 5 : Déclinaisons typologiques de la « boite à outils » du projet, (Vies de Villes, 2012).

Objectifs environnementaux

Le projet semble satisfaire aux exigences écologiques, en tout cas dans sa phase conceptuelle. Les logements sont orientés majoritairement vers le sud, avec des espacements entre les bâtiments garantissant un ensoleillement optimal selon les saisons. Ceci grâce à des hauteurs progressives allant de R+4 à R+7.

Un double objectif d'efficacité énergétique et d'amélioration du microclimat est assuré par des espaces végétalisés à différents niveaux. Un parc urbain implanté au sud du site (Figure 6), prend un quart de la surface de l'assiette du projet et s'intègre dans une armature verte structurante à l'échelle du secteur de Bordj El-Kiffan. Des terrasses végétalisées permettant aux résidents d'organiser des jardins potagers sur les toits avec un système de récupération des eaux pluviales (ARTE CHARPENTIER, 2012). L'intérieur du quartier est aussi parsemé de petits espaces verts. Reste à savoir quelles seront les formes d'appropriation que ces espaces vont connaitre une fois habités. Une question importante d'autant plus que les habitants algérois (algériens), en dépit de la réglementation, ont tendance à formaliser l'espace commun à travers des valeurs propres qui peuvent paraitre très différentes voire conflictuelles. L'implication du résident dans la gestion de son environnement s'avère en ce sens un moyen efficace pour la préservation des espaces partagés.

Concernant le volet énergétique, la production de l'énergie renouvelable n'est apparemment pas envisagée ; en effet, le dispositif mis en place ne prévoit aucune mesure dans ce sens. Il est intéressant de souligner qu'aucune information n'existe concernant la gestion des déchets malgré son importance capitale dans le contexte algérois, le tri et la valorisation des déchets solides étant l'une des mesures de développement durable qui peut porter les filières *green* avec des retombées sur l'emploi et l'économie locale.

Mixité fonctionnelle

L'écoquartier est organisé sur le modèle de ruche : ainsi, le rez-de-chaussée accueille des fonctions urbaines sur deux niveaux. On y trouve des bureaux, des magasins, des commerces et des services ainsi que des parkings en surface aménagés dans la partie nord du site. Les espaces urbains sont hiérarchisés dans l'horizontalité depuis la rue jusqu'aux cœurs d'ilots. Un socle de référence au deuxième niveau assure verticalement la transition vers les étages réservés aux logements. Ce niveau de l'altitude abrite également les espaces communautaires de partage, de loisirs et de détente qui sont accessibles uniquement aux résidents.

L'usage de la voiture est limité à l'intérieur du quartier. En revanche, des espaces piétons et des cheminements sont offerts en cœur d'ilot. Il faut noter en outre la présence de plusieurs équipements dans le secteur, ce qui conforte la connexion du quartier avec le reste de la ville. Ainsi, dans le domaine du transport et de la mobilité, le quartier profite de l'accessibilité du tramway qui passera à 300 m au sud et une ligne de bus, à haut niveau de service, sera créée avec un arrêt positionné dans l'angle nord-est.

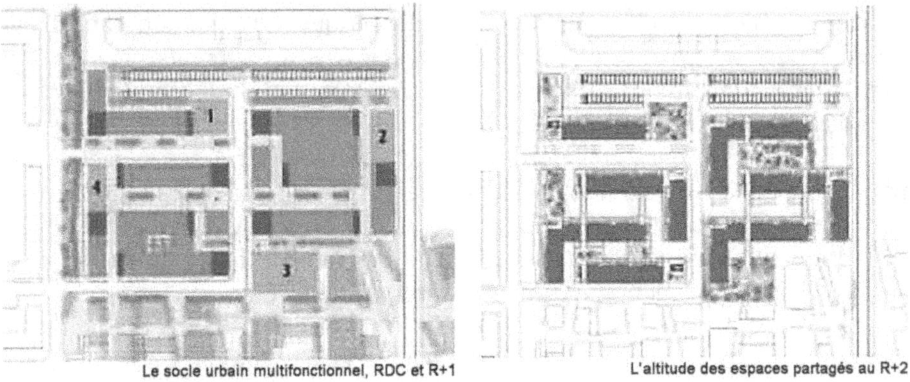

Figure 6 : Plan de masse, 1- école, 2- hôtel, 3- équipement de loisirs, 4- marché couvert, (Vies de Villes, 2012).

Mixité sociale

Le principe de la mixité est clairement affiché mais renvoie à deux enjeux : d'une part la mixité fonctionnelle qui est assurée à travers la programmation des activités et d'autre part, la mixité sociale qui fait débat et soulève la question de la composition des habitants du quartier. S'agit-il d'un quartier socialement diversifié ou d'une communauté plutôt homogène. Le choix est a priori porté sur la monocouche (classes moyennes), par le fait que cette catégorie est celle qui « *souffre le plus de l'absence d'un produit logement adapté à ses aspirations et à ses moyens, ce segment de population trop riche pour bénéficier d'un logement social et trop pauvre pour accéder à la promotion libre* » (Vies de villes, 2012). Ceci peut paraitre désaxé par rapport à une démarche type d'écoquartiers mais en même temps le défi est de vérifier l'applicabilité du modèle européen à Alger, ville qui a ses spécificités culturelles, sociétales et politico-institutionnelles. Il s'agirait donc de démontrer le bien-fondé d'une mixité sociale dans les quartiers nouveaux. Des études sociales doivent s'intéresser à cette question afin de déterminer les effets d'une cohabitation entre plusieurs couches sociales dont le différentiel et les séparations ne cessent de s'accentuer et dont les aspirations sont parfois contradictoires. En même temps cette couche intermédiaire commence à prendre de l'importance et revendique une prise en charge sociétale. L'Agence d'amélioration et de développement du logement (AADL)[11] a déjà initié un programme colossal (AADL 1 depuis 2001 et AADL 2 depuis 2013) visant à satisfaire les demandes de cette population[12]. La formule AADL de location-vente connait un succès incontestable en termes d'accessibilité au logis mais en termes techniques et urbanistiques, elle correspond à un modèle déjà contesté par le passé ici et ailleurs, l'habitat type « grands ensembles ». La dégradation de ces cités, due aux défauts de construction et au manque d'entretien, ne tarde pas à se manifester dès les premières années d'occupation. Les défaillances de gestion participent aussi à l'anarchie qui s'installe par des pratiques de modification et d'altération du cadre bâti sous prétexte d'améliorer le bien-être individuel. Ce phénomène socio-urbain est intimement lié au fait culturel et au modèle d'urbanité et de citadinité comme le démontre l'enquête réalisée par M. Safar Zitoun (2009) sur l'habiter des classes moyennes. L'étude a révélé l'existence de tensions entre le logement et les populations résidentes qu'elles soient néo-urbaines ou de naissance algéroise. Derrière ces tensions et au-delà de ce que l'auteur qualifie de « gap culturel » se concentre le paradoxe de référents citadins qui dictent ou non les pratiques systématiques de transformation du cadre bâti. Certaines transformations qui vont au-delà de la cellule individuelle témoignent d'une prolifération de l'incivilité des comportements urbains. « *Les familles semblent complètement enfermées dans leur égoïsme résidentiel et ne semblent se conformer à aucun système de valeurs ou de référence qui leur soit extérieur* ». Les résultats de l'enquête confirment que les facteurs objectifs de classe sociale, de taille et de structure du ménage, de taille du logement, de niveau d'instruction ou de revenus n'étaient pas forcément derrière les transformations observées (décoration, changement de plan, fermeture de loggias, pose de barreaux aux ouvertures). Cette étude conclut sur la non considération du logement comme « attribut significatif et décisif d'un paraître » chez l'habitant algérois de couche supérieure et cela peut être attribué à l'absence de référentiels urbains supposés représenter la symbolique d'une « vraie bourgeoisie ». Les valeurs de distinction sont alors plus marquées dans la possession de biens matériels mobiles comme par exemple la voiture particulière qui est souvent témoin de réussite sociale (Safar Zitoun, 2009). Il est vrai que les valeurs d'urbanité jouent un rôle important et très significatif dans les rapports mais la généralisation de ces agissements nous conduit à interroger le modèle d'habiter adopté par la politique publique du logement collectif et de se pencher sur le rôle et les mécanismes des autorités compétentes dans la gestion de l'espace urbain.

---

[11] Organisme sous tutelle du Ministère de l'habitat, de l'urbanisme et de la ville MHUV.

[12] Dont le revenu du ménage est compris entre 24 000 dinars et six fois le salaire national minimum garanti (SNMG), soit 108 000 Da.

L'influence de l'environnement bâti sur les comportements est de ce point de vue concluante.

Nous pouvons admettre théoriquement que les composantes d'un système procèdent par des interactions qui provoquent le changement afin de retrouver la situation d'équilibre par des mécanismes de régulation[13]. De même, l'habitant qui se retrouve dans un espace qui lui est étranger dans son mode d'habiter est obligé, sous le poids des règles subjectives, d'opérer des changements pour réapproprier son milieu en fonction de ses propres valeurs, le rapport à la norme architecturale et urbanistique n'étant pas contraignant.

Participation citoyenne

Les approches de participation sont introduites en Algérie à la fin des années 1990 mais ponctuellement à travers les programmes internationaux qui prenaient en charge des opérations ciblées d'aménagement urbain tout en promouvant les nouvelles manières de piloter les projets (Safar Zitoun, 2011b). Ce sont les programmes de résorption de l'habitat précaire (RHP) de 1998 financés par la Banque mondiale et de requalification participative des ensembles d'habitat collectif pilotés de 1998 à 2004 par l'Agence de coopération allemande (GTZ). Un autre exemple d'initiative locale concernait la requalification participative de la cité « Diar el Kef » à Alger qui a été menée par les collectivités locales (Wilaya déléguée de Bab El Oued) en collaboration avec un Bureau d'études privé FAUR (Foyer d'architecture et d'urbanisme). Ces trois opérations ont procédé différemment dans leurs méthodologies participatives suivant les orientations de leurs commanditaires. Les retours d'expériences ont montré cependant des limites d'ordres institutionnel, procédural et temporel (Safar Zitoun, 2011a). A partir de 2001, le Ministère de l'aménagement du territoire et de l'environnement MATE a élaboré toute une batterie de lois[14] portant sur le développement durable du territoire et l'implication des citoyens dans ce processus. Cependant, les applications concrètes des textes n'ont pas été édifiantes faute de moyens et de volonté politique.

---

[13] Selon l'approche systémique, voir à ce sujet De Rosnay J., (1975), Le macroscope : vers une vision globale, Editions Seuil, Paris.

[14] Notamment :

- Loi n°01.20 relative à l'aménagement et le développement durable du territoire, 2001.
- Loi n°03.10 relative à la protection de l'environnement dans le cadre du développement durable, 2003.
- Loi n°06.06 portant l'orientation de la ville, 2006.
- Loi n°10.02 relative au schéma national d'aménagement du territoire (SNAT 2025), 2010.

Mis à part les quelques expériences d'action participative dans les opérations de relogement, les habitants ne sont presque jamais associés au processus de conception et de production des nouveaux projets de logement, et cela en raison de plusieurs facteurs. D'abord, l'ampleur de la crise et le nombre important de demandes de logement public (en majorité : social et location–vente : AADL) réduisent l'interface entre l'habitant et l'autorité aux simples formalités administratives (dossiers de demande d'attribution de logement). Les postulants n'ont aucune garantie quant au choix de leur nouveau site de résidence, la distribution reste centralisée et obéit à la logique de disponibilité foncière et de numéro d'enregistrement.

L'écoquartier « Diar El Djenane » semble obéir à cette même logique puisque les habitants ne sont pas connus a priori et n'ont donc pas été associés dans la réflexion autour de ce projet. Aussi, si la participation n'est pas pratiquée et si les discussions ne sont pas menées avec les futurs habitants, comment peut-on garantir des comportements responsables et éco-citoyens ? Les rapports d'échanges, de discussions ou de force entre les différents acteurs sont donc absents ce qui joue en défaveur de l'appropriation attendue des espaces conçus.

Limites de l'approche

Quelques enseignements peuvent être tirés à l'issue de cette lecture du projet en sa phase de conception :

- Une opération d'écoquartiers à Alger relève d'une approche volontaire et dépendra du portage politique.
- Il apparaît que l'écoquartier « Diar El Djenane » est très performant au niveau écologique. En effet, le quartier satisfait l'ensemble des exigences environnementales majeures en termes d'espaces verts, d'économie d'énergie, de qualité des espaces publics et privés. En revanche, ses objectifs socio-économiques restent mitigés car des questionnements demeurent encore en suspens.
- Son intégration dans un secteur prioritaire de la baie constitue un point positif pour soutenir sa dynamique urbaine. De cette manière, le quartier pourra bénéficier des activités existantes et prévues ainsi que des réseaux de transport.
- Il semble que la mixité sociale ne constitue pas encore une priorité des autorités publiques, toutefois le niveau de son application doit être identifié pour permettre sa prise en compte dans les projets d'habitat.
- Actuellement, la participation n'est pas intégrée dans les processus de projet car non exigée par les textes juridiques. L'absence de cette approche dans les projets de quartiers nouveaux contribue au rejet

des modèles non négociés d'où le recours aux transformations des espaces par ses habitants. Cependant, la procédure de participation à échelle fine est-elle pratique et praticable à Alger (et dans le contexte algérien en général)? L'implication des parties prenantes en amont du projet ne risque-t-elle pas d'alourdir les processus déjà caractérisés par la lenteur et la complexité ?

- Le défi est alors de définir une signification collective de la durabilité pour pouvoir la mettre en œuvre. Or, dans l'exemple analysé, ce concept n'a pas été promu par les collectivités et les discussions avec les habitants n'ont pas eu lieu. Le processus de réflexion peu ouvert sur ce projet risque de favoriser des tensions et des discordances entre les intentions politiques et aménagistes et les pratiques d'appropriation par les habitants et autres usagers de la ville.
- Enfin, cette étude nous permet aussi de nous interroger sur la question de gestion urbaine, car c'est dans la phase d'exploitation que les problèmes de gestion apparaissent s'ils ne sont pas pris en compte en amont. Reste à savoir comment va fonctionner ce quartier et quelles seront les appréciations formulées par ses habitants. En ce qui concerne la gestion du quartier, sera-t-il autogéré ou est-ce la collectivité qui assurera cette tâche ? Les habitants auront-ils à gérer leurs propres intérêts ? Seront-ils organisés en association ou comité pour gérer les affaires quotidiennes de leur espace de vie ?

Conclusion

Nous avons vu que la conception de ces quartiers dits « écologiques » ou « durables » se fonde sur un urbanisme cohérent qui prend en compte de façon intégrée les volets économique, social et écologique, impliquant l'ensemble des partenaires et des compétences. La mission principale de ces quartiers est de répondre aux exigences environnementales. Ainsi, ils s'inscrivent dans un fonctionnement écologique qui engage l'économie des ressources et le développement des énergies renouvelables. Toutefois, les solutions techniques et technologiques peuvent s'avérer coûteuses ou parfois inadaptées ; a contrario, les solutions passives présentent des alternatives aussi efficaces qu'économes. Ainsi, la forme du bâti et la composition urbaine jouent un rôle déterminant dans la qualité et la viabilité des quartiers. La recherche de la compacité urbaine implique par exemple la mixité fonctionnelle, la densité du bâti et des activités, la présence d'équipements et de services qui permettent d'animer le quartier et de créer une vie sociale. La conception des quartiers dans ce souci d'équilibre et d'équité contribue à l'amélioration de la qualité de vie des populations qui y habitent et facilite la gestion urbaine.

Toutefois, dans la plupart des exemples européens, on observe des phénomènes de gentrification et d'entre-soi. En effet, H. Guyonnet (2007) confirme que les écoquartiers sont habités majoritairement par des classes moyennes supérieures (c'est le cas aussi de l'écoquartier d'Alger) qui s'impliquent dans le maintien d'un entre-soi, ce qui réduit le développement durable à sa seule dimension environnementale et renvoie le débat sur son modèle social (Emelianoff, 2007). Ces problèmes se posent aussi en termes d'homogénéité des copropriétaires car, s'ils appartiennent à des couches sociales distinctes, les discussions sont souvent difficiles à gérer, notamment parce que les avis des parties en présence ne concordent pas toujours très bien. Les limites ainsi que les perspectives de cette approche sont en ce sens intéressantes à étudier. L'écoquartier influe-t-il réellement sur les comportements des habitants ? Est-il capable par sa conception et sa philosophie d'imposer des modes de vie plus durables ? Ce modèle est-il reproductible ? Faut-il le démultiplier à l'échelle du territoire ?

In fine, le cas d'étude est paru un objet intéressant pour analyser les enjeux de développement durable à Alger du fait, non seulement qu'il soit le seul projet qui affiche une démarche d'écoquartier mais également parce qu'il incarne les prémices d'un changement dans les discours et les pratiques d'aménagement urbain. Cette nouvelle approche mérite d'être inscrite comme outil opérationnel pour prendre en charge la conduite des quartiers d'habitats intégrés engagés dans le cadre du plan stratégique d'Alger. Cela est d'autant plus nécessaire que le nombre de logements et d'espaces urbains à construire demeure très important dans le quinquennat en cours et prochain. Il s'agit en effet d'une démarche intéressante au moment où les décideurs affichent clairement leur souhait de voir une nouvelle image de la capitale. Cependant, il serait difficile, au stade actuel de ce projet expérimental dont les travaux n'ont pas encore commencé, faute de décision, de prédire ses impacts réels. Mais il suscite en tout cas, beaucoup de questionnements et lance le débat sur les conditions, la qualité et la durabilité de la ville en Algérie. Cette opération pilote sera-t-elle généralisée ? La production de l'urbain connaitra-t-elle un nouvel épisode susceptible d'améliorer les conditions de vie urbaine ? Le renouveau des approches et l'application des principes de développement durable pourront-ils s'effectuer localement ?

Cette contribution montre cependant que ce type de démarche favorise la communication localement autour de la durabilité et offre des potentialités d'actions importantes nécessitant un changement d'approche vers un développement durable partagé. L'engagement institutionnel (politique) et institutionnalisé (organisationnel et associatif) demeure également un levier fort qui pourra traduire les objectifs de développement en des outils opérationnels adaptés. Il y a là, selon nous, des opportunités pour un renouvellement instrumental supporté par des impératifs mondiaux et des mobilisations locales.

Bibliographie

ARTE CHARPENTIER, (2012), *Territoires - ARTE CHARPENTIER Architectes*, 88p.

Authier J-Y., Bacqué M-H. et Guérin-Pace F. (dir.), (2007), *Le quartier. Enjeux scientifiques, actions politiques et pratiques sociales*, Editions La Découverte, Collections « Recherches », Paris, 293p.

Barthel P-A. et Zaki L. (dir.), (2011), *Expérimenter la « ville durable » au sud de la Méditerranée : chercheurs et professionnels en dialogue*, Editions de l'Aube, La Tour-d'Aigues (France), 352p.

Bellante J., Chiappero M. et Lazzeri Y., (2013), Construire des quartiers durables en Méditerranée : une ingénierie territoriale à renouveler, In, Lagane J. (dir.), *Les défis de la durabilité urbaine en Méditerranée,* Presses Universitaires d'Aix-Marseille - PUAM, Aix-en-Provence, pp.45-60.

Benyoucef B., (2003), La crise de mutation de la ville algérienne et ses enjeux (cas d'Alger), In : Hadjiedj A., Chaline C. et Dubois-Maury J., *Alger, les nouveaux défis de l'urbanisation*, L'Harmattan, Paris, pp.29-40.

Bouaouina N., (2007), Alger à travers sa « houma » : Formation et déformation des espaces identitaires communautaires de quartier, *Esprit critique « La communauté n'est pas le communautarisme »,* Vol. 10, N°1, pp.29-43.

Boutaud B., (2009), Quartier durable ou éco-quartier ?, *Cybergéo : European Journal of Geography*, [En ligne], URL :http://cybergeo.revues.org/index22583.html

CAT-MED, (2012), *Modèles urbains durables : Méthodologie de travail et résultats*, Services de programmes de la Mairie de Malaga - Observatoire de l'Environnement Urbain – OMAU, Institut de la Méditerranée, Malaga, 332p.

Chaline C., (2003), Les grandes métropoles Sud-Méditerranéennes face aux défis d'un développement durable, In : Hadjiedj A., Chaline C. et Dubois-Maury J., *Alger, les nouveaux défis de l'urbanisation*, L'Harmattan, Paris, pp.3-12.

Charlot A., (2012), *Du quartier à la ville durable. Vers un nouveau modèle urbain*, Comité 21, Editions Victoires, Paris, 160p.

Charlot-Valdieu C. et Outrequin P., (2006), *Développement durable et renouvellement urbain : des outils opérationnels pour améliorer la qualité de vie dans nos quartiers*, L'Harmattan, Paris, 300p.

Charlot-Valdieu C. et Outrequin P., (2009a), *Ecoquartier : mode d'emploi*, Editions Eyrolles, Paris, 244p.

Charlot-Valdieu C. et Outrequin P., (2009b), *L'urbanisme durable, concevoir un écoquartier*, Le Moniteur, Paris, 312p.

CNERU, (1989), *Grille théorique des équipements : Projet*, Centre National d'Etudes et de Recherches Appliquées en Urbanisme – Ministère de l'urbanisme et de la Construction, Alger, 105p.

Dind J-P., Thomann M., Bonard Y., (2007), Structures de la ville, quartiers durables et projet urbain : quelles articulations ?, *Urbia – Les cahiers du développement urbain durable* – Eco-quartiers et urbanisme durable, n°4, Juin, Lausanne, p.49-80.

Dris N. et Ostrowetsky S., (2002), *La ville mouvementée : espace public, centralité, mémoire urbaine à Alger*, L'Harmattan, Paris.

El-Moudjahid, (2014), *Wilaya d'Alger : 20.000 logements sociaux fins prêts*, édition du 13-02-2014.

Emelianoff C., (2007), Les quartiers durables en Europe : un tournant urbanistique ?, *Urbia – Les cahiers du développement urbain durabl*e – Eco-quartiers et urbanisme durable, n°4, Juin, Lausanne, pp.11-30.

Grafmeyer Y., (2007), Le quartier des sociologues, In : Authier J-Y., Bacqué M-H. et Guérin-Pace F. (dir.), *Le quartier. Enjeux scientifiques, actions politiques et pratiques sociales*, Editions La Découverte, Collections « Recherches », Paris, pp.21-31.

Grangaud I., (2008), La hawma comme institution urbaine à l'époque ottomane et le procès de sa délégitimation. *Colloque international : Penser la ville, approches comparatives*, 25 – 27 octobre 2008, Khenchela (Algérie).

Guyonnet H., (2007), *Ville et quartiers durables : l'affirmation de nouvelles ambitions urbaines*, Mémoire de l'IEP Toulouse, 166p.

Humain-Lamoure A-L., (2007), Le quartier comme objet en géographie, In : Authier J-Y., Bacqué M-H. et Guérin-Pace F. (dir.), *Le quartier. Enjeux scientifiques, actions politiques et pratiques sociales*, Editions La Découverte, Collections « Recherches », Paris, pp.41-51.

Icheboudene L., (1998), L'intégration citadine : à propos de la difficulté d'être Algérois, In : Collectif, *La ville dans tous ses états*, Editions Casbah, Collection : Réflexions, Alger, pp.05-23.

Icheboudene L., (2004), De la Houma à l'espace « Cité », une évolution historique de l'espace social algérois, In : Collectif, *Alger, lumières sur la ville*, Editions Dalimen, Alger, pp.340-345.

Kroll L., (2007), *Quartiers durables : ordre, désordres, contrordre*, ETOPIA (Centre d'animation et de recherche en écologie politique), 5p.

L'observatoire, (2009), Regard sur les écoquartiers : Du quartier vécu au quartier rêvé, *Thématique : Observatoire,* N° 13, 12p.

Lagane J. (dir.), (2013), *Les défis de la durabilité urbaine en Méditerranée*, Editions PUAM, Collection Espace et développement durable, 248p.

Lefèvre P. et Sabard M., (2009), *Les écoquartiers : l'avenir de la ville durable*, Editions Apogée, Rennes, 264p.

Lefèvre P., (2008), Voyages dans l'Europe des villes durables, *Revue Urbanisme*, Dossier « La ville durable en question(s) », N° 363, pp.54-55.

Loubière A., (2006), Ile-De-France : Éco-région cherche quartiers durables, *Urbanisme*, N°348, pp.63-64.

MEEDDM, (2009), *Ville durable éco-quartier 2009*, ANTE PRIMA, AAM Editions, Paris, Bruxelles, 300p.

Mésini B. (dir.), (2012), *Aménagement durable des territoires méditerranéens*, Editions PUAM, Collection Espace et développement durable, 218p.

Neveu C., (2007), Le quartier des politistes, In : Authier J-Y., Bacqué M-H. et Guérin-Pace F. (dir.), *Le quartier. Enjeux scientifiques, actions politiques et pratiques sociales*, Editions La Découverte, Collections « Recherches », Paris, pp.32-40.

PUCA, (2008), Concevoir un éco-quartier, *Premier plan : le journal d'information du PUCA*, Plan urbanisme construction architecture, N°16, Janvier – Juin, 16p.

Renauld V., (2014), *Fabrication et usage des écoquartiers. Essai critique sur la généralisation de l'aménagement durable en France*, Presses polytechniques et universitaires romandes, Coll. Espace en société : logique territoriale, Lausanne, 122p.

Safar Zitoun M., (2009), Digressions sur l'« Algérois » : l'habiter des classes moyennes algéroises ou l'introuvable référent citadin, *Les Cahiers d'EMAM*, N°18, pp.21-28.

Safar Zitoun M., (2011a), Les évolutions récentes dans la politique urbaine à Alger. La consécration de l'"urbanisme présidentiel?", In : Zaki L., (dir.), *L'action urbaine au Maghreb. Enjeux professionnels et politiques*, Editions Karthala-IRMC, Paris, pp.97-115.

Safar Zitoun M., (2011b), Les quartiers marginaux à l'épreuve du développement durable : quelques leçons sur l'expérimentation de projets dits « participatifs » dans les villes algériennes, In : Barthel P-A. et Zaki L., (dir.), *Expérimenter la « ville durable » au sud de la Méditerranée : chercheurs et professionnels en dialogue*, Editions de l'Aube, La Tour-d'Aigues (France), pp.255-282.

Sidi Boumedine R., (1998), La citadinité : Une notion, impossible ?, In : Collectif, *La ville dans tous ses états*, Editions Casbah, Collection : Réflexions, Alger, pp.25-38.

Souami T., (2009), *Ecoquartiers, secrets de fabrication : analyse critique d'exemple européens*, Editions Les Carnets de l'info, Paris, 208p.

Srir M., (2007), Les quartiers aussi peuvent être durables, *Vies de villes*, Dossier : Innover dans la démarche, Hors-série n°1 (Faire mûrir une stratégie de reconquête, pour la ville de demain), pp.64-68.

Valegeas F., (2013), « Vivre-ensemble » : du projet de quartier durable aux usages, In Servain-Courant S., Demazière C. et Verdelli L. (dir.), *Formes urbaines et Développement durable,* [Editions Electronique], Editions du Comité des travaux historiques et scientifiques (Actes des congrès nationaux des sociétés historiques et scientifiques), pp.141-158.

Vies de villes, (2012), Cinquantenaire : Les projets qui transforment Alger, *Vies de villes,* Numéro spécial Hors-série N°3.

Wilaya d'Alger, (2011), *Révision du Plan Directeur d'Aménagement et d'urbanisme : PDAU*, Rapport d'orientation, PARQUEXPO, Alger.

Zaki L. (dir.), (2011), *L'action urbaine au Maghreb : enjeux professionnels et politiques*, Editions IRMC – Karthala, Tunis-Paris, 290p.

Zucchelli A., (1983), *Introduction à l'urbanisme opérationnel et à la composition urbaine*, Volume 3 et 4, EPAU, OPU (Office des Publications Universitaires), Alger.

Amina BENAMEUR

La résidentialisation : un dispositif de renouvellement urbain dans les grands ensembles -cas de Bab Ezzouar-

Aujourd'hui, le modèle d'habitat le plus largement répandu en Algérie est celui des grands ensembles. Comptés en centaine de milliers, inspirés du modèle des Zones à Urbaniser en Priorité (ZUP) françaises et rebaptisées Zones d'Habitat Urbain Nouvelles (ZHUN), ils sont chargés d'un pouvoir répulsif certain. Typifiés, standardisés, dépourvus de toute qualité architecturale et urbaine, ils sont le produit d'une politique basée sur une production massive de logements en réponse à une situation d'urgence. La particularité des difficultés que posent les grands ensembles d'habitat collectif en Algérie réside dans le fait que leur conception a visé une occidentalisation à outrance à travers la généralisation de son industrialisation.

Pourtant, la construction de cités d'habitat collectif, de conceptions architecturale et urbanistique désavouées depuis longtemps par la pratique occidentale, continue d'être la seule alternative pour sortir de l'enclave d'une crise qui prévaut encore à travers tout le pays. Dès lors, la question de la spirale de dégradation et de déqualification se pose aussi bien pour les cités construites dans le cadre institutionnel des ZHUN que pour les nouveaux programmes d'habitat. Le rejet des habitants de leur cadre de vie doit être remis au centre des préoccupations de toutes les parties prenantes (politiques, techniciens, citoyens…) dans la construction du paysage urbain futur de ce pays.

La conception des grands ensembles en a empêché toute évolution naturelle et adaptation à des contextes social et urbain spécifiques. L'Algérie n'est pas en reste quant aux difficultés soulevées par ces quartiers, conséquence directe d'une politique qui est aujourd'hui considérée comme un échec rédhibitoire. Le lourd héritage de cette inertie doit être géré dans un temps marqué par une persistante pénurie de logements. L'architecture des grands ensembles fait aujourd'hui l'objet de nombreuses critiques. Cette forme étant considérée comme révolue, on affiche donc des objectifs très significatifs en engageant de nouvelles vagues de réhabilitation qui ne sont plus axées exclusivement sur le logement lui-même, mais bien sur le logement dans son environnement.

C'est dans ce contexte d'amélioration de la qualité de vie des habitants et de développement de la gestion urbaine qu'est apparu le concept de résidentialisation. Ce changement de démarche porte incontestablement la marque du renouvellement urbain tel que pratiqué ces dernières années à l'étranger, notamment en France.

L'épisode des grands ensembles est aujourd'hui considéré comme un récent avatar de l'histoire des villes. Et si l'on reconnaît l'énumération de caractères spatiaux suffisants pour identifier ces formes urbaines si singulières, on n'en a pas pour autant épuisé les difficultés qu'elles engendrent : leurs espaces sont souvent décrits pour désigner la misère des cités où se cristallisent des problèmes de tous ordres dans un cadre et des conditions de vie très défavorables.

Après une succession, voire la superposition d'expertises contradictoires qui prétendaient pallier à ces carences en les réduisant à une question de forme, l'on envisage aujourd'hui la transformation des grands ensembles à travers une volonté affichée de dépasser les handicaps, notamment ceux liés à leur conception en exploitant les atouts dont ils sont incontestablement porteurs. A cet égard, la résidentialisation est considérée comme un des leviers principaux de ce type de démarches de renouvellement urbain.

Le renouvellement urbain : une action pour la transformation des grands ensembles

Pour répondre aux nombreux problèmes de dégradation et de désaffection posés actuellement par les grands ensembles d'habitat, plusieurs attitudes sont possibles : l'abandon, la restauration à l'identique ou la constitution progressive de véritables quartiers, en jouant sur le long terme. Ces interventions sur l'espace peuvent réhabiliter l'image de ces cités et contribuer par là même à restaurer le statut de leurs habitants. Avec les débats sur le renouvellement urbain, la résidentialisation semble devenir un outil essentiel d'une politique de la ville renouvelée. De fait, un des moyens d'action dans le cadre des projets de renouvellement urbain est de réfléchir sur un périmètre plus large, mais c'est aussi de voir de quelle manière peut-on prolonger la ville et ses tracés jusque dans les grands ensembles.

En conséquence, si les modalités du renouvellement sont abordées à travers un ensemble de principes et de réflexions relativement approfondies, la nature des solutions de remplacement de ce qui sera « renouvelé » et la manière de les conduire, en particulier avec les habitants, sont alors immédiatement posées. Dans ce contexte, l'articulation entre projet urbain et projet social parait plus que jamais nécessaire pour que les interventions aient des effets durables.

Cela étant, le fait d'entreprendre des transformations sur les grands ensembles semble se heurter à quelques obstacles (Faure, 1996) :

- Résistance de la forme existante : une forme trop contraignante peut appeler d'importantes démolitions, souvent perçues comme autant de signes de gâchis matériel et économique. Un travail de reconstruction peut être ressenti comme une rénovation traditionnelle, associée à son train d'expulsions, ou encore, une redensification inacceptable.
- Résistance du méandre des découpages fonciers de la maitrise d'ouvrage, qui interdirait tout redécoupage ou toute liaison spatiale nouvelle.
- Résistance des administrations dont les moyens techniques et réglementaires seraient mal adaptés à la prise en charge de projets urbains.

Autant d'obstacles qui semblent pouvoir être levés à deux conditions :

- Permettre aux grands ensembles une transformation progressive autour de projets cohérents et adaptés à leurs spécificités et impliquant les habitants.
- Appuyer une volonté politique sur un large consensus des habitants et des responsables ainsi que sur des scénarii urbains réalistes.

La résidentialisation : référent actuel des opérations de renouvellement urbain

A partir des années quatre-vingt, architectes et paysagistes, appelés à requalifier les vastes espaces des quartiers, ont posé les premières questions sur le statut du sol préconisant de nouveaux découpages fonciers : un espace public requalifié sous forme de voiries hiérarchisées, de parcs, de jardins et des espaces privés rapprochés des logements, souvent clôturés. C'est à ce moment-là que sont nés les principes de la résidentialisation, appuyés plus tard par la mise en place de projets globaux reliant ville et grand ensemble.

Aujourd'hui, à l'heure où la réhabilitation des cités a cédé le pas à leur renouvellement, les projets de renouvellement et de restructuration s'appuient sur leur résidentialisation. Celle-ci semble de plus en plus devenir une sorte de leitmotiv : il faut *résidentialiser*. Or, le terme retenu pour qualifier une des modalités actuelles de transformation du cadre bâti dans les quartiers relève depuis quelques années déjà, de ce que l'on nomme génériquement « les politiques de la ville ». Il est aujourd'hui désigné comme une des opérations concourant aux programmes de renouvellement urbain.

La notion de résidentialisation ne conçoit la recevabilité des projets de rénovation urbaine que si le projet s'étend sur l'ensemble du quartier concerné et précise qu'il devra permettre d'identifier clairement, par exemple au travers d'opérations de résidentialisation, le statut des différents espaces et leurs modes de gestion. On comprend là que le terme a une forte connotation spatiale et qu'il est en rapport avec les domaines du foncier et de gestion. Il renvoie surtout à l'idée de clarification du statut des espaces.

Sa concrétisation ne se résume pas seulement à un type de travaux, mais à une action d'ensemble mêlant travaux de réhabilitation, interventions coordonnées de gestion et relations avec les habitants. Dans ce cas, ce serait alors une démarche ou une méthode.

Cela étant, le projet de résidentialisation est élaboré selon un processus en trois phases : un diagnostic mettant en lumière des difficultés, suivi d'un projet de requalification urbaine et enfin une concertation avec les habitants pour permettre des ajustements. Cela se traduit essentiellement par des actions à composante spatiale : une sectorisation de l'espace, une redéfinition des statuts et usages des espaces extérieurs ainsi que les modes de gestion qui s'y rattachent. Le projet cherche à améliorer l'identification de l'espace public, à clarifier les domanialités, et recompose ces quartiers monolithiques en petites « résidences ». C'est aussi une réflexion sur un quartier et son fonctionnement afin de créer des unités résidentielles plus restreintes et redonner aux habitants l'impression « d'être chez eux ». Ses grands principes sont fragmentés, désenclavés, diversifiés, paysagers et hiérarchisés. C'est donc une action globale touchant au spatial, au paysage, à l'urbain dans ses différentes composantes.

Dispositifs spatiaux et types de résidentialisation

Si l'on étudie les différents modes de résidentialisation, on observe que deux types de dispositifs sont présents quasiment partout (Geoffroy, Oddos, 2007). D'une part, la clôture en tant que limite juridique et foncière, marquage symbolique (dans certains cas il peut s'agir de haies) et protection de l'immeuble (c'est pourquoi l'on trouve très souvent des clôtures de trois mètres pour éviter qu'on ne les franchisse trop allègrement, c'est d'ailleurs la hauteur préconisée par les Anglo-Saxons dans le cadre d'une prévention situationnelle (Billard, Chevalier, Madore, 2005). C'est un élément-clé car objet de débats permanents puisqu'on leur reproche d'enfermer, d'être facilement cassées.

Autre type de dispositif : l'unité résidentielle – que d'aucuns qualifient de « sectorisation » – se caractérise par sa petite taille dans l'optique de mieux contrôler et mieux gérer. Dans la pratique, la taille est très variable. En fonction de la configuration architecturale et urbaine des lieux, soit on fractionne des entrées d'immeubles ou on en regroupe deux, soit on fait des îlots. En général, les architectes-urbanistes travaillent sur la différenciation afin d'obtenir, chaque fois, un caractère spécifique qui devienne un support identitaire pour les habitants. Les paysagistes sont très présents sur les opérations de résidentialisation où l'accent sur la qualité des matériaux est de mise.

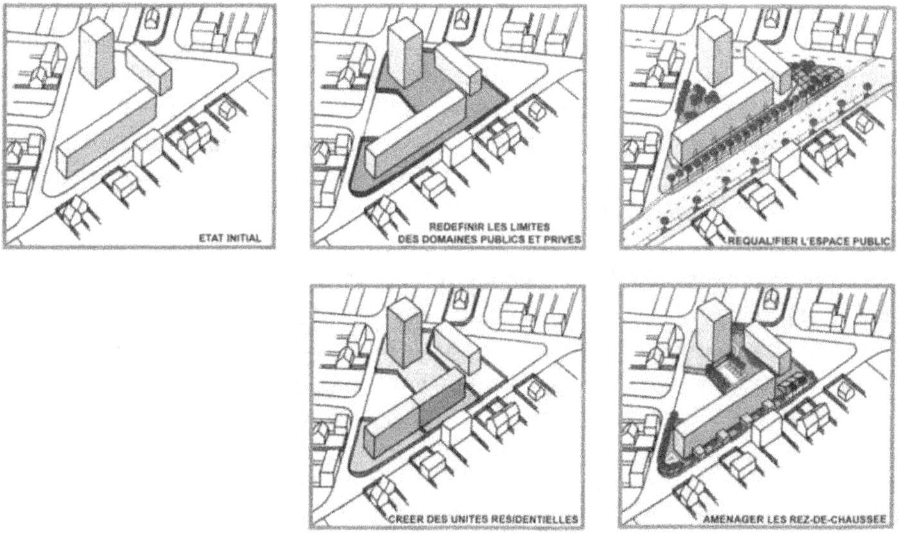

Figure 1 : Les étapes de la résidentialisation. Source : F. Maman (2004).

Pour quelle résidentialisation des grands ensembles en Algérie : cas de la ZHUN de Bab Ezzouar

Le recours à l'observation et à l'enquête pour étudier le rapport à l'espace et au cadre de vie à Bab Ezzouar sont les deux techniques privilégiées dans cette recherche. Dans un premier temps, l'analyse s'est appuyée sur l'observation systématique sur le terrain de façon participante. Cette technique constitue un premier niveau d'analyse. Toutefois, certaines observations sont difficiles à interpréter sans interroger les intéressés. En complément de l'observation, un second instrument de recherche a donc été employé : le questionnaire, décliné en deux types suivant la population-cible (habitants et responsables techniques). La rédaction du questionnaire d'enquête adressé aux habitants s'est appuyée, d'une part, sur les objectifs de recherche fixés en amont et les hypothèses de travail, d'autre part, sur la somme d'informations compulsées durant la phase analytique du travail par rapport aux enjeux sous-tendus par le concept de résidentialisation. Pour compléter les résultats du questionnaire, des entrevues ont été menées avec quelques habitants. Le dialogue avec ces derniers nous renseigne sur des comportements, des pratiques, des usages spécifiques qui ne sont pas toujours repérables à travers le questionnaire.

Bab Ezzouar, une ZHUN emblématique

La ZHUN de Bab Ezzouar a été créée par décision du ministère de l'habitat et de la construction et dont la procédure se base sur une étude préliminaire qui comporte un bilan des programmes de logements, les besoins en surfaces urbanisées, le programme de la construction et le schéma d'aménagement de principe. Ancienne zone agricole, elle se situe entre le Sahel et la Mitidja, son urbanisation est récente -elle est issue du découpage administratif de 1984 - et rentre dans le cadre de l'extension d'Alger vers l'Est. Bab Ezzouar est surtout connue pour abriter sur son territoire l'université des sciences et technologie Houari Boumediene (USTHB). Néanmoins, le face à face sans transition entre l'université et le reste du tissu engendre une coupure, un vide, aux rives du domaine universitaire qui empêche les côtoiements et les brassages qui recomposent le désordre complexe de la ville.

Transformée aujourd'hui en une forêt de masses de béton, cette ZHUN est composée principalement de tours et de barres regroupées en cités anonymes pensées et conçues en tant qu'entités séparées pour plus d'autonomie et d'intimité, ce qui n'a, en fait, fait qu'accentuer leur isolement et brouiller leur structure.

Accessibilité ? Des dispositifs pénalisants

La desserte externe des cités se fait par :

- La route nationale RN 5 : elle joue un triple rôle de desserte régional, urbain et local, les piétons la traversent par nécessité en tous points et ces caractéristiques géométriques et morphologiques sont totalement inadaptées aux rôles multiples qui lui sont dévolus.
- La RN 5 E : voie rapide desservant la commune limitrophe de Dar El-Beida et l'aéroport international d'Alger.
- La RN 24 : elle dessert, à partir de la commune de Mohammadia, le palais des expositions des Pins Maritimes, la commune de Bordj El Kiffan et tout le littoral Est. Cette voie est fréquentée quotidiennement et de façon très importante.
- La RN 24 E : elle dessert principalement les cités riveraines tout en assurant la liaison avec la commune de Bordj El Kiffan. Ses dimensions restent assez modestes au regard du trafic important qu'elle prend en charge.

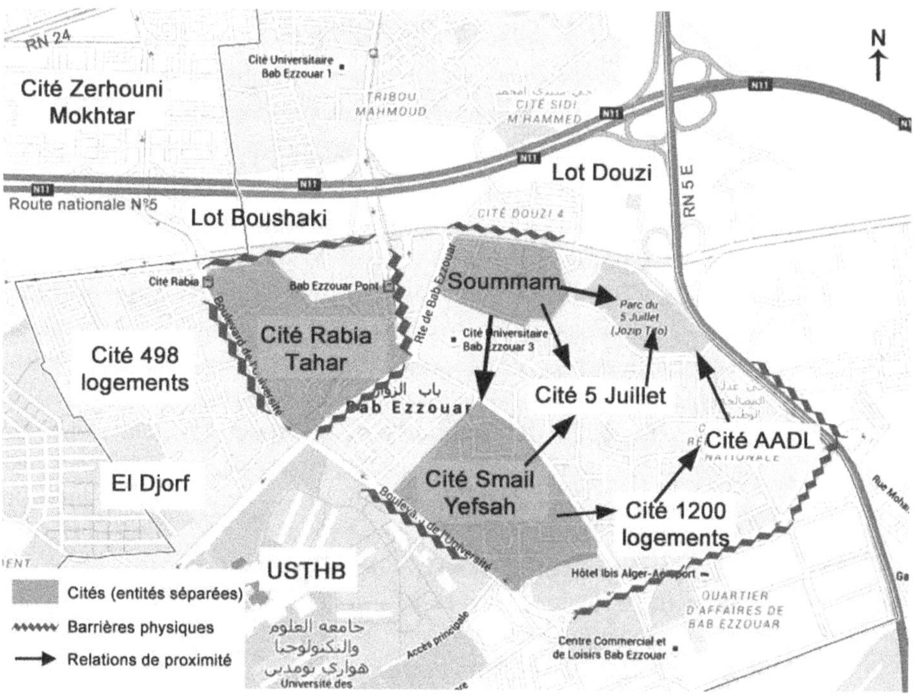

Figure 2 : Relation des cités à leur contexte urbain. Traitement : Auteur sur fond google-maps.

Certaines contraintes peuvent être relevées par rapport aux échelles de la voirie et aux infrastructures citées plus haut : en effet, celles-ci constituent des séparations formelles qui donnent le sentiment d'un morcellement de la

ZHUN et des cités qui la composent. Elles sont considérées comme des coupures dans la mesure où elles entravent la continuité du bâti, les activités et les pôles d'attraction ainsi que les pratiques de déplacement. C'est à l'échelle des cités que ces dysfonctionnements sont le plus mal vécus, les axes routiers sont perçus comme des cassures, des barrières difficiles à franchir, des « plaies » qui entravent la ZHUN, des frontières qui isolent les cités les unes des autres. Cela étant, la spécificité la plus pénalisante et la plus générale reste le manque de perméabilité interne et externe.

Réseau viaire ? Des chemins de grue pérennisés

La caractéristique principale du réseau viaire existant est son déséquilibre quantitatif et qualitatif : les réseaux primaire et secondaire sont surexploités du fait de la situation de la ZHUN. Cette importante circulation de transit vers l'Est d'Alger et du pays a néanmoins sensiblement diminué après la mise en service de l'autoroute de l'Est. Toutefois, le problème reste entier pour certains tronçons de la RN n°5 (intersection de cette même route nationale avec le boulevard de l'université et les arrêts de bus sous l'autopont) ainsi que la RN 24 qui continue à drainer les flux en provenance du littoral Est de la capitale. Le réseau interne se compose, quant à lui, essentiellement d'une voierie tertiaire intérieure aux cités nettement insuffisante et qui comprend essentiellement :

- Des voies tertiaires assurant la circulation des véhicules à l'intérieur des cités
- Des chemins piétons le plus souvent tracés spontanément
- Des aires de stationnement

Quant aux voies en impasses très nombreuses au niveau des deux cités, elles constituent un système fermé dont on peut résumer les principaux dysfonctionnements comme suit :

- Un système non évolutif : ce type de desserte ne peut convenir qu'à de l'habitat et sa desserte en transports collectifs est impossible. Il ne permet donc pas de faire évoluer le programme.
- Un système enclavé : ce type de réseau n'est pas perméable. Il ne peut se raccorder au réseau général qu'en un seul point qui devient dangereux, d'autant qu'il rallonge les distances et incite aux déplacements motorisés.
- Un système non convivial : il crée l'isolement des logements en bout d'impasse, aggrave l'insécurité des personnes et peut contribuer à dissuader les pratiques sociales.

Conçu de façon indépendante et raccordé au réseau urbain par des branchements peu nombreux, ou directement sur des axes lourds, le schéma reste très centré sur lui-même et participe à l'enclavement des deux cités.

Aux problèmes évoqués ci-dessus, il faut ajouter que le réseau interne se trouve dans un état de délabrement avancé puisque la stagnation des eaux pluviales crée des nids de poule plus ou moins profonds, ceux-ci sont dus probablement à la destruction des liaisons entre les constituants du revêtement mal réalisé au départ.

Figures 3 & 4 : Une voirie interne délabrée ponctuée de nombreux nids de poule. Source : Auteur (2009/2015).

Circulation et stationnement ? Conflits entre piéton et automobile

L'uniformité des profils de voies et de leur équipement, la longueur des linéaires rectilignes autorisent des vitesses élevées et n'indiquent pas de hiérarchie entre les différents types d'usage de la voie. De plus, la disparition du concept de rue, la rupture avec le parcellaire et le choix de construire en hauteur ont laissé, au pied des tours et des barres, de vastes espaces dans lesquels des voies surdimensionnées consomment l'espace et désorientent le piéton. Ainsi, les espaces aménagés pour le cheminement piétonnier sont délaissés par les habitants qui tracent des chemins plus courts et plus directs (sauf en cas de mauvais temps). Le constat concernant la circulation automobile est à peu près le même, dans la mesure où les véhicules traversent les espaces réservés aux piétons et espaces verts, au lieu de faire les détours imposés par le réseau viaire et les aires de stationnement sauvage en cul de sac.

Figure 5 : Chemin tracé spontanément par les habitants. Source : Auteur (2015).

Quant aux aménagements pour les deux roues (les motocyclettes sont très appréciées des jeunes et les bicyclettes sont des objets de dilection des enfants), ils sont purement et simplement inexistants, que ce soit du point de vue circulation (couloirs pour les deux roues) ou du point de vue stationnement (les habitants font monter leurs deux roues dans leurs appartements via les escaliers ou les ascenseurs -s'ils sont fonctionnels- par souci de sécurité). Le manque d'entretien, l'absence dans certains cas d'aménagement de voirie secondaire et l'absence de parkings conçus en tant que tels ouvrent la quasi-totalité de l'espace public au stationnement. Enfin, notons qu'à l'intérieur des cités, la signalisation verticale du code de la route est rare, quant à la signalisation horizontale, elle est inexistante.

Caractéristiques du tissu ? Une configuration génératrice de ruptures

Les cités à Bab Ezzouar, de par l'implantation de leurs bâtiments de façon linéaire, laissent apparaitre une absence de repères urbains. Les rapports plein/vide, l'alignement, la hiérarchisation des espaces ou encore l'unité sont quasiment absents. En ce sens, l'implantation de différentes unités du bâti, leur relation à l'espace public ainsi qu'aux équipements obère toute cohésion ou forme d'harmonie urbaine. Les grandes distances qui séparent les bâtiments font que le tissu est lâche et le parcellaire inexistant, conséquences du tracé du chemin de grue ayant présidé à l'érection de la plupart des ZHUN.

Figures 6 & 7 : Répétitivité des blocs de bâtiments, vides urbains et absence de repères, inexistence des trottoirs. Les terrains vagues se transforment en étendues boueuses dès les premières pluies. Source : Auteur (2009/2015).

Il est utile de rappeler que les conditions dans lesquelles ont été érigées les cités que comprend Bab Ezzouar et qui se caractérisent par l'urgence et le manque de moyens financiers ont donné la priorité aux logements : à caser les populations pour être plus précis. Ceci a, de fait, relégué au second plan les autres aspects qui donnent de la qualité à un habitat. En conséquence, la composition d'ensemble est sans schéma apparent, ne permettant aucune lecture précise et défiant toute logique urbaine. Les cités ayant été conçues chacune en tant qu'entité isolée et indépendante, elles sont finalement juxtaposées les unes aux autres, sans liens apparents, ce qui, au final, engendre un certain isolement et une absence de vie urbaine.

Le plan-masse ? Entre absence de composition et déstructuration

A Bab Ezzouar, les cités ne présentent aucune composition urbaine proprement dite. En effet, résultat d'une succession de programmes de logements, le plan-masse ne présente aucun principe d'organisation, ni au niveau des éléments du bâti, ni au niveau des espaces extérieurs, encore moins au niveau de l'orientation ou même des spécificités géotechniques du sol. Constitué de barres et de tours, le cadre bâti ne présente aucune logique d'orientation dans l'implantation du bâti : Une première configuration consiste en l'organisation des blocs autour d'espaces ouverts sans définition précise avec la création d'enclos ou de cours par des groupements de bâtiments. Dans un deuxième cas de figure, l'implantation des blocs se fait le long des voies secondaires et tertiaires, là encore sans règle ou logique d'ensemble qui régulent la relation entre le cadre bâti et la voirie. En conséquence, l'espace donne une impression de désordre et de chaos similaire à celle ressentie dans certains quartiers à émergence spontanée, en somme le fruit de malheureux hasards.

De plus, une lecture approfondie du paysage aussi bien au niveau de la cité Soummam que de la cité Rabia Tahar, montre que même les fondements des théories de l'urbanisme moderne n'ont pas été mis en pratique (la séparation de la circulation automobile et piétonne, l'aménagement des espaces extérieurs, l'importance de la verdure, les liaisons entre l'intérieur et l'extérieur......) faisant place à la logique du chemin de grue, de la quantité et de la rapidité. C'est le grand ensemble dans son expression la plus réduite et la moins noble, appauvrie et dénaturée, *« Dans le domaine de l'urbanisme, l'enseignement sur la séparation des circulations des voitures et des piétons est oublié, par contre le formalisme du quadrillage et du parallélépipède rectangle, l'économie de la construction reprise en compte comme instrument de spéculation deviennent domaine public »* (Deluz, 1988)

Figure 8 : Certaines pratiques culturelles (séchage des peaux de mouton) ne trouvent pas d'espace pour s'accomplir. Source : Auteur (2009).

L'espace public ? Une vitrine peu attractive sur l'extérieur

L'espace urbain public à Bab Ezzouar est mal défini, sans affectation ou attributions précises. Il ne bénéficie d'aucun traitement ou aménagement spécifique, créant ainsi un sentiment d'abandon et de délaissement. Au niveau des cités, on ne trouve donc aucune des caractéristiques de l'espace public en tant que lieu ou même en tant que réseau (à titre d'exemple, on peut citer la proximité physique, la complémentarité avec le bâti, la hiérarchie ....etc.). Si l'on y ajoute les dysfonctionnements inhérents à ce type d'espaces et la mono fonctionnalité des constructions (logements), rien de ce qui fait la qualité de la vie en ville n'y est présent. Les plans-masses des cités, qui désignent l'espace public par le terme de « vide » l'ont distendu, éclaté, et ne l'ont pas affecté aux divers usages qui le qualifient même si la réalisation du boulevard de l'université crée un « tronçon » d'espace public animé, cet espace n'est plus celui du public ni même, faute d'entretien, l'espace naturel de la charte d'Athènes.

De fait, la mono fonctionnalité des cités se traduit par le manque de lieux d'animation, peu de commerces et, dans de nombreux cas, pas de jardins aménagés ni de mobilier urbain. L'espace est exclusivement voué à l'automobile et à la circulation constituant une source de danger pour les enfants. Eclaté et sillonné par des voies mécaniques largement dimensionnées, peu entretenu et envahi par le stationnement, l'espace public -ou du moins l'espace qui n'est pas privé- n'offre ni repères, ni hiérarchie, ni lieux symboliques qui pourraient le qualifier.

Les espaces extérieurs ? Des surfaces « vertes » mal identifiées

Les seuls critères pris en compte à Bab Ezzouar lors de la conception des espaces extérieurs sont d'ordre fonctionnel. L'espace non bâti est réduit à l'état de résidu et il n'existe aucune forme de hiérarchisation ni d'orientation de l'espace extérieur. *« (.....) Dans ce type de production d'espace, les seules contingences prises en charge dans l'élaboration du projet sont d'ordre architectural au sens le plus réducteur du terme, ce qui conduit inévitablement à une vision unilatérale : l'espace non bâti n'étant qu'un espace résiduel, il manque de fait de définition, d'échelle, et de niveau d'appropriation. La logique qui sous-tend une telle conception est une logique hygiéniste qui ne prend en considération que les forces intérieures inhérentes au produit architectural.... »* (Faure, 1996).

Tous les espaces extérieurs sont à caractère public, ils sont surdimensionnés et non aménagés, des terrains vagues envahis par les détritus et des objets en tous genres (matelas en éponge, objets en plastique, peaux de mouton.....etc.) sont légion. De plus, les réseaux défectueux et le caractère marécageux de la zone transforment ces espaces, en période hivernale, en étendue boueuse impraticable. Quant aux diverses plantations, elles constituent un point positif dans le paysage de la ZHUN. En effet, celles-ci ont bénéficié d'opérations de reboisement et sont dotées de plantations de peupliers et de pins remarquablement préservés ainsi que de l'apport des habitants cultivant en pieds d'immeubles toutes sortes de plantes (laurier, jasmin, acacia......etc.).

Figure 9 : Un espace impraticable à pied. Source : Auteur (2015).

Les espaces intermédiaires ? Une absence de transitions

Entre la voirie et les abords du logement, on doit distinguer une succession progressive de lieux, de l'espace public à l'espace privé, dont l'identification et le traitement, en fonction de l'usage, doivent assurer la transition (Furet, 1999). Ces espaces de transition n'existent pas à Bab Ezzouar, le passage du public au privé est brutal et se fait sans transition, la limite est matérialisée par la seule enveloppe du bâtiment.

De fait, les espaces intermédiaires sont le théâtre de pratiques sociales, s'illustrant parfois par un excès d'appropriation et leur prise en compte est à la base de tout travail de réflexion quant au manque d'urbanité des ZHUN. En effet, cette transition doit être assurée par l'entrée de l'immeuble, le jardinet en pied d'immeuble ou d'autres dispositifs qui isolent du bruit, assurent l'intimité et ménagent une distance entre la rue et l'habitation. A Bab Ezzouar, cette transition n'existe pas, seuls des trottoirs ou de petites allées, dans le meilleur des cas, séparent l'entrée d'immeuble de la voirie et des places de parking.

La façade ? Objet de tous les outrages

Les façades sont rythmées, répétées d'une façon lassante, les éléments de personnalisation sont inexistants accentuant ainsi l'ambiance d'anonymat et de monotonie. Ce sont en général des surfaces planes ponctuées par la récursivité d'ouvertures découpées sur la surface du mur et réduites à leur expression la plus simple : la fenêtre, caractéristique que l'on retrouve pratiquement dans tous les grands ensembles à cause notamment de l'industrialisation et de la production en série. Si certains décrochements, saillis ou retraits existent bel et bien, ils sont le résultat d'une conception planimétrique et surtout rigide des espaces : *« Faute de méthode appropriée, les systèmes de plan type, les typologies de l'immeuble rectiligne, de l'espace ''prospect'', réduisent les façades à un quadrillage anonyme »* (Deluz, 1988).

De plus, l'utilisation de la bichromie au niveau des façades de plusieurs immeubles pour mettre en exergue des éléments de décor saillants en béton préfabriqué (il s'agit soit de bandes horizontales , soit de sortes d'allèges de forme carrée en dessous des ouvertures), si elle n'atténue en rien la banalité et la répétitivité , a plutôt tendance à les accentuer. De fait, l'équilibre entre plein et vide et les rapports de dimensions –le terme « proportion » se prête assez mal dans ce cas précis- des composantes de façade sont inexistants. Cela vaut particulièrement pour la typologie des tours où la disproportion entre l'emprise au sol et la hauteur est flagrante. Les entrées, quant à elles, ne sont accentuées ni au niveau du bâti ni au niveau de la voirie. De plus, le choix d'une trame orthogonale issue de l'utilisation de panneaux préfabriqués impose une uniformité très marquée.

Il est à noter également que les problèmes d'insécurité et de délinquance poussent les propriétaires à poser des barreaux de fer aux fenêtres à tous les niveaux, sans aucune homogénéité ou forme de consensus quant aux motifs ou à la couleur de la ferronnerie. Ce qui crée un déséquilibre réel et une nette altération de l'aspect des façades.

Figure 10 : Une entrée d'immeuble marquée par les habitants qui ont aménagé une sorte d'auvent avec des plantes grimpantes. Source : Auteur (2015).

Par ailleurs, l'installation de réservoirs d'eau individuels (en raison des pénuries d'eau et des coupures répétées), à laquelle s'ajoute le phénomène des antennes de réception satellite ces dernières années (certains foyers en possèdent plusieurs), envahissent toits et balcons et « parent » la quasi-totalité des façades dans les deux cités. Il est néanmoins à souligner que ce problème semble avoir éveillé les préoccupations des pouvoirs publics. En effet, durant l'année 2009, plusieurs quartiers d'Alger ont fait l'objet de *« campagnes de nettoyage »*[1] des façades en enlevant systématiquement tous les dispositifs mis en place par les habitants pour l'accrochage de paraboles. La mairie de Bab Ezzouar prévoirait un projet similaire selon les propos recueillis auprès de la direction de l'urbanisme et de l'équipement. Cinq ans plus tard, le projet n'a pas été mené à son terme, puisque l'on peut encore constater la présence d'antennes paraboliques sur les façades.

A noter également qu'à la cité Soummam, le linge étendu en façade et la literie suspendue aux balcons lui donne un aspect chaotique en les surchargeant, nuisant ainsi à leur « esthétique ».

Figure 11 : Linge étendu et paraboles ornent les façades des immeubles à cause notamment de l'absence de terrasses accessibles dans la conception. Source : Auteur (2015).

[1] Propos du chef de service de la gestion urbaine à la direction de la rénovation et de l'aménagement urbain de l'APC de Bab Ezzouar. Entretien réalisé le 25 janvier 2010.

Stratégies d'appropriation ? Entre adaptation aux besoins et contournement des normes

- *Transformations internes: Une quête de confort légitime*

Au cours des visites effectuées lors des phases d'observation et d'enquête, il a été relevé plusieurs types de transformations légitimées par toutes sortes de raisons évoquées lors des entretiens. De fait, cela s'exprime par des stratégies d'appropriation diverses allant de la simple polyfonctionnalité des espaces (changement d'usage des pièces entre la fonction diurne et la fonction nocturne) à des interventions plus lourdes consistant à abattre des cloisons ou à en élever d'autres ou encore l'adjonction des balcons et des loggias.....etc. Les logements de la cité Rabia Tahar, quant à eux, font beaucoup plus l'objet de transformations radicales de l'espace interne, le changement de fonction des pièces reste plutôt rare. Ceci étant, il est possible de classer les modifications observées en trois types :

- Un premier type concerne les réorganisations des espaces internes au logement. Ces modifications ne sont pas sans effet sur l'architecture extérieure mais il s'agit plus d'une conséquence que d'un effet recherché. L'aspect ou le vocabulaire architectural de la façade ne fait pas l'objet d'investissements volontaires. Ces modifications consistent en la démolition de cloisons pour les reconstruire ou leur changer d'épaisseur, à fermer un espace ou l'ouvrir sur un autre espace selon la fonction ou la surface désirée.

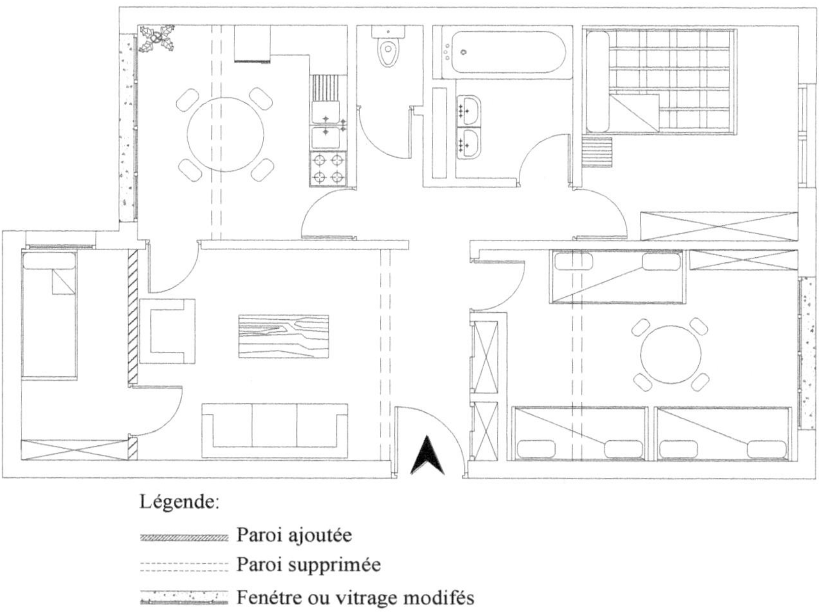

Figure 12 : Plan F3, 4ème étage (barre). Source : Auteur (relevé).

- Un deuxième type de transformations a trait aux adjonctions et modifications sur les parties externes du logement, transformations qui cherchent à la fois à renforcer la protection de l'intimité et la sécurité. Il s'agit d'adjonctions de balcons et de loggias, d'agrandissement ou au contraire de réduction de la taille ou de déplacement d'une ouverture, de la pose de ferronneries aux fenêtres, etc.
- Un troisième type de transformations consiste en des adjonctions qui embellissent le logement : remplacements, enrichissements, personnalisations....etc. Comme le remplacement des sanitaires, du plan de travail dans la cuisine, des revêtements (notamment dans la cuisine et la salle d'eau), de la menuiserie (portes, fenêtres, sens d'ouverture), de la peinture....etc.

« (....) dans la réalité, des espaces initialement destinés à des fonctions précises, se voient investis par d'autres fonctions, d'autres usages que ceux qui étaient prévus, dans le même mouvement, les formes qui marquaient cette destination se retrouvent subverties, transformées réappropriées. Ces '' investissements '', loin d'apparaître comme des bricolages anarchiques et individuels interviennent souvent de manière massive et régulière, ils offrent des convergences qui empêchent de les réduire à des phénomènes isolés et obligent à reconnaître leur caractère collectif, social.» (Navez-Bouchanine, 1997). Cette appropriation excessive souligne la dichotomie entre le type d'habitat proposé et les modes de vie et modèles culturels algériens, et est d'autant plus répandue car facilitée par l'absence de contrôle des autorités.

- *Relations intérieur /extérieur : Des pratiques à la limite de la légalité*

A Bab Ezzouar, il a été observé que des parcelles de terrain, en bordure des immeubles attenant au logement, sont clôturées et aménagées en dépôt, atelier, petit potager ou simplement en jardin privatif par les locataires du rez-de-chaussée. Bien que cela soit illégal et souvent inesthétique, cette pratique peut aller de la simple délimitation à l'aide d'une clôture légère grillagée (en fil de fer) maintenue par des piquets et agrémentée de plantes (jasmin, laurier.....etc.) à la construction de murs ou murets en dur (le plus souvent des pièces de parpaings empilées et scellées par du mortier). Ce type d'appropriation a également été observé mais dans la plupart des cas pour aménager de petits jardins à l'usage de tous les locataires de l'immeuble.

Figure 13 : Clôture légère autour de l'espace intermédiaire attenant au logement du RDC. Source : Auteur (2015).

D'autres locataires des logements en rez-de-chaussée vont même jusqu'à percer le balcon de la cuisine, de la loggia, du séjour ou la fenêtre de la chambre pour agrandir leurs appartements ou aménager des garages ou des locaux pour une quelconque activité économique tout aussi illégale.

Figures 14 & 15 : Construction d'un escalier pour l'aménagement d'une entrée privative et aménagement d'une entrée publique pour un appartement en RDC servant de fonds de commerce (salon de coiffure). Source : Auteur (2009/2015).

Ces deux formes d'appropriation ne s'excluent pas l'une l'autre mais dépendent pour une large part du fait qu'il s'agisse de la façade principale ou de la façade postérieure. Dans la première situation, l'espace de devant sert de garage affecté au stationnement de véhicules, comme il peut être utilisé comme espace vert (plantes ordinaires), plantations d'arbres fruitiers ou encore de dépôt d'objets domestiques encombrants. Dans la seconde situation, l'espace arrière est dévolu aux plantations de légumes (potager) et d'arbres fruitiers ainsi qu'à l'élevage d'animaux domestiques (poules, dindons, chèvres, boucs, etc.).

Figure 16 : Pratiques rurales en pied d'immeuble (élevages de poules, chèvres et autres). Source : Auteur (2015).

Ainsi, on observe une forte tendance à l'appropriation exclusive, voire à la privatisation d'une partie de l'espace public attenant à l'immeuble, au bloc, voire au logement du rez-de-chaussée, qui devient un espace strictement privé, inaccessible aux autres voisins, donc individuel.

Ces pratiques sont étroitement corrélées à l'origine rurale de certains habitants, il y a alors une rupture très nette entre le mode de vie et l'espace, support de ce mode de vie. Ainsi, il est possible d'expliquer ces formes d'appropriation par certaines permanences du modèle d'habitat traditionnel plus adapté au mode de vie et que les habitants essaient de reproduire lorsque les conditions s'y prêtent : *« l'appropriation d'espaces produits dans des filières de production excluant l'habitant et lui offrant des dispositifs spatiaux nouveaux , inconnus de ce dernier (....)donnait à voir des mécanismes d'appropriation et de rejet de populations transplantées d'un tissu urbain traditionnel à un habitat collectif ''moderne et fonctionnel''. »*

(Navez-Bouchanine, 1997). De plus, la conception du modèle d'habitat collectif tel que proposé -imposé- aux habitants ne présente aucune hiérarchie des espaces notamment le passage progressif du public au privé, aggravée par l'absence d'aménagement et les défaillances de gestion. Il semble donc que le souci majeur des habitants soit de procéder à la délimitation de l'espace extérieur de proximité, de créer un espace de transition (entre l'appartement et l'espace public).

D'autres espaces dits « intermédiaires » ne sont pas en reste. En effet, certaines catégories sociales développent des comportements d'appropriation excessive, notamment les jeunes –chômeurs- qui monopolisent les espaces résiduels entre les bâtiments et devenant interdits d'accès aux autres habitants. Les cages d'escalier sont également investies-notamment à la cité Soummam-où les regroupements occasionnent une réelle gêne pour les habitants, en particulier en soirée.

Formes de résidentialisation : des initiatives balbutiantes

L'observation à la cité Rabia Tahar, à titre d'exemple, a révélé un phénomène intéressant. En effet, une des formes que peut prendre la résidentialisation a fait son apparition pour certains espaces au niveau de la cité. Le thème de la sécurité et de la tranquillité motive très certainement ce genre de pratiques.

Figure 17 : Pose de clôture autour d'un groupe d'immeubles à la cité Rabia Tahar.
Source : Auteur (2015).

En effet, les espaces en pied d'immeubles, de statut public sont du point de vue de ceux qui les habitent, un espace stratégique qui ne devrait pas être accessible à n'importe qui. En réserver l'usage ou en donner l'usage privilégié à ceux qui habitent l'immeuble ou le groupe d'immeubles contribue à rassurer les habitants (protéger les enfants qui jouent de la circulation, avoir sa voiture à l'œil, etc.) et leur permet de retrouver un peu de maitrise sur leur espace de vie quotidien. Ces interventions, bien que peu nombreuses, contribuent largement à transformer l'aspect voire l'image de la cité (la cité Rabia Tahar est réputée être la plus sûre dans la ZHUN).

Pour ne pas conclure, quelles stratégies de résidentialisation pour les cités d'habitat collectif en Algérie ?

Toute démarche de résidentialisation doit avant tout répondre à une situation particulière, un contexte singulier et émaner des besoins réels des habitants et des réalités du quartier, dépassant ainsi toute approche normative, standardisée, procédurière ou technocratique. Il n'y a donc pas de guide, de recette ou de label « résidentialisation », il s'agit de tracer les contours d'un cadre commun pour des modalités d'intervention sur les problèmes connus des grands ensembles en Algérie.

Si les objectifs et le schéma d'actions d'une opération de résidentialisation sont clairement établis, l'ensemble des opérations qui peuvent être menées sont aussi dissemblables et variées que peuvent l'être les quartiers eux-mêmes et doivent donc s'appuyer sur un diagnostic situationnel et un plan d'action spécifique. Outre l'accent mis sur la différenciation des espaces et le développement de leur potentiel identitaire, et sur le rapport entre le réaménagement de l'espace et l'adaptation de l'organisation de la gestion, il convient d'insister sur l'importance de l'articulation entre la restructuration urbaine à grande échelle et le travail fin de requalification des multiples espaces que comporte une cité, et qui nécessite une attention au moindre détail.

De plus, les modes d'intervention sont extrêmement divers et touchent non seulement au bâti mais aussi, à la délinquance, l'incivilité et l'insécurité en vue de créer une nouvelle forme d'initiative capable d'insuffler un dynamisme nouveau et redonner à l'habitant une image valorisée de son cadre de vie et de lui-même. Ces actions, rentrant dans le cadre du renouvellement urbain, constituent l'opportunité de conduire des opérations de résidentialisation en faisant évoluer les pratiques d'intervention urbaine d'une juxtaposition d'actes unilatéraux et isolés vers une culture de partenariat fondée sur de réels engagements réciproques. De fait, la question de la transposition du concept de résidentialisation au contexte algérien à travers une volonté d'amélioration et de requalification, ne peut se faire qu'à travers l'acquisition d'une culture de travail commune à plusieurs niveaux de réflexion.

Le premier concerne les objectifs et les intentions pour le devenir de ces formes d'habitat qui, bon gré mal gré, ont façonné durablement le paysage urbain algérien et vont continuer à y imprimer leur marque pendant encore longtemps au regard de ce qui continue à se faire dans le secteur de la construction de logements neufs de type collectif, plus de vingt ans après le désaveu officiel de l'épisode des ZHUN. Le deuxième comprend une révision des approches actuelles pour l'amélioration et la maitrise de la gestion urbaine et arriver enfin à dépasser le stade des préoccupations centrées sur une approche purement quantitative et intégrer de nouvelles pratiques de recherche formelle, d'intervention durable et de solutions innovantes.

Face à la complexité et la diversité des situations, l'accumulation des obstacles (problèmes d'ordre structurel, morphologique, fonctionnel, social, et politique) et à l'immensité de la tâche, la résidentialisation tente d'apporter, d'une manière réaliste et surtout pérenne, les solutions les plus efficaces pour une transformation positive et surtout durable des grands ensembles.

La nécessaire mais difficile inscription de la résidentialisation dans un projet urbain

L'inscription dans un projet urbain est essentielle pour garantir l'insertion de l'opération de résidentialisation dans son environnement avec une prise en compte des multiples aspects sociaux, économiques et environnementaux. Les enjeux de la résidentialisation nécessitent de travailler conjointement à l'échelle de la ville et du quartier, cela afin que l'ensemble du territoire bénéficie du développement du quartier au lieu de le porter isolément.

Une démarche qui ne peut être que partenariale et qui doit être pilotée

Le partenariat est à envisager comme le pivot de l'action. En effet, la résidentialisation se caractérise par une forte dimension partenariale parce qu'elle intègre différentes thématiques et s'applique à des échelles spatiales différenciées. Elle impose d'elle-même des réponses transversales. L'appréhension d'un projet par la transversalité abolit le cloisonnement et la juxtaposition des réponses fournies. Dans une démarche partenariale, les acteurs doivent accepter que leurs champs de compétence se chevauchent et que leurs missions s'entrecroisent.

La nécessité d'un diagnostic précis et partagé pour adapter l'opération au site

Le diagnostic doit être construit à partir du point de vue des différents acteurs concernés et enrichi de données quantitatives et qualitatives, issues notamment d'observations, d'études précédentes ou d'enquêtes. Pour être opérationnel rapidement, ce diagnostic doit s'inscrire sur un territoire limité même si la réflexion peut s'inscrire sur un périmètre plus vaste, au titre du fonctionnement urbain. Il doit s'élaborer à l'échelle d'un quartier avec un souci d'équité pour apporter des réponses selon la spécificité du quartier et sa géographie.

Il s'agit aussi de s'inscrire dans une démarche dynamique : dès le début de ce processus de travail, des actions immédiates peuvent être entreprises pour régler un problème ou un manque évident, sans attendre l'élaboration complète d'un projet. En effet, des actions rapides et relativement économiques peuvent avoir, auprès des habitants, un impact immédiat très important. Enfin, il semble essentiel de faire partager le diagnostic, si on ne veut pas qu'il soit sans cesse contesté, par les différents acteurs ayant leurs propres logiques.

Une démarche progressive et évolutive

Le projet doit être affiné progressivement, en partant du projet urbain jusqu'à l'échelle de l'unité résidentielle, pour prendre en compte les usages et la gestion. Cependant, l'élaboration du projet ne se fait pas réellement par un processus linéaire. Des va-et-vient sont nécessaires entre les principes généraux et leurs conséquences pratiques, donc entre les différentes échelles, avec une démarche de mise en œuvre commune et itérative.

La résidentialisation ne peut être simplement déduite mécaniquement de grandes orientations urbaines. Elle doit être connectée à la proximité, aux usages, aux fonctions. Le projet urbain s'attache à l'environnement des résidences mais impose aussi des contraintes. Il est donc préférable que les concepteurs prennent en compte, dès le départ, les questions de gestion et donc l'impact de leurs propositions, qui est immédiatement appréciable par les gestionnaires. D'autre part, le fait que le projet puisse être affiné progressivement et donc modifié en fin de processus, pendant la phase de travaux, implique de prévoir un budget pour réaliser des correctifs après la livraison des chantiers, lorsque des difficultés apparaissent. De plus, le fait d'intégrer l'expérimentation dans la démarche, donc de faire participer les habitants, est une condition nécessaire pour que le projet réponde aux objectifs généraux comme aux besoins des habitants.

Une participation citoyenne indispensable pour réussir le projet

Les projets entrepris doivent être le reflet d'une demande sociale, car toute reconquête spatiale est indissociable de l'intégration sociale. Le succès d'un projet est tributaire de l'usage qu'en feront les utilisateurs : communiquer autour de celui-ci peut contribuer à éviter des réactions de rejet ou d'indifférence. Développer avec détermination les conditions d'une implication, forte et constante de la population pour une appropriation des projets et leur réussite n'a de sens que si les acteurs travaillent de concert, structurés autour de dispositifs pérennes de pilotage et de coordination, et veillent à développer les modalités de participation des habitants puisqu'ils sont les destinataires des actions de résidentialisation.

Structurer la démarche dans le temps

La notion de temps ou de durée est une dimension essentielle dans la réussite d'un projet, ceci est d'autant plus vrai lorsqu'il s'agit d'opérations de résidentialisation ; citons l'importance de l'habitude dans l'appropriation de l'espace, la nécessité de pouvoir mûrir un avis…etc. Il est nécessaire de choisir un rythme d'élaboration et utiliser le temps pour construire le projet. Il faut donc, savoir s'adapter pour inscrire l'opération dans la durée. Il faut également repérer les différentes phases du processus, délimiter le temps qu'il faudra pour les réaliser. Les personnes associées doivent connaître le temps dont elles disposent pour réfléchir au problème. L'établissement de dates butoirs constitue donc des repères utiles.

Assurer une gestion post-opérationnelle efficiente

Autant que le projet de résidentialisation lui-même, l'après projet revêt un impact tout aussi important. En effet, dès lors que ces aménagements sont réalisés, leur fonctionnement et leur entretien doivent mobiliser et retenir l'attention et les préoccupations de tous les acteurs de la gestion urbaine. La résidentialisation d'un quartier déqualifié constitue une décision pertinente, laquelle pertinence suppose qu'il ne soit pas rapidement dégradé et qu'il puisse fonctionner dans la durée. Les politiques qui sous-tendent la réalisation de ces aménagements représentent des efforts d'investissements publics très importants, il est donc crucial de préserver leur pérennité pour conserver des capacités d'action politique dans d'autres domaines.

Eléments de bibliographie

Billard G., Chevalier J., Madore F., (2005), *Ville fermée, ville surveillée. La sécurisation des espaces résidentiels en France et en Amérique du Nord*, Presses Universitaires de Rennes, Rennes, 235p.

Boubekeur S., (1986), *L'habitat en Algérie : Stratégies d'acteurs et logiques industrielles,* OPU, Alger, 256p.

Cote M., (1983), *L'espace algérien, les prémices d'un aménagement*, OPU, Alger, 248p.

Deluz J-J., (1988), *L'urbanisme et l'architecture d'Alger, aperçu critique*, Mardaga/OPU, Liège/ Alger, 195p.

Dufaux F., Fourcaut A., (2004), *Le monde des grands ensembles*, Créaphis, Paris, 252p.

Dunoyer de Segonzac A-J ., Durand D., Bastide C., (2004), *De la cité à la résidence, Repères pour la résidentialisation*, UNFOHLM/USH/PUCA, Paris, 398p.

Faure A., (1996), *Entre les tours et les barres : restructurer les espaces publics des grands ensembles*, CERTU-DIV, Lyon, 205p.

Fourcaut A., Dufaux F., (2003), *Faire l'histoire des grands ensembles, bibliographie 1950-1980,* ENS éditions, Lyon, 208p.

Furet C., (déc. 1999/janv. 2000), Refaire le lien, *Techniques & Architectures*, Archipress & associés, n°446, p. 56-59.

Geoffroy G., Oddos E., (2007), *La résidentialisation en questions*, CERTU, coll. Débats, n°53, Lyon, 176 p.

Lacaze J-P ., (2000), *Les méthodes en urbanisme*, PUF, coll. Que Sais-je ?, Paris, 128p.

Le Garrec S., (2006), *Le renouvellement urbain, genèse d'une notion fourre tout*, Université de Paris XII, coll. Recherches n°160, Paris, 92p.

Maman F., (2004), *Les discours de la résidentialisation*, Mémoire de séminaire : architecture, formations urbaines, habitat, Ecole d'architecture Paris-La Villette, 60p.

Navez-Bouchanine F., (1997), *Habiter la ville marocaine*, L'Harmattan, Paris, 287p.

Navez-Bouchanine F., Dansereau F., (1998), *Gestion du développement urbain et stratégies résidentielles des habitants*, L'Harmattan, Paris, 355p.

Oblet T., (2008), *Défendre la ville*, PUF, coll. La ville en débat, Paris, 124 p.

Pinçon M., (1982), *Cohabiter : groupes sociaux et modes de vie dans une cité HLM*, Plan Construction, Paris, 246p.

Piron O., (2003), *Le renouvellement urbain, analyse systémique,* La Documentation Française, coll. PUCA, Paris, 135p.

Rogers R., Gumuchdjian P., (2000), *Des villes pour une petite planète*, Le Moniteur, Paris, 213p.

Tobelem-Zanin F., (1995), *La qualité de vie dans les villes françaises*, Publications universitaires Rouen-Havre, Rouen, 288p.

Vayssieres B., (1988), *Reconstruction-Déconstruction. Le hard french ou l'architecture française des Trente Glorieuses*, Picard, Paris, 327p.

Aniss Mouad MEZOUED

L'in-adhérence spatiale du tramway d'Alger à l'échelle locale

La production des transports de manière générale, et des transports publics en particulier, est souvent pensée et réalisée dans une logique de déplacement d'un point A à un point B, sans considérer ce qui se passe entre les deux. Cette logique est celle de la ville moderne, façonnée par la division du travail et la répartition des activités suivant des zonings qu'il faut relier entre eux (Ascher, 2005). Aujourd'hui encore, *« la ville continue d'être pensée comme ensemble d'activités localisées, le transport n'étant que la conséquence regrettable quoiqu'inévitable de la croissance de la ville et de la distribution spatiale des activités »* (Amar, 1993). Cette vision du transport comme lien entre un point A et un point B, considérés tous deux comme des lieux et donc comme des espaces-temps, envisage la liaison même entre ces deux points comme étant hors de l'espace-temps, comme un non-lieu. Ce serait un vide qu'il faut soit réduire par l'augmentation toujours plus importante de la vitesse, soit occuper par une distraction ou une activité quelconque (Amar, 1993). Envisagés de la sorte, les transports sont de plus en plus conçus et réalisés en sites propres, pour réduire au maximum les « interférences » extérieures et gagner du temps en allant plus vite. Ils sont, de ce fait, de plus en plus isolés de la ville et de ce qui s'y rapporte comme vie sociale, activités économiques et intensités urbaines.

Face à cette situation, de nombreux auteurs et professionnels proposent de repenser la mobilité et les systèmes de transport en les intégrant à la réflexion sur la ville. Ils mettent en évidence que la mobilité n'est pas une prothèse externe aux pratiques urbaines les plus fondamentales, mais qu'elle constitue un des éléments fondamentaux de la constitution de la ville et de son « urbanogénèse » (Lévy, 2005). Georges Amar, par exemple, propose de penser la ville même comme un *« système de mouvement »*, et d'établir une écologie du transport urbain, c'est-à-dire penser la ville comme une forme organisée du mouvement humain (Amar, 1993). L'idée est en partie de reconsidérer la formule habituelle du déplacement d'un point A à B en suivant un chemin précis, et lui substituer l'idée de détour. Le trajet de A à B n'est plus vide, mais peut être « meublé » par des haltes, des rencontres, des imprévus, etc. Ceci implique l'idée de multiplier les « points d'ancrage » et de renforcer l'adhérence des transports au territoire et au tissu de la ville. C'est une sorte d'urbanisation du mouvement qui passe par le fait de lui aménager *« une place pensée en cohérence avec l'organisation du tissu urbain dans toute sa variété »* (Amar, 1993).

L'arrivée d'un tramway dans une ville est représentative de la volonté souvent affichée par les pouvoirs publics de dépasser le simple mode de transport et de participer à la fabrication d'un projet de ville. Il est souvent l'occasion d'effectuer une série de travaux afin de régénérer des quartiers, de réaménager l'espace public et, de manière générale, d'améliorer la qualité de l'espace urbain. Au-delà des préoccupations de transport et de déplacement qu'apporte le projet d'infrastructure qu'est le tramway, ce dernier est porteur d'un projet plus vaste qui se construit différemment en fonction de l'un des deux modes de production dont il fait l'objet. Le premier mode est marqué par le prisme social, voire socio-économique. Il vise à relier les quartiers entre eux, à créer de la mixité, à rapprocher les habitants des emplois, etc. Le second mode est imprégné par le référentiel environnemental. Il vise à produire un transport propre, à réduire l'usage de l'automobile, à favoriser les métriques[1] douces, à créer une certaine qualité environnementale et urbaine, etc. (Hamman, 2011). Ces deux modes de production ont une visée qui dépasse la vision unique du déplacement. Ils sont souvent combinés ou en interactions. Tous deux voient le tramway *« comme un modèle de ville et non simplement de transport »* (Hamman, 2011, p. 13).

Pour que le tramway ou tout autre type de transport public participe au projet de ville et à l'amélioration de la qualité de l'espace urbain, il se doit de participer au renforcement ou à la construction de l'ancrage du système de transport au territoire de la ville. Cet ancrage est avant tout spatial, mais touche également aux usages et aux pratiques d'une part, aux jeux d'acteurs et aux processus organisationnels d'autre part. C'est à travers ces trois aspects que les métriques de transport public adhèrent au territoire. Il semblerait que cette notion d'adhérence soit un élément clé dans le passage d'une conception des transports comme mode de déplacement d'un point A à un point B, à une conception qui soit en lien avec le tissu urbain, les pratiques de l'espace et les dynamiques de production de la ville. La

[1] Une métrique est un mode de transport.

première partie de cet article tente d'apporter des éclaircissements à cette notion d'adhérence. Elle apporte quelques éléments complémentaires aux définitions données par Jacques Lévy et Georges Amar en complétant la notion d'adhérence spatiale, par l'adhérence en termes d'usages et de pratiques et l'adhérence en termes de jeux d'acteurs et de systèmes organisationnels. Ensuite, l'article se concentre sur l'adhérence spatiale en proposant une grille d'évaluation de l'adhérence spatiale du tramway à l'échelle locale. Enfin, cette grille nous permet d'évaluer l'adhérence du tramway d'Alger au territoire des quartiers qu'il traverse.

L'adhérence des métriques

L'adhérence d'une métrique est, d'après Jacques Lévy « [...] *la possibilité pour le voyageur de couvrir l'ensemble des points du parcours, c'est le rapport entre la longueur du réseau (dans une unité de mesure donnée) et le nombre de points d'arrêt. Exemple : pouvoir monter ou descendre entre deux arrêts d'autobus* » (Lévy, 2005). Ceci implique l'idée que la multiplication des arrêts d'un transport en commun renforcerait son adhérence. Plus il y aurait de stations, plus la métrique s'accrocherait au territoire et plus elle serait adhérente. L'adhérence se mesure suivant une échelle, du moins adhérent au plus adhérent, ou de l'adhérence « terminale » discontinue à l'adhérence « longitudinale » continue. Nous retrouvons dans un premier extrême le transport aérien complètement déconnecté des lieux. Il décolle d'un point A vers un point B, il est complètement discontinu. De l'autre côté, nous retrouvons la marche à pied comme déplacement continu qui adhère complètement au territoire, elle permet d'accéder à toutes ses parties. Amar propose de classer les différents types de mouvement, en fonction de leur rapport à la ville, en les positionnant du plus discontinu au plus continu. À la ville étalée et aux grands territoires correspondent des modes moins adhérents qui favorisent les vitesses et réduisent les points d'ancrage. À l'opposé, à la richesse des tissus urbains correspondent des modes plus adhérents qui permettent d'accéder à un maximum de lieux *« comme une sorte de couture à petits points »*. Cette adhérence définit également l'accessibilité des lieux. Plus un espace est desservi par des modes adhérents, plus les différentes parties de cet espace seront accessibles. De plus, moins un mouvement est adhérent au territoire *« plus son contenu propre, tant en termes d'activité qu'en termes d'espace, est lui-même étranger aux lieux et activités qu'il relie »*. Inversement, plus ce mouvement est adhérent, plus les points qui déterminent l'adhérence sont en lien avec l'environnement et déterminent le mouvement lui-même (Amar, 1993; Lévy, 2005).

L'idée de combiner la pensée sur la ville et ses formes urbaines avec celle sur la mobilité et les transports implique l'idée de penser ces derniers comme un système où l'adhérence au territoire représente une valeur positive. Plus un mode est discontinu, plus il devra être complété par des modes continus pour renforcer l'adhérence du système. Il faut penser, de ce fait, l'intermodalité comme un système qui permet de passer de la discontinuité à la continuité. La métrique la plus adhérente étant la métrique pédestre, ce système devrait favoriser l'interaction entre les transports en commun – sur lesquels portent nos préoccupations — et le déplacement piéton. Ce dernier est le seul à permettre des arrêts à n'importe quel point du parcours.

Si nous nous limitons à ces définitions, l'adhérence reste attachée à la linéarité des parcours. Elle ne prend pas en charge l'épaisseur du territoire compris autour de chaque métrique ni le rapport de continuité avec la métrique pédestre. La multiplication des points d'ancrage d'une ligne de transport public ne garantit pas forcément le lien avec l'environnement de la ligne. Les points d'ancrage ne garantissent pas forcément un bon relais pédestre. Si le parcours à pied est mal aménagé ou parsemé d'obstacles, l'adhérence du système est mise à mal. De plus, si les habitants ou les piétons n'ont pas accès à la métrique pour une raison ou pour une autre, l'adhérence de ce transport s'affaiblit malgré le nombre important d'arrêts. De ce fait, la notion d'adhérence implique une compréhension plus large qu'il est important de redéfinir ou plutôt de préciser.

Si nous prenons la définition de l'adhérence, comme *« l'état d'une chose qui adhère physiquement à une autre »*[2] : Dans le cas de l'espace urbain, l'adhérence devient le propre des objets urbains qui favorisent le contact entre eux et avec les différentes parties du territoire. Un mode de transport adhérent est donc, non seulement, un mode qui multiplie les points d'ancrage au territoire, mais c'est également un mode qui permet de connecter ces points aux différents objets constitutifs de ce territoire. À l'échelle de la ville, les modes de transport doivent adhérer différemment en fonction des échelles de territoire, de la centralité et du rayonnement des objets qu'ils connectent. Si nous prenons les équipements publics par exemple et leur rayon d'influence tel que présenté par Richard Rogers (Rogers, 1999) (figure 1), certains équipements métropolitains nécessiteraient d'être connectés suivant la logique des grandes distances des grands territoires. Les modes leur correspondant sont des modes discontinus qui connectent ces centralités entre elles. Plus les équipements se rapprochent de la petite échelle, plus les métriques doivent être continues. Elles doivent multiplier les points d'ancrage pour s'accrocher aux petites distances. La connexion de la petite échelle vers la grande échelle se fait par l'intermédiaire de

---

[2] http://www.cnrtl.fr/definition/adhérence

l'intermodalité qui permet de passer des modes adhérents à l'échelle du voisinage à des modes moins adhérents à l'échelle de la ville ou de l'aire métropolitaine. C'est l'intermodalité et la connexion entre les différentes lignes du réseau de transport public qui assurent l'adhérence à la grande échelle. À l'échelle locale des quartiers et du voisinage, lorsque les distances sont plus courtes, c'est la métrique pédestre qui assure l'adhérence. Les différents arrêts d'un tramway ou d'une ligne de bus par exemple, doivent permettre une continuité des déplacements piétons de l'intérieur de ces modes vers l'extérieur. À chaque station, il devrait être possible de rejoindre, dans une distance de confort pédestre, l'ensemble des éléments constituant le territoire environnant compris dans une certaine épaisseur de part et d'autre de la ligne. Ceci renforcerait le contact entre les différentes métriques et le territoire de la ville, par l'intermédiaire de la métrique pédestre.

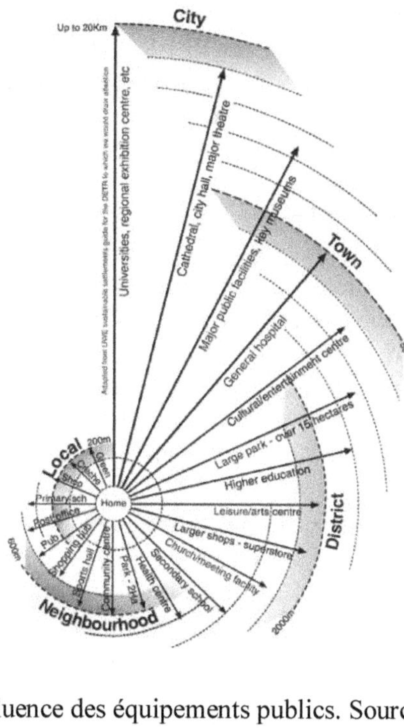

Figure 1: Rayons d'influence des équipements publics. Source : Rogers, 1999.

Dans cette optique, l'espace public prend une importance considérable du fait qu'il est le support des déplacements piétons. Si les autres métriques constituent, lorsqu'elles ont une bonne adhérence, des coutures à petite échelle, comme le précise Georges Amar (Amar, 1993), la métrique pédestre agit plus comme un tissage. Elle introduit une seconde dimension qui lui permet des ramifications sur l'ensemble du territoire. Les parcours offerts y sont multiples et les points d'arrêts infinis. Ce tissage permet de se connecter aux différentes parties du territoire de l'échelle locale et aux différents objets le constituant. Les distances de confort pédestre de 500 m de Léon Krier deviennent, en ce sens, des références pour le calcul et l'évaluation de l'adhérence du système de mobilité à l'échelle locale. Au niveau de la ville, il est à présent possible de dire que l'efficacité d'un système de mobilité et son adhérence relèvent non seulement du passage de modes discontinus à des modes continus, comme le précise Amar (Amar, 1993), mais également d'un tissage sur le territoire. Les métriques des transports publics prises individuellement se développent sur une seule dimension assurant des coutures linéaires. Des lignes seules ne sont pas efficaces ni complètement adhérentes, malgré un nombre important d'arrêts. Elles ont besoin de connexions avec d'autres lignes de la même métrique et de métriques différentes. Elles doivent constituer un maillage ou un tissage sur la deuxième dimension, voire la troisième si l'on prend en considération des changements de niveaux. Ce tissage doit permettre une articulation entre les logiques différentes de chaque échelle de territoire. L'adhérence aux aires métropolitaines et aux régions doit permettre une efficacité des transports en termes de temps de parcours, afin de connecter des équipements métropolitains par exemple. À l'inverse, l'adhérence aux échelles locales doit permettre le déploiement de l'espace public afin de favoriser les connexions locales à travers la métrique pédestre qui est plus adhérente. De par cette tension entre les niveaux d'échelle et de desserte du territoire, la question de l'adhérence pose inévitablement le problème de l'articulation et de l'équilibre à trouver entre la vitesse commerciale des métriques en question et la finesse de la desserte et donc de l'espacement des stations. Il paraît évident qu'une même métrique peut nécessiter de la vitesse à certains endroits et de la lenteur et une forte adhérence à d'autres, notamment à proximité des lieux de vie et d'intensité urbaine[3].

En ayant l'espace public et la métrique pédestre comme référence, il est possible de définir l'adhérence d'un mode de transport comme sa capacité à multiplier les contacts avec le territoire qu'il traverse et avec les objets qui constituent ce territoire. Cette adhérence est assurée par la multiplication des points d'ancrage (des arrêts) d'une part, et par l'établissement des liens et des contacts dans l'épaisseur du territoire d'autre part. Ceci se fait à travers la connexion à d'autres lignes lorsqu'il s'agit de la grande échelle, et à travers l'espace public lorsqu'il s'agit de l'échelle locale. Pour assurer une certaine qualité urbaine au niveau du voisinage, tout objet urbain doit assurer un certain confort d'accès aux déplacements piétons. C'est la relation des différents objets à la métrique pédestre qui assure leur adhérence au territoire. Par conséquent, l'adhérence devient une des conditions de la

[3] L'intensité urbaine est prise au sens de concentration d'activités et d'attractivité de certains lieux.

construction d'un espace urbain qui offrirait une certaine qualité de vie en ville. Vue de la sorte, l'adhérence devient le moyen d'assurer la continuité entre l'espace de mobilité en tant qu'espace public, comme entendu par Isaac Joseph (Clot-Goudard & Tillous, 2008), et l'espace public urbain construit par les rues, les places, les parcs, etc.

Le concept d'adhérence a été présenté jusqu'ici en se basant sur les aspects exclusivement spatiaux. Or, l'accroche au territoire, qui est le propre de l'adhérence d'une métrique, ne devrait pas, selon nous, se limiter uniquement aux aspects spatiaux de ce territoire. En effet, ce dernier implique des aspects immatériels qui en font partie intégrante. Il s'agit notamment des pratiques et usages des habitants de ce territoire et des jeux d'acteurs qui le produisent. De ce fait, il semble important d'élargir la notion d'adhérence au territoire à l'ensemble des éléments qui le composent. L'adhérence ne serait plus l'exclusivité du contact physique, mais deviendrait également la caractéristique d'une métrique par rapport à certains comportements individuels ou collectifs. Le comportement et les idées des acteurs qui produisent la ville et des usagers qui utilisent le tramway deviennent des critères supplémentaires pour caractériser l'adhérence de cette métrique. De ce fait, en plus de l'adhérence spatiale, il est possible d'identifier deux autres types d'adhérence qui seraient : l'adhérence en termes de pratiques et des usages et l'adhérence en termes de processus organisationnels et de jeux d'acteurs. L'usage du terme adhérence pour ces deux aspects peut sembler alors problématique. Pour être plus précis, le terme adhérence définit la qualité de la métrique et non les pratiques et les acteurs. Une métrique adhérente est une métrique qui fait en sorte que les habitants l'utilisent et que les acteurs adhèrent au projet et aux processus qui en découlent.

L'adhérence en termes de pratiques et d'usages implique l'idée que les citoyens acceptent dans un premier temps le mode qui leur est offert. Dans un deuxième temps, ceci implique le fait qu'ils l'utilisent et qu'ils y aient accès. Pour ce faire, il faudrait que le mode de transport leur offre une certaine adhérence, qui se matérialise dans ces cas-là par son accessibilité d'une part, et par la sécurité qu'il offre d'autre part. Ceci implique un certain nombre de paramètres qui entrent en jeu pour la définition de son accessibilité et de son niveau de sécurité. En termes d'accessibilité, ceci renvoie dans un premier temps aux configurations spatiales qui doivent permettre un accès facile à la métrique. La proximité des lieux de vie et d'emploi, l'absence d'obstacles et l'efficacité du maillage sont autant de paramètres qui définissent l'accessibilité d'un mode de transport en termes spatial. Cette dernière doit prendre également en charge les personnes âgées et les personnes à mobilité réduite (PMR). Elle doit leur donner accès à travers une série de dispositifs spatiaux tels que les rampes PMR, l'alignement des niveaux entre les quais et les rames, etc. Le second aspect de l'accessibilité est financier. Il se définit par rapport aux tarifs pratiqués et à la possibilité d'y accéder d'un grand nombre de citoyens issus de milieux sociaux différents. Cet aspect est d'autant plus important que le tramway est souvent produit suivant le mode socio-économique, vu précédemment. Pour que les citoyens puissent l'utiliser, il faudrait qu'ils puissent avoir les moyens d'acheter un titre de transport ou de souscrire à un abonnement. Des prix élevés et uniques pour tous les citoyens ne permettent pas une adhérence du tramway à toutes les classes sociales. De ce fait, la question des subventions et des tarifs différenciés se pose avec acuité. Pour que les transports publics soient réellement rentables, les tarifs doivent dépasser un certain seuil afin d'amortir les investissements réalisés. Ils sont par conséquent, et dans la majorité des cas, subventionnés par les pouvoirs publics afin de réduire les prix des titres de transport et de donner accès à un plus grand nombre de citoyens. Ce subventionnement se fait, soit par la réduction générale du prix du ticket, soit à travers des abonnements spécifiques. Ces derniers visent souvent les étudiants, les personnes âgées, les personnes sans emploi, les familles nombreuses et les enfants – qui y ont souvent accès gratuitement en dessous d'un certain âge.

En termes de sécurité, l'adhérence du tramway se définit également par une série de dispositifs techniques, mais aussi humains. Pour que les citoyens utilisent le tramway, il faut qu'ils aient avant tout un sentiment de sécurité qui leur permette d'emprunter ce transport sans crainte. Ceci implique une sécurité des usagers par rapport aux agressions physiques, aux vols et aux accidents (Terzakou, 2011). Cette sécurité doit se matérialiser à l'intérieur du tramway, comme à l'extérieur au niveau de ses stations et des parcours qui y mènent. Elle passe par une série de dispositifs techniques qui commencent par l'éclairage des stations, la mise en place de barrières de sécurité, l'installation d'une signalisation et de passages à niveau sécurisés, etc. Ensuite, cette sécurité est aussi assurée par des dispositifs humains visant à prévenir les risques et à y réagir. Ces dispositifs passent en premier lieu par le contrôle des titres de transport, qui installe un sentiment de sécurité et prévient l'accès au tramway par des personnes mal intentionnées (Terzakou, 2011). Elle passe également par des dispositifs de médiation par l'intermédiaire d'agents dont le rôle est d'apaiser les situations en cas de conflits ou de confrontation entre individus. C'est notamment le cas de la politique des « grands frères » ou des agents de prévention développés en France par la SNCF (Société Nationale des Chemins de Fer) et la RATP (Régie Autonome des Transports Parisiens). Enfin, cette sécurité passe par l'installation d'un dispositif policé ou d'une police spécialisée visant à lutter contre la délinquance et à prévenir des risques. Elle intervient lorsque la médiation est insuffisante (Terzakou, 2011). Ce dispositif humain est souvent accompagné d'un dispositif de sécurisation par vidéosurveillance installé au niveau des stations et des rames. Il permet de suivre d'éventuels suspects ou d'identifier les auteurs d'une agression ou d'une dégradation. L'ensemble de ces dispositifs visant l'accessibilité ou la sécurisation du tramway, participe de manière significative à développer un sentiment positif auprès des citoyens. Ce dernier est primordial pour que les citoyens adhèrent à l'utilisation du tramway. Ce sont des dispositifs qui renforcent l'adhérence du tramway au territoire en y ajoutant un volet humain.

L'adhérence en termes de processus organisationnels et de jeux d'acteurs, quant à elle, implique l'idée que les acteurs producteurs du territoire adhèrent au projet de tramway et l'intègrent dans les processus et les dynamiques à l'œuvre ou à venir d'une part, et que le tramway lui-même intègre les dynamiques des différents acteurs à son propre processus, d'autre part. En tant que dynamique participant à la fabrication de la ville, le tramway, de par les processus qu'il met en œuvre, se met systématiquement en interaction avec les autres dynamiques productrices de la ville. Il met en interaction des acteurs du secteur public, des acteurs du secteur privé et des acteurs de la société civile. Il met également en interaction des niveaux d'échelles territoriales différentes qui correspondent à une diversité d'acteurs et à des systèmes d'organisation et des processus de production du territoire, tout aussi différents. L'adhérence du tramway, à ce niveau, est sa capacité de s'accrocher aux processus à l'œuvre sur le territoire et d'intégrer les revendications et les projets des différents acteurs. C'est aussi sa capacité d'adhérer aux différentes échelles territoriales et d'intégrer, dans le processus global, les processus qu'elles impliquent. En tant que projet structurant, le tramway doit fédérer l'ensemble des acteurs et les mener vers un consensus. Son adhérence dépend en partie de sa capacité, en tant que projet structurant et en tant que processus, de rassembler les différents acteurs et les faire porter le projet. Un projet adhérent doit permettre de mettre en concordance des actions et des récits qui sont à la base discordants.

Jusqu'à présent, cette adhérence des processus organisationnels et des acteurs du territoire ne concerne que la durée du projet jusqu'à sa réalisation. Pourtant, la ville change et est en constante évolution. Le jeu d'acteurs et les dynamiques de production de la ville sont en perpétuels mouvements et reconfigurations. Le tramway doit donc permettre à de nouveaux projets, à de nouveaux acteurs ou à de nouveaux besoins de se greffer à sa propre dynamique. Son adhérence ne s'arrête pas avec l'arrêt des travaux. Elle doit continuer et permettre la modification d'une ligne, sa déviation, son extension ou l'augmentation de sa capacité en fonction des besoins. Elle doit permettre également, à d'autres acteurs par exemple, de créer des nœuds d'intermodalité supplémentaires, de nouvelles centralités, de nouveaux aménagements, etc. Ces derniers doivent avoir la possibilité de se greffer au tramway de manière physique, mais aussi organisationnelle en modifiant les dynamiques en place par l'apport de nouveaux besoins (Mezoued, 2015).

L'adhérence spatiale du tramway d'Alger

Le tramway d'Alger a été inauguré en 2011. La volonté clairement affichée des pouvoirs publics est de désengorger la partie Est de la ville et de réduire l'encombrement automobile en desservant l'université de Bab-Ezzouar, les cités universitaires, les grands ensembles de logements fortement peuplés et la foire d'Alger. Il a clairement été pensé comme une simple infrastructure de transport sans vision urbanistique. À ce propos, Rachid Ouezane, directeur des transports de la wilaya d'Alger, nous dit la chose suivante : *« avant de faire ce projet, nous n'avions pas de vision d'aménagement »*[4]. Le responsable juridique de l'Entreprise du Métro d'Alger (EMA), Abdelouahab Boubékeur, précise : *« En ce qui concerne la vision, elle s'arrête au plan de transport »*[5] . Enfin, Monsieur Badouna, architecte responsable de la réalisation des aménagements de la ligne, nous dit ceci : *« Initialement dans la commande, nous n'avons pas accordé d'importance aux aménagements. Nous pensions faire un projet de transport dénué de toute réflexion architecturale (...). Nous l'avons intégrée tardivement, car elle n'était pas dans le cahier des charges. (...) Des fois, vous constatez qu'il y a quelques aberrations dans les aménagements, qu'il y a des passages qui ne fonctionnent pas, c'est parce que cela a été improvisé en cours de route »*[6]. De plus, le tramway a été conçu et réalisé comme un projet structurant et centralisé. Il avait pour but de déplacer la population des lieux d'habitation aux lieux d'emploi. Il avait donc une visée principalement métropolitaine. Pourtant, les premières observations montrent que le tramway est principalement utilisé pour un usage local de petits déplacements entre quartiers. Par ailleurs, le processus de réalisation du tramway a impliqué principalement des acteurs institutionnels de haut niveau en excluant la société civile et les acteurs de l'échelle locale, notamment les communes dont l'implication s'est limitée à la consultation. Si le tramway d'Alger a été pensé de manière centralisée comme un projet structurant et sans ancrage local, quelle est donc l'adhérence de cette métrique à l'échelle des quartiers qu'il traverse ? Quelle est la capacité du tramway d'Alger à participer au projet de ville algérois et à l'amélioration de la qualité de l'espace urbain d'Alger ?

---

[4] Interview de Rachid Ouezane, directeur des transports de la wilaya d'Alger, octobre 2012.

[5] Interview de Abdelouahab Boubékeur, responsable juridique de l'EMA, octobre 2012.

[6] Interview de monsieur Badouna, le 21 février 2012.

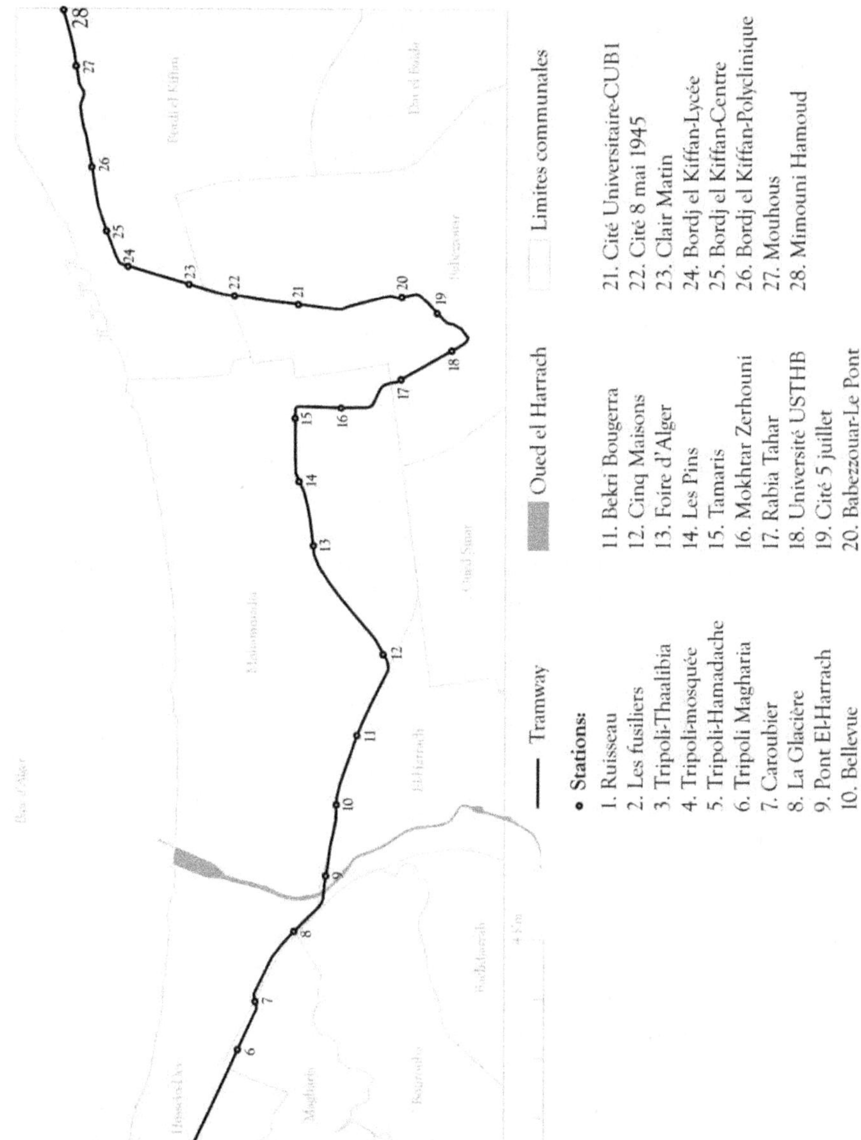

Figure 2 : Tracé du tramway d'Alger. Source : Mezoued, 2015.

Le premier tronçon du tramway d'Alger comprend 28 stations sur une longueur de 16,2 km. Il traverse dans son passage six communes de la périphérie Est d'Alger centre, qui sont : Kouba, Hussein Dey, Magharia, Mohammadia, Babezzouar et Bordj el Kiffan (figure 2). L'évaluation de l'adhérence spatiale du tramway d'Alger à l'échelle locale se base sur un travail de terrain effectué entre les mois d'août et de novembre 2012. Ce travail a porté sur l'analyse de la ligne du tramway, mais aussi de ses abords, et sur quelques quartiers traversés. Ces derniers ont fait l'objet de huit cadrages de 1 km^2 sur lesquels se sont concentrées les analyses. Cette distance permet d'englober, de part et d'autre de la ligne, une épaisseur de territoire qui correspond à plus ou moins 500 m. C'est l'équivalent de la distance de confort pédestre telle que la définit Léon Krier (Krier, 1977). Ces quartiers sont : Le Ruisseau/Abattoirs, Hussein Dey centre, Cinq Maisons, Mokhtar Zerhouni (Les Bananiers), Bab-Ezzouar 5 juillet, Bab-Ezzouar Cité universitaire, Bordj el Kiffan centre et Bordj el Kiffan Mouhous.

En prenant comme référence la métrique pédestre, il s'agit d'évaluer comment le tramway se connecte aux différents éléments constituant le territoire des huit quartiers analysés. Nous avions pour objectif d'évaluer, à travers la marche, comment chacune des stations comprises dans les huit cadrages interagit avec son environnement. Pour ce faire, nous avons commencé par identifier les éléments caractéristiques du territoire, en nous basant sur la grille d'analyse de Kevin Lynch dans *L'image de la cité*. Ce dernier identifie des éléments de paysage qui caractérisent une ville et donc un territoire. Il se base pour cela sur des observations de terrain, une cartographie et des enquêtes auprès de la population. Ceci lui permet d'identifier l'image de la ville telle que se la représentent les habitants. Il établit une grille de lecture en utilisant cinq éléments principaux. Ces éléments sont : les voies (parcours) ; les points de repère ; les nœuds ; les limites et les quartiers. Ce sont des éléments clés de la lecture du territoire et de la compréhension de sa structure. Nous proposons donc d'utiliser en partie, non pas la méthode de Lynch, mais sa grille de lecture du territoire. L'objectif étant une identification des éléments caractéristiques des quartiers. Pour ce faire, nous utilisons les cinq éléments de Lynch auxquels nous rajoutons trois éléments complémentaires. Ces éléments font partie du territoire et sont considérés comme des éléments importants auxquels le tramway doit nécessairement adhérer. Ces éléments sont : les équipements ; les espaces publics et la mobilité. Pour chacun des éléments, une carte a été produite par quartier (figure 3), ainsi que huit cartes de synthèse. Elles ont été réalisées en collaboration avec Lucie Desmedt, étudiante stagiaire, dans le cadre du master complémentaire en urbanisme et aménagement du territoire de l'Université catholique de Louvain (UCL).

L'adhérence du tramway dépend donc de la manière avec laquelle il interagit avec les différents éléments constituant le territoire. Cette adhérence est spécifique à chaque type d'élément. En effet, l'adhérence aux éléments ponctuels de type nœuds et centralités n'est pas la même que l'adhérence aux éléments linéaires de type limite, ou surfaciques de type quartier. Dans ce qui suit, chaque type d'élément est repris séparément et défini en fonction du rapport mis en place par le tramway.

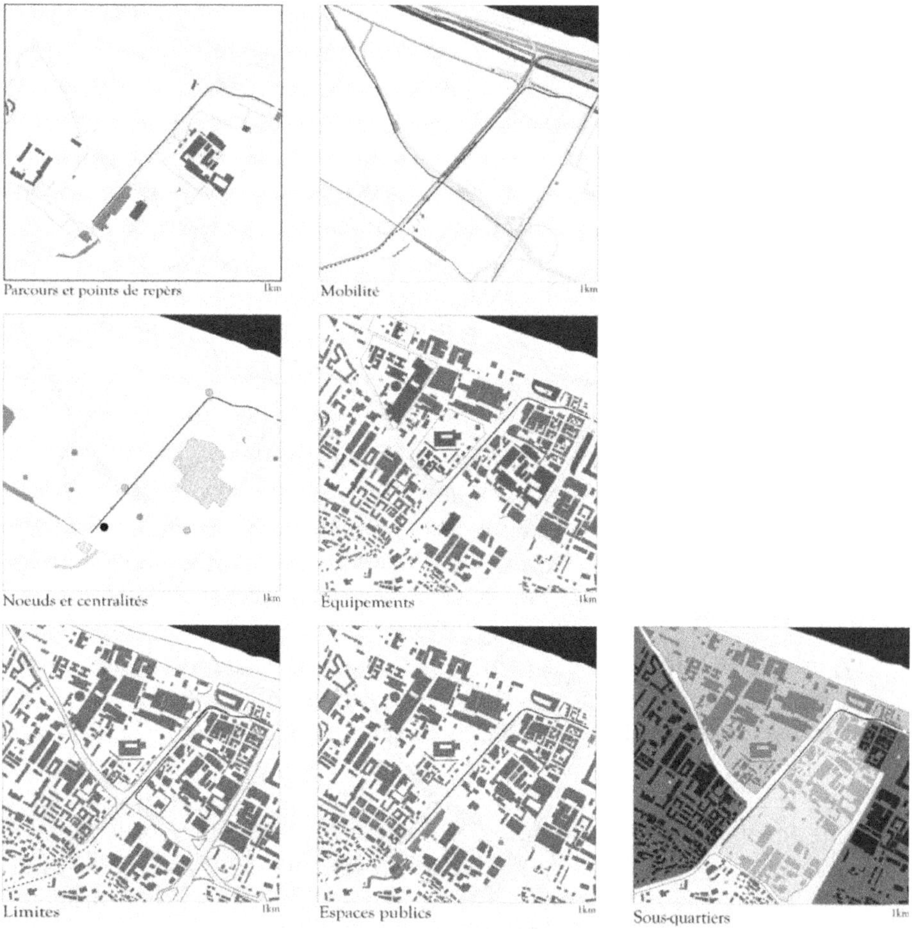

Figure 3 : Exemple de la cartographie des huit éléments du territoire pour le quartier du Ruisseau-Abattoirs. Source : élaboration de l'auteur en collaboration avec Lucie Desmedt.

- **Les voies (parcours) et les points de repère** sont combinés dans une seule cartographie. L'adhérence du tramway à ces éléments dépend de sa capacité à se connecter aux parcours et à la voirie et d'offrir un cheminement piéton confortable. Il doit aussi permettre de rejoindre les points de repère et de leur donner une meilleure visibilité.

- **Les nœuds** *« (...) sont les points focaux et stratégiques dans lesquels un observateur peut pénétrer (...) »* (Lynch, 1969). Ils peuvent autant être les points de rencontre des voies et des parcours, qu'une place, un commerce ou une administration. Ce sont également les centralités qui rayonnent sur un vaste territoire. Ces nœuds et centralités peuvent être existants et renforcés par le tramway ou réduits avec son arrivée. Il se peut également que le tramway lui-même crée de nouveaux nœuds et points de concentration. Son adhérence dépend de sa capacité de renforcer les nœuds existants qui sont à proximité de son parcours et qui coïncident parfois avec les nœuds qu'il crée. C'est aussi sa capacité de connecter, à travers des aménagements d'espace public, des centralités plus éloignées, mais qui jouent un rôle central dans les quartiers.

- *« **Les limites** sont les éléments linéaires qui ne sont pas considérés comme des voies : ce sont généralement, mais pas toujours, les frontières entre deux sortes de zones »* (Lynch, 1969). Les limites peuvent être naturelles, de type rivière, mer, montagnes, ou artificielles de type infrastructures ferroviaires, ponts, autoroutes, etc. L'arrivée du tramway dans des quartiers agit de différentes manières par rapport aux limites. Il peut créer de nouvelles limites ou renforcer des limites existantes, comme il peut permettre de dépasser les limites, de créer des connexions et des liens entre les différents bords. Dans le premier cas le tramway est in-adhérent, dans le second il est adhérent.

- À l'échelle de la ville, Kevin Lynch nous parle de **quartiers**. Dans notre cas, en étant déjà dans des quartiers, la subdivision crée des sous-quartiers. Ce sont des zones relativement homogènes et continues qui ne sont pas divisées par des limites. Elles comportent, dans la majorité des cas, le même type de tissu et de formes urbaines. Elles correspondent à une échelle intermédiaire entre les quartiers et les fragments du bâti. Le tramway est adhérent aux sous-quartiers, lorsqu'il permet de les connecter entre eux. Il est au contraire in-adhérent lorsqu'il renforce la séparation par le renforcement d'une limite, ou lorsqu'il divise un sous-quartier en deux.

- **La mobilité** est le premier élément que nous rajoutons à la grille d'analyse proposée par Lynch. Il s'agit du réseau de transport en commun qui traverse chaque quartier. L'adhérence du tramway doit, comme nous l'avons vu précédemment, permettre, dans le meilleur des cas, une intermodalité avec les autres métriques. Lorsque cela n'est pas possible, l'adhérence peut augmenter avec des connexions piétonnes qui relient les différentes métriques de transport public entre elles.

- En début d'article, il a été mis en évidence l'importance de **l'espace public** qui sert de support à la métrique pédestre. Cet espace doit, de ce fait, être un élément clé pour identifier le niveau d'adhérence du tramway. Ce dernier doit permettre de connecter son propre espace public à l'ensemble des espaces publics des quartiers. Il sera adhérent lorsqu'il créera un réseau d'espaces publics aménagés, fait de places, de rues, de parcs, etc. Il doit assurer une continuité entre son espace nouvellement aménagé et le reste des espaces publics de la ville.

- Le dernier élément qui permet de définir l'adhérence est celui des **équipements** des échelles du voisinage, des quartiers voire même des communes. Ces derniers sont comme les nœuds et les centralités, des lieux qui attirent un certain nombre de citoyens. Ils sont dispersés sur le territoire sans que la logique de répartition spatiale ne soit en lien avec celle du tracé de la ligne de tram. Pour produire un cadre de vie agréable, ces équipements doivent être le plus accessibles possible à la métrique pédestre. De ce fait, l'adhérence du tramway à ces éléments dépend de sa capacité à les rendre accessibles. Il doit permettre de les rejoindre à partir de chaque station en offrant les aménagements adéquats.

Dans le travail de terrain et dans la cartographie, nous avons rencontré, pour chaque élément d'analyse, cinq configurations spatiales. Elles correspondent aux liens qu'établissent les stations du tramway d'Alger avec les éléments des quartiers. En tant que premier point d'ancrage au territoire, ce sont les stations qui servent de référence à l'identification du degré d'adhérence de la métrique en question. Ces cinq configurations sont les suivantes :

1- Configurations in-adhérentes avec déconnexion totale ;
2- Configurations in-adhérentes avec un potentiel de liaison ;
3- Configurations adhérentes par construction du lien ;
4- Configurations adhérentes par proximité ou passage transversal ;
5- Configurations adhérentes par juxtaposition des éléments.

Dans la figure 4, les cinq configurations spatiales de l'adhérence sont schématisées et reprises pour chaque type d'élément. Ce sont l'ensemble des configurations rencontrées à travers l'analyse des huit quartiers. C'est sur cette base qu'est évaluée l'adhérence de l'ensemble de la ligne à l'échelle locale des quartiers. Dans le tableau qui suit (tableau 1), les différents types de configurations sont repris pour chaque élément et pour chaque quartier. Il y est indiqué dans les différentes cases le nombre de fois que l'on retrouve chaque configuration pour chacun des quartiers et pour chaque élément de référence[7]. Chaque type de configuration est représenté dans le tableau par un code couleur qui permet de se repérer et de faciliter la lecture. Pour chaque élément, la configuration la plus présente dans le quartier est colorée de la couleur qui lui correspond. Il est facile, de ce fait, de lire les configurations les plus présentes dans les différents quartiers et dans les différents éléments. La dernière ligne reprend le nombre total de situations rencontrées pour chaque type de configuration.

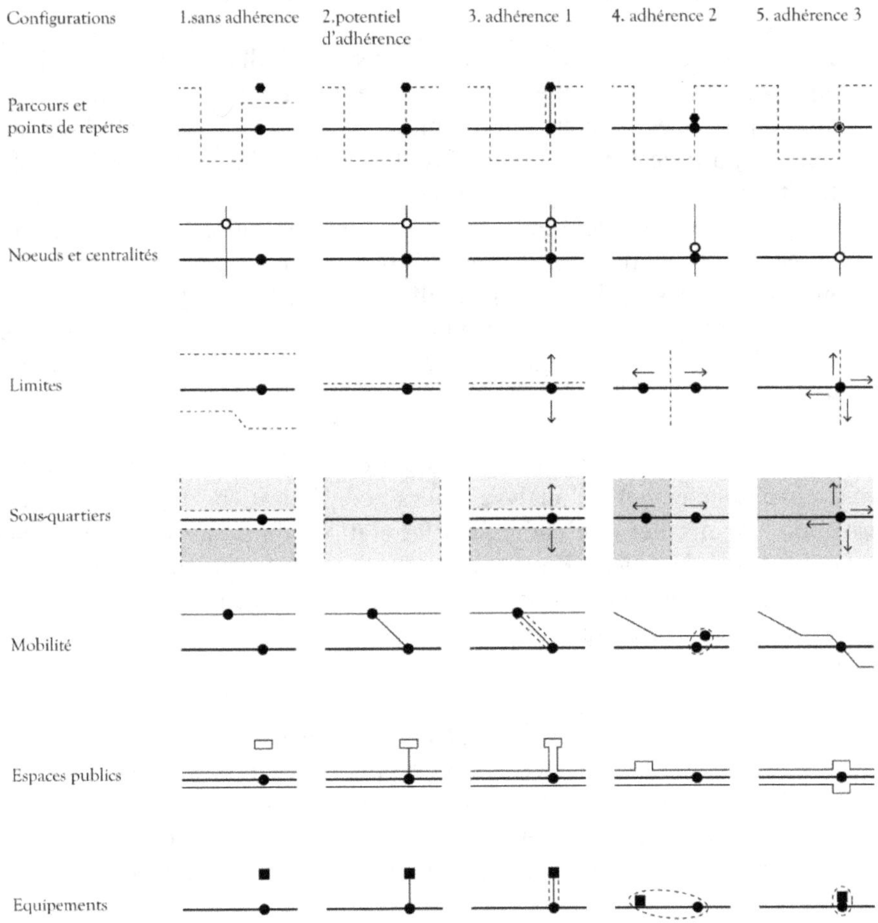

Figure 4 : Schémas des cinq configurations spatiales rencontrées pour chaque élément. Source : Mezoued, 2015.

[7] Ceci est établi à partir de la cartographie réalisée pour chaque quartier.

Tableau 1 : Adhérence du tramway aux éléments du territoire de chaque quartier. Source : Mezoued 2015.

	parcours/repères					noeuds/centralités					limites					sous-quartiers				
Configurations sapat.	A	B	C	D	E	A	B	C	D	E	A	B	C	D	E	A	B	C	D	E
Ruisseau-Abattoirs	3	6	1	0	1	3	10	0	0	1	2	1	1	2	0	2	0	1	1	0
Hussein Dey	2	6	0	2	0	4	7	0	2	0	5	0	0	0	0	1	0	0	0	0
Cinq Maisons	5	0	0	1	0	1	11	1	1	1	1	2	0	0	0	2	1	0	1	0
Mokhtar Zerhouni	2	0	0	0	1	2	13	2	1	0	1	3	0	0	0	1	1	0	0	0
Bab Ezzouar 5 juillet	0	5	1	1	1	1	9	2	2	1	1	3	0	1	0	2	0	1	2	0
Bab Ezzouar CUB1	0	3	1	1	0	2	8	3	1	1	0	1	1	0	0	3	0	1	1	0
Bordj el Kiffan centre	0	7	5	1	0	0	7	7	1	0	1	0	0	0	1	0	1	2	1	1
Bordj el Kif. Mouhous	1	1	0	1	0	1	4	1	1	0	1	1	0	0	0	3	0	0	1	0
Total	13	28	8	7	3	14	69	16	9	4	12	11	2	3	1	14	3	5	7	1

	mobilité					équipements					espaces publics				
Configurations sapat.	A	B	C	D	E	A	B	C	D	E	A	B	C	D	E
Ruisseau-Abattoirs	1	2	0	2	1	5	4	1	3	0	3	4	0	2	1
Hussein Dey	4	2	0	1	0	6	20	0	2	1	1	0	0	0	2
Cinq Maisons	1	0	0	1	1	4	17	2	0	0	5	4	1	2	1
Mokhtar Zerhouni	1	0	0	1	0	2	14	0	1	1	6	6	0	0	1
Bab Ezzouar 5 juillet	0	0	1	0	1	4	7	0	2	1	1	3	2	1	1
Bab Ezzouar CUB1	1	1	0	1	2	3	16	0	0	1	1	1	1	0	1
Bordj el Kiffan centre	1	1	1	0	0	1	7	6	5	0	1	4	3	2	0
Bordj el Kif. Mouhous	0	1	0	1	0	0	4	0	0	1	5	2	0	1	0
Total	9	7	2	7	5	25	80	9	13	5	23	24	7	8	7

Légende chromatique des types de configurations spatiales:

Configurations in-adhérentes

A Configurations in-adhérentes avec déconnexion totale

B Configurations in-adhérentes avec un potentiel de liaison

Configurations adhérentes

C Configurations adhérentes par construction du lien

D Configurations adhérentes par proximité ou passage transversal

E Configurations adhérentes par juxtaposition des éléments

La lecture des résultats du tableau permet de dire clairement que le tramway est in-adhérent au territoire. Dans trois des sept éléments d'analyse — les limites, les sous-quartiers et la mobilité — les configurations spatiales dominantes sont complètement in-adhérentes et sans aucune connexion. Dans les trois cas, c'est la première configuration qui domine. Dans les quatre autres éléments, les configurations spatiales sont également in-adhérentes, mais appartiennent au second type de configuration qui offre un potentiel de liaison et donc un potentiel d'adhérence.

Prise individuellement, la mobilité semble être l'élément le plus intéressant et qui permet la meilleure adhérence du tramway. Même si le nombre total de situations penche vers le premier type de configuration, il existe un nombre important de situations adhérentes dans quelques quartiers. Dans certains d'entre eux, le nombre de configurations adhérentes est supérieur aux configurations in-adhérentes. À l'opposé, nous retrouvons les équipements qui n'offrent dans aucun des quartiers un nombre de configurations adhérentes supérieures aux configurations in-adhérentes. Les configurations spatiales des équipements par rapport au tramway appartiennent, dans la majorité des quartiers, au second type.

Si nous prenons maintenant les quartiers individuellement, il est possible de dire que le quartier le moins adhérent est celui de Mokhtar Zerhouni. Les configurations in-adhérentes dominent dans l'ensemble de ses éléments, mis à part au niveau de la mobilité où nous retrouvons une égalité entre le premier et le quatrième type de configuration. À l'inverse, au niveau de Bordj el Kiffan centre, nous retrouvons un nombre important de configurations adhérentes, même si elles sont parfois en nombre égal avec des configurations in-adhérentes. Il est possible de dire, dans ce cas-là, que le tramway au niveau de Bordj el Kiffan est moins in-adhérent que dans les autres quartiers.

Pour résumer la question de l'adhérence spatiale du tramway d'Alger, il est possible de dire qu'il est complètement in-adhérent au territoire local. Il gagnerait en adhérence en connectant de manière plus efficace les différents éléments constituant le territoire des quartiers qu'il traverse. D'autant plus que, pour la majorité des éléments, les configurations les plus présentes sont celles du second type. Il devient, de ce fait, possible d'envisager une amélioration de l'adhérence du tramway d'Alger. Cette amélioration passerait par une série de dispositifs spatiaux, qui fabriqueraient de l'espace public et des aménagements dans l'épaisseur du territoire. Ils permettraient de connecter les différents éléments par la métrique pédestre en dépassant les limites imposées par la ligne. La fabrication de l'espace public deviendrait, de ce fait, une préoccupation majeure dans la construction d'un projet de ville pour Alger. Il permettrait de renforcer l'adhérence spatiale en construisant le support de la métrique la plus adhérente et en la connectant aux autres métriques, dont le tramway.

Par ailleurs, le parti pris d'exposer le travail sur l'adhérence spatiale du tramway à l'échelle locale et la conclusion sur l'espace public comme une première entrée de la réflexion, ne doivent pas réduire l'ensemble des possibilités qu'ouvre le concept d'adhérence sur les deux autres aspects. L'espace public est certainement l'un des supports de cette amélioration de l'adhérence du tramway par la fabrication de continuités. Cependant, il doit être pensé en complément d'une restructuration du réseau global de transport public, d'une réflexion sur l'accessibilité, sur la sécurité et la sécurisation du tramway, sur l'implication des acteurs au processus de production de la ligne et de ses extensions, enfin sur l'articulation du processus de production du tramway avec l'ensemble des processus à l'œuvre dans l'aménagement du territoire et de la ville.

Bibliographie

Amar, G. (1993). Pour une écologie urbaine des transports. *Les Annales de la Recherche Urbaine, 59-60.*

Ascher, F. (2005). Les sens du mouvement : modernités et mobilités. In S. Allemand, F. Ascher & J. Lévy (Eds.), *Les sens du mouvement : modernité et mobilités dans les sociétés urbaines contemporaines* (pp. 21-34): Belin.

Clot-Goudard, R., & Tillous, M. (2008). L'espace du réseau : du flux au territoire. Le tournant pragmatiste engagé par Isaac Joseph. *Tracés. Revue de Sciences humaines, 15.*

Hamman, P. (2011). La négociation à l'épreuve des projets urbains de tramway. In P. Hamman (Ed.), *Le tramway dans la ville. Le projet urbain négocié à l'aune des déplacements*. Rennes: Presses universitaires de Rennes.

Krier, L. (1977). The city within the City. *A+U* (special issue), 69-152.

Lévy, J. (2005). Modèle de mobilité, modèle d'urbanité. In S. Allemand, F. Ascher & J. Lévy (Eds.), *Les sens du mouvement : modernité et mobilités dans les sociétés urbaines contemporaines* (pp. 157-169): Belin.

Lynch, K. (1969). *L'image de la cité*. Paris: Dunod.

Mezoued A. (2015) *La mise en récit de l'urbanisme algérois, passé, présent, futur. A la recherche des conditions d'institution de l'espace public comme médiation et comme projet. Cas du tramway d'Alger.,* Louvain-la-Neuve: Presses universitaires de Louvain.

Rogers, R. (1999). Towards an urban renaissance. Final report of the urban task force. Londres.

Terzakou, G. (2011). La négociation de transports publics urbains sûrs : entre énoncés, politique locale et organisation. In P. Hamman (Ed.), *Le tramway dans la ville. Le projet urbain négocié à l'aune des déplacements*. Rennes: Presses universitaires de Rennes.

Fayçal BENACHOUR

Principe de précaution : éclairage d'une situation à risque autour du CET de la commune d'Ouled Fayet

L'urbanisation à l'échelle de la planète n'a jamais été aussi forte. En 2030, environ 60 % de la population mondiale sera localisée en ville (ONU, 2012). Aujourd'hui et plus que jamais, la production de l'espace urbain génère nombre de risques et requiert une attention particulière vis-à-vis des mécanismes et modèles servant à la construction et la gestion des villes.

Dans ce cadre, le concept de développement durable a acquis très rapidement une légitimité et une généralisation sur la scène internationale notamment à travers le retour à un principe fondateur de la pensée durable : la précaution.

Rapport entre développement durable et principe de précaution

La question de l'opérationnalité du développement durable est d'actualité. En effet, confrontée à la réalité urbaine, la prise en compte des trois piliers (économique, social et environnemental) du développement durable se heurte à des enjeux parfois contradictoires, impliquant des changements structuraux dans les modes et modèles de pensée et d'organisation. Le concept de développement durable fait référence à la fois à des modèles typologiques référentiels de la ville durable ainsi qu'à des mécanismes de production urbaine incarnés par le Développement Durable Urbain (DDU) (kaufmann et Paulhiac, 2009).

Dans le contexte algérien, le développement durable a été introduit par le biais de la législation afin de faire de la ville algérienne une ville durable, dans le cadre du schéma national d'aménagement du territoire SNAT 2025 et de la loi n°06.06 du 20 février 2006 portant loi d'orientation de la ville. Ceci conduit à s'interroger sur l'applicabilité de ce nouveau paradigme pour les villes.

En effet, il est à noter que de nombreuses problématiques s'opposent au concept de développement durable et à sa traduction sur le terrain. Celles-ci sont essentiellement liées au manque de subjectivité des principes durables (Mancebo, 2007), plus particulièrement concernant la mise en œuvre d'un principe fondateur de la pensée durable, le principe de précaution. La déclaration finale du sommet de Rio 1992 affirme qu' « *il est nécessaire de limiter, d'encadrer ou d'empêcher certaines actions potentiellement dangereuses sans attendre que ce danger soit scientifiquement établi de façon certaine* » (ONU, 1992).

Ce principe est avant tout un pilier de la gestion environnementale. Devenu récurrent dans tous les traités internationaux en matière d'environnement puis de santé, ce principe gagne de plus en plus de domaines de l'activité humaine. La crise actuelle du nucléaire, le réchauffement climatique, la gestion des déchets, le risque chimique, l'accumulation de catastrophes...etc. autant d'exemples d'affaires contemporaines qui questionnent la gestion du risque, plus particulièrement dans un contexte de plus en plus densément urbanisé.

En temps normal, la mise en œuvre du principe de précaution suppose de considérer les bénéfices et les risques vraisemblablement encourus, afin d'éviter de subir ces derniers s'ils dépassent les bénéfices supposés pour la collectivité. Cependant, il existe de vives contestations par rapport à l'incertitude des événements auxquels il est supposé répondre, ce qui laisse libre cours à un usage tantôt figeant, tantôt abusif voire spéculatif : principe sécuritaire, principe d'abstention ou au contraire principe d'action, une certaine confusion entoure le concept et sa mise en œuvre.

Cela est vrai d'une part, à une échelle mondiale, car les pays développés et ceux en voie de développement ne partagent pas systématiquement les mêmes perspectives, ni le même rythme de développement. Et c'est d'autant plus vrai, à une échelle locale, car la pluralité des acteurs urbains traduit une pluralité d'objectifs et de visées qu'il n'est pas toujours évident d'apprécier, ni de concilier, quand il s'agit d'agir en contexte d'incertitude.

Une clarification doctrinale de ce concept est un préalable. Ce travail engagé par les institutions communautaires européennes a conclu à une conception proportionnée de ce principe et marque nettement sa séparation d'un principe d'abstention devant le risque ou d'une approche catastrophiste (Godard, 2006). Il n'en demeure pas moins qu'un large travail de définition exigeante et précise de la substance de la précaution ainsi que sa démarche reste à faire.

Autrement dit, il est question aujourd'hui de remettre en cause le principe de précaution afin qu'il puisse répondre aux enjeux d'une gouvernance urbaine durable, en tenant compte des aspects objectifs et subjectifs liés à la gestion des risques dans un contexte d'incertitude scientifique. Cette démarche s'inscrit dans une volonté de rationalisation de l'acte décisionnel à travers l'exercice de la citoyenneté (Andrieu, 2004). Enfin, cette remise en cause se veut constructive, garante de l'applicabilité du DDU de manière adaptée aux réalités urbaines locales.

La précaution à la croisée de l'acte décisionnel et du droit commun

Le principe de précaution est un principe environnemental à la fois d'évaluation et d'anticipation de l'incertitude scientifique, « *qui justifie deux conditions cumulatives de risque potentiel, dommages graves difficilement réversibles et absence de certitude sur son occurrence* » (Musy et Higy, 2004), à la différence du principe de prévention qui concerne les risques avérés. Ce principe est aujourd'hui invoqué dans tous les traités et chartes nationaux et internationaux, tels que le traité européen de Maastricht ou encore la charte française de l'environnement (Gest et Tourtelier, 2010).

Ainsi, une réflexion autour de la rationalisation de ce principe a été lancée par les instances internationales ; elle préconise (Lepage, 1999) :

- de commencer par une tentative d'évaluation du risque qui devra bien identifier le degré d'incertitude scientifique à chaque étape.
- d'arrêter les mesures proportionnellement au risque envisagé
- de tenir compte d'une évaluation bénéfice/coût.
- de considérer le caractère provisoire dans l'attente des recherches spécifiques effectuées pour générer les données manquantes, afin de réaliser une évaluation des risques plus objective.

Cette réflexion s'accompagne d'une structuration du principe de précaution autour des conditions de dommages, de connaissances, du contenu et des mesures liés à son application. C'est donc à la fois un principe juridique du droit international, mais aussi un principe décisionnel structuré qui intervient dans le processus de gestion du risque. De fait, il semblerait que la remise en cause de ce principe, tienne de la différence entre ces deux natures. La première, a posteriori, intervient en aval du processus de gestion des risques. La deuxième est fragile car elle s'appuie sur une expertise scientifique qui peine à définir avec certitude l'occurrence d'un risque justement supposé.

Il apparaît, dès lors, que l'étude des représentations sociales du risque apporte une amélioration à la mise en œuvre et l'application de ce principe. Celles-ci permettent d'identifier une série de facteurs subjectifs spécifiques à chaque cas pouvant inclure une modalité d'appropriation sociale dans la formulation puis l'application du principe de précaution. Ces facteurs confirment et se greffent autour de deux paramètres : l'appréciation et l'acceptabilité du risque, aidant à atténuer l'aversion des citoyens dans une situation d'incertitude scientifique.

Les représentations doivent être prises en charge de manière transdisciplinaire et consensuelle par les différents acteurs et intervenants. Ceci permettrait d'indiquer aux spécialistes et experts les objectifs et attentes propres à chacun afin de pouvoir apprécier la réalité perçue comme complément à une réalité objective et non comme une posture irrationnelle (Benachour, 2013). En effet, en intégrant dans le processus de gestion urbaine les paramètres d'appréciation et d'acceptabilité du risque encouru par la collectivité tels que développés durant le Sommet mondial sur le développement durable à Johannesburg en 2002 (MATEF, 2002), la construction du risque devient alors socialement acceptable autour d'une définition locale et partagée du principe de précaution.

Le principe de précaution en Algérie

En Algérie, le principe de précaution est devenu un principe juridique fondamental dans la politique de protection de l'environnement et de prévention des risques majeurs, introduit dans le cadre du développement durable. Il tient d'une approche prospective des risques, et évoque le recours à certaines mesures ou procédures économiques permettant d'éviter les dommages irréversibles d'une part, selon l'Art n°3 de la loi n° 03-10 (MATEV, 2010) et de limiter la vulnérabilité aux aléas naturels ou technologiques d'autre part, selon l'Art n°3 de la loi 04.20. (MATEV, 2010).

En premier lieu, il s'agit de situer les principaux textes législatifs qui encadrent l'application du principe de précaution en Algérie, à savoir deux textes fondateurs :

- La Loi n°03-10 du 19/07/2003 relative à la protection de l'environnement et au développement durable, consacre *« les principes généraux d'une gestion écologique rationnelle, et plus particulièrement celui de la participation effective du citoyen à l'amélioration du cadre de vie à travers l'information obligatoire et la possibilité de saisir la justice pour toute dégradation relative à l'environnement »* (P3A-ALG, 2013).

  En application de cette loi, le décret exécutif N°198-06 relatif aux établissements classés, institue l'obligation d'une étude d'impact sur l'environnement et d'une étude de danger pour tout projet qui peut avoir des incidences sur l'environnement.
- La loi 04-20 du 25/12/2004 relative à la prévention des risques majeurs et à la gestion des catastrophes dans le cadre du développement durable *« apporte en plus d'une définition normative de ce principe, un arsenal d'outils de publications et de gestion environnementale que sont les EIE (Étude d'Impact sur l'Environnement), ED (Étude de Danger), POI (Plan d'Opération Interne), PPI (Plan Particulier d'Intervention) ».* (MATE, 2006).

Les autorités algériennes sont ainsi chargées d'identifier les risques en s'appuyant sur l'expertise d'un appareil de surveillance. Cette hiérarchie se décline selon l'accord européen et méditerranéen sur les risques majeurs suivant la phase d'identification (EUR-OPA, 2009) en :

- Ministères nationaux
- Département (Wilaya)
- Autorités locales qui participent au conseil exécutif de Wilaya, aux conseils exécutifs des différentes assemblées populaires, aux commissions et comités intersectoriels de suivi des projets de développement. Elles sont également impliquées au travers des schémas, outils d'aménagement ou partenariat (institutions de recherche spécialisées).
- Centre de Recherche en Astronomie, Astrophysique et Géophysique (CRAAG),
- Office National de la Météorologie (ONM).

Les informations sur les risques sont ensuite partagées par les autorités grâce aux plans ORSEC qui définissent les niveaux d'interventions et les catégories des intervenants. Par ailleurs, tous les risques majeurs sont pris en charge au niveau du SNAT 2025 en s'appuyant sur la cartographie et les études relatives aux risques majeurs.

De plus, la concertation entre les différentes autorités se manifeste par la constitution de comités et/ou commissions d'étude et de suivi des projets de développement par entité territoriale. Dans ce cadre, on pourra noter l'institutionnalisation de la gestion des risques dans différents niveaux de la décision publique algérienne. C'est un pas important qui a été accompli par les autorités et qui ne peut être qu'utile à une gestion efficiente et une résilience face aux risques.

Cependant, et même si l'appréciation des risques a accompli beaucoup d'avancées, leur acceptabilité devra en faire autant, expressément dans une situation faisant appel au principe de précaution. Or, de fait, la formulation exigeante, précise et suffisamment détaillée de chacune des conditions composant le principe de précaution n'est pas prise en compte dans la gestion actuelle des risques, traduisant une confusion entre principe de précaution et de prévention dans la législation et la décision publique.

La réalité des risques est ainsi approchée de manière partielle par la prise en charge des seuls aspects quantitatifs. Les aspects non quantitatifs, relatifs au risque perçu à travers une véritable participation citoyenne au-delà des campagnes d'information et de sensibilisation, ne sont pas pris en compte.

La gestion des risques en Algérie devrait donc s'accompagner d'une approche qualitative des phénomènes à risque. Pour cela, une identification locale et partagée des conditions du principe de précaution est un préalable.

De plus, au-delà des campagnes d'information ou de sensibilisation, le cadre de la participation citoyenne reste encore mal défini, à la fois sur le plan juridique que décisionnel, ce qui rend particulièrement ambiguë la gestion des risques en contexte d'incertitude scientifique face à une société de plus en plus sensible au principe de responsabilité de l'action publique.

Il faudrait alors mettre en place les éléments nécessaires à une véritable synergie sociale. L'étude des représentations sociales et l'appropriation des risques sont parmi les outils pouvant devenir utiles pour la définition d'un risque socialement acceptable.

Le Centre d'Enfouissement Technique (CET) d' Ouled Fayet

Contexte global

L'étude d'un cas situé dans un environnement urbain - le centre d'enfouissement technique (CET) d'Ouled Fayet près d'Alger (figure 1) - est l'illustration d'une situation qui entre dans le champ du risque incertain, nécessitant l'intervention du principe de précaution et permettant un éclairage local autour du recours à ce principe.

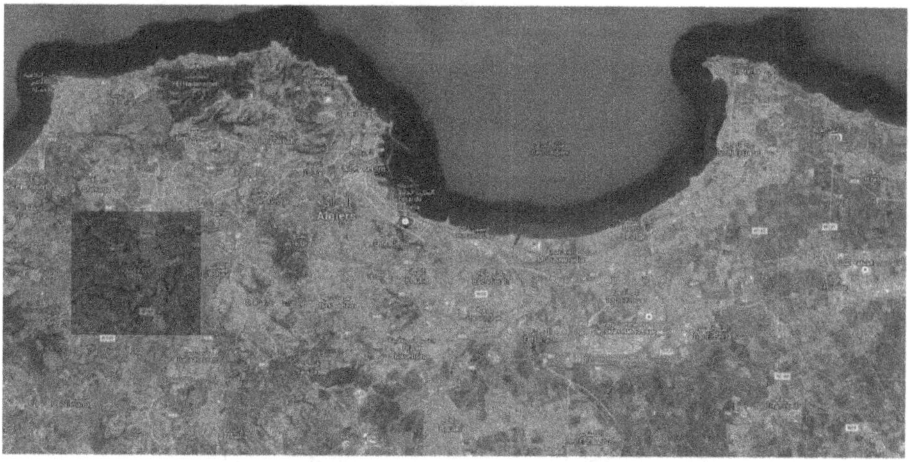

Figure 1 : Localisation de la commune d'Ouled Fayet par rapport au grand Alger. Source : Fond Google Maps 2014.

Il est à noter que l'ouverture des CET rentre dans le cadre de la gestion des déchets en Algérie. Celle-ci connaît une certaine dynamique. En effet, 105 centres d'enfouissement technique (CET) des déchets ménagers ont été réalisés à travers le territoire national, avec 43 mis en exploitation à ce jour, dont 5 au niveau de la wilaya d'Alger (Kehila, 2010).

L'élimination des déchets urbains dans des CET (figure 2) est un des moyens, avec l'incinération et la valorisation, de répondre au problème de l'accumulation de déchets peu dangereux, pas ou trop coûteusement recyclables.

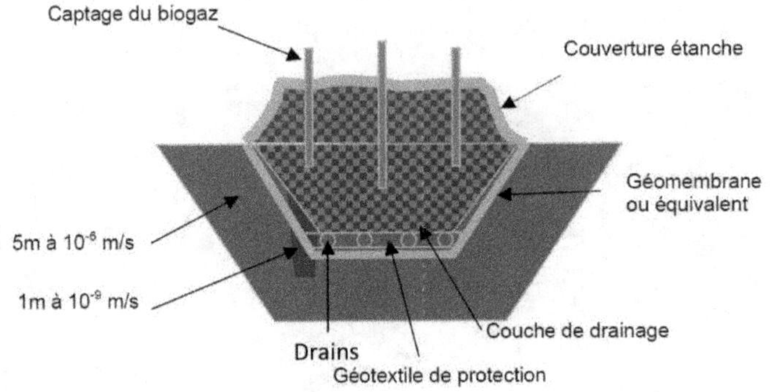

Figure 2 : Schématisation de l'installation de stockage de déchets non dangereux. Source : Kehila et al., 2006, p.102.

Néanmoins, ces opérations d'enfouissement constituent un risque potentiel non négligeable, et exigent de ce fait, une étude d'impact sur l'environnement et sur la santé publique. Les sites choisis ne doivent pas constituer un danger pour les régions protégées et naturelles et doivent être éloignés des oueds et des régions à forte population.

En effet, le stockage des déchets ménagers présentent un certain nombre de risques. Sous l'action conjuguée de l'eau, qui provient des déchets eux-mêmes et de l'eau de pluie, et de la fermentation naturelle en conditions anaérobies, les déchets produisent une fraction liquide appelée lixiviats. Riches en matière organique et minérale (sels dissous), en azote ammoniacal, en polluants et en éléments trace, ces lixiviats ne peuvent pas être rejetés directement dans le milieu naturel et doivent être soigneusement collectés et traités, ainsi que le biogaz qui est produit par la fermentation des matières organiques contenues dans les déchets, en l'absence d'oxygène (Kehila, 2010 ; Kehila et al, 2006).

Les centres d'enfouissement doivent, en principe, contenir ces risques mais la nature des déchets, les défauts d'étanchéité, les risques d'incendies, inondations, les tremblements de terre, etc. ont contraint la région, dans plusieurs cas, à être exposée à ces risques à la suite d'une rupture d'étanchéité. Pour ces raisons, le choix du site d'un CET est supposé se faire en collaboration avec les parties concernées à l'instar des autorités locales, des secteurs de l'environnement, de la santé, de ressources en eau, de l'énergie et les associations citoyennes.

Problématique du CET d'Ouled Fayet

Le CET d'Ouled Fayet se trouve à la périphérie Sud-Ouest d'Alger, à 3 km au Sud de la localité d'Ouled Fayet entre la Route Nationale n° 36 (Alger- Boufarik) à l'Est et le chemin de Wilaya 142 à l'Ouest (figure 3). Il se trouve sur des terres agricoles qui font partie du secteur non urbanisable près de l'agglomération de Baba Hassen (Aina M-P, 2006). La décharge, officiellement communale et créée par le décret présidentiel n° 76.53 du 25 mars 1970, n'a pourtant pas figuré dans le Plan Directeur d'Aménagement et d'Urbanisme PDAU d'Alger, sorti bien plus tard. Le lancement de ses travaux a eu lieu entre 1988/1989, sachant qu'elle a gardé son statut de décharge brute jusqu'à 1998 (Meskine, 2012). Elle a été réhabilitée en 1999 par la Wilaya d'Alger et ouverte comme Centre d'Enfouissement Technique en 2001 (Aina M-P, 2006).

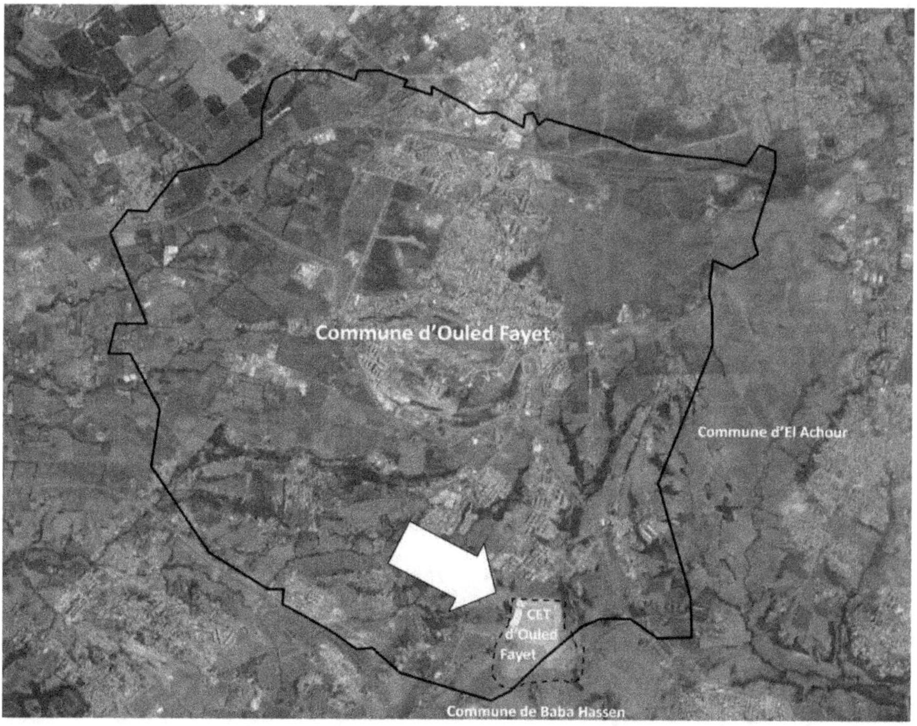

Figure 3 : Situation du CET dans la commune d'Ouled Fayet. Source : Google earth 2014.

Le centre, couvrant une superficie de 40 ha dont 20 ha pour l'enfouissement, est géré par NETCOM (Établissement Public à Caractère Industriel et Commercial EPIC). Il reçoit les déchets de 41 communes de la wilaya d'Alger et ses environs ; 800 tonnes de déchets sont enfouis par jour.

Seuls les déchets ménagers sont autorisés sur le site, puis déversés dans des casiers après vérification de leur nature. Il a été doté d'élément de base d'un pont bascule, des locaux pour les employés, d'un réseau de drainage d'eau de pluie et d'un bassin de décantation des lixiviats (Mezouari-Sandjakdine, 2011).

Le centre compte cinq dépôts (figure 4), dont quatre sont arrivés à saturation. Il collecte 2000 tonnes d'ordures ménagères. Avec la mise en place d'Alger Grand Gouvernorat, il devint un centre à l'échelle de la wilaya d'Alger (Iddir, 2012).

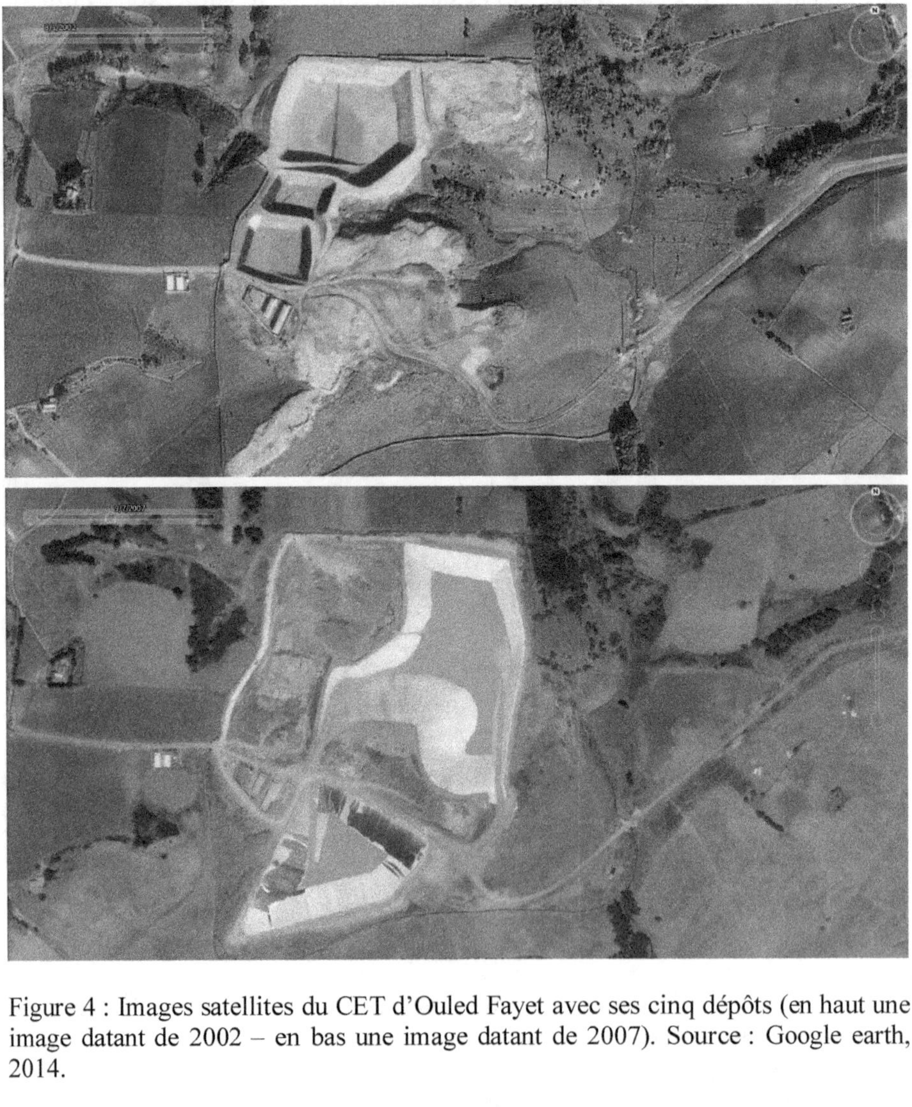

Figure 4 : Images satellites du CET d'Ouled Fayet avec ses cinq dépôts (en haut une image datant de 2002 – en bas une image datant de 2007). Source : Google earth, 2014.

Depuis 2005, ce CET a connu une augmentation importante de déchets due notamment à l'augmentation de la population, à la fermeture progressive de la décharge publique Oued Smar ainsi qu'à la fermeture de certaines décharges sauvages comme celles de Baba Hassen, Zeralda et Staouali (Aina M-P, 2006). Des difficultés sont alors apparues : les bassins sous-dimensionnés devant servir à la décantation mécanique des eaux qui percolent au travers du massif des déchets dans les casiers, ne remplissent plus leur mission et les lixiviats sont rejetés directement dans l'environnement immédiat (sols ou oued). (Mezouari-Sandjakdine, 2011). Dès lors, ce centre crée une polémique au sein de sa commune et des communes voisines, tant par ses dangers sur la santé que par les nuisances quotidiennes sur l'environnement : étanchéité apparemment défaillante, pollution irréversible de l'environnement par les rejets de lixiviat et de biogaz.

Une décision de justice a donc été prise en faveur de la fermeture de ce centre en 2007. Ceci n'a pas empêché la prolongation de son exploitation. Les habitants de Baba Hassen, non associés à la prise de décision, ont exprimé leur mécontentement car, pour eux, ce site empoisonne leur quotidien depuis déjà de nombreuses années (Iddir, 2012). En juin 2012, ils avaient protesté en coupant la route nationale n° 36 reliant les communes d'Ouled Fayet à Douera pour exiger l'application de la décision de justice de fermer le CET au moment où l'administration locale voulait prolonger son activité sous forme de centre de transfert (figure 5).

Figure 5 : Photo de manifestation contre la réouverture de la décharge d'Ouled Fayet. Source : Iddir, 2012, p8.

Dès lors, on a pu constater que le principe de précaution avait été invoqué et appliqué par l'autorité publique en tant que principe de décision. L'objectif était d'évaluer le danger que représente ce centre pour son environnement par le biais d'une enquête publique dite « Commodo-Incommodo » et d'un rapport d'expertise sur l'activité du centre. Bien entendu, cette démarche constitue une avancée en soi. Cependant, si l'on se rapporte à la démarche propre au principe de précaution, on peut relever les dysfonctionnements suivants (Benachour, 2013) :

- Préalablement, il faut noter que la simple caractérisation du danger ne rend pas compte de la situation réelle du risque associé au centre, car en parlant de risque, on parle d'un potentiel positif ou négatif. Ce dernier reste à trancher en concertation avec les différents acteurs. Ce qui n'a pas été envisagé par cette enquête.
- La non-implication des habitants des communes limitrophes au centre et des associations locales n'est pas en cohérence avec la volonté d'évaluer le danger, si bien que l'aire de vulnérabilité n'a pas été prise en charge dans sa totalité.
- D'autre part, le rapport d'expertise sur les dangers liés à l'activité du centre existe mais la population n'y a pas accès librement (Iddir, 2012).
- En dépit de l'incertitude liée aux dommages possibles de ce centre, le mode d'évaluation du risque tient ici d'un modèle de gestion plus préventif qu'anticipatif. Il est en inadéquation avec une gestion inclusive du risque et une application rationnelle du principe de précaution tourné vers le consensus des concernés.
- D'un autre côté, selon le bureau des établissements classés de la circonscription de Chéraga, l'enquête publique nommée Commodo-Incommodo, se résumait à un sondage basé sur l'avis positif ou négatif quant à l'installation du centre de transfert de déchets. Or, une concertation serait plus adéquate et constructive d'un risque acceptable.
- L'étape de caractérisation du risque est donc incomplète, puisque l'appréciation quantitative et qualitative du risque n'a pas été menée à bien.

Ainsi invoqué, le motif de précaution aurait nécessité une approche inclusive dans la gestion du risque associé à ce centre. Avec la prise en charge des représentations sociales, on peut arriver à une formulation suffisamment exigeante et partagée de toutes les conditions du principe de précaution ainsi que la définition de ses composantes quantitatives et qualitatives. Le degré d'exposition, la connaissance de la situation et la confiance des citoyens dans le processus de gestion, sont autant de facteurs qui définissent la composante sociale du principe de précaution et influencent l'appréciation et l'acceptabilité du risque.

Principe de précaution : pistes d'amélioration

Le concept de représentations sociales du risque tend à améliorer l'application du principe de précaution à travers notamment :

- *« La définition des degrés de rationalité du risque ;*
- *La connaissance autour du risque ;*
- *La confiance entre différents acteurs ;*
- *L'éthique et la politique locales ;*
- *Le processus d'appropriation du risque lié aux enjeux du territoire considéré. »* (Drevon-Mollard, 2006).

Ainsi, on peut considérer que certains facteurs modulent les représentations du risque et l'opinion des personnes exposées et, de ce fait, méritent d'être explorés plus spécifiquement dans ce cas :

- La fondation de l'association de la protection de l'environnement et son influence sur la connaissance et la communication du risque.
- La sécurité de la décharge et l'éthique des personnes.
- L'impact économique sur la région, sur les communes et sur la Wilaya.

Cette série de sous paramètres est à définir par une équipe pluridisciplinaire - composée d'urbanistes et d'architectes, de sociologues et psychologues, de juristes, d'économistes de l'environnement, d'ingénieurs et d'experts dans le domaine - en concert avec la population et les décideurs politiques. La définition de ces facteurs déterminants doit être en rapport avec les enjeux de ce territoire, le centre de déchets et de transfert et le risque qui lui est associé.

Conclusion

Le principe de précaution peut être considéré comme un principe rassurant face à l'incertitude scientifique. Cependant, son application identifie un certain nombre d'inconvénients : il peut constituer un frein à l'innovation technologique ou une source de limitation des possibilités d'évaluer suivant les décisions prises. Mais, surtout, il peut avoir un poids économique élevé et risque d'être utilisé excessivement par les décideurs face à des risques potentiels.

Dès lors, il serait bon d'approcher le principe de précaution non pas avec une posture fataliste se traduisant par un principe uniquement juridique, mais plutôt en bonne intelligence avec la réalité du risque. Pour se faire, il s'agit de clarifier ce qui s'apparente à une nouvelle doctrine éthique du rapport entre société et nature. Ce principe s'adresserait, a priori, aux risques industriels ou à la conjoncture potentielle de plusieurs risques impliquant la responsabilité humaine dans un contexte d'incertitude scientifique. Il s'agit ensuite d'engager des actions dites de précaution telles les études complémentaires d'impact dont l'objectif est la caractérisation et l'appréciation de la plausibilité du risque et d'explorer son acceptabilité sociale. Ces actions, dites de précaution, ont pour enjeu de rationaliser le risque et d'éviter des dérives trop laxistes ou trop figées.

Il n'est donc pas question d'écarter l'expertise scientifique, mais simplement de partager la conscience et la responsabilité de la prise en compte d'un potentiel risque collectif pour l'ensemble de la société. Cela participe à approcher la réalité du risque. Les aspects psychosociaux reflètent la partie subjective de cette même réalité et participent à construire une culture du risque. La précaution se définit, dès lors, comme principe de décision, a priori, prenant en charge la représentation sociale du risque. Intégrée dans un processus décisionnel consensuel et partagé, elle fait appel à deux paramètres subjectifs : l'appréciation et l'acceptabilité du risque.

Il reste à mieux saisir ces représentations et à définir la démarche adaptée et les facteurs influents. Ce type de recherche permettrait, à terme, d'arriver à saisir l'appréhension spécifique à un risque et de le manager de manière durable. La certitude scientifique étant de plus en plus mise à mal, nécessite une responsabilité collective de l'action publique.

Pour conclure, on constate que le principe de précaution est clairement installé dans l'appareil juridique algérien, le cas du centre de Ouled Fayet en est un exemple. Notre étude a, néanmoins, permis de révéler une méconnaissance des dimensions citoyenne et sociale de ce principe. Ceci dénote de la nécessité de la redéfinition de son rôle dans la gestion des risques en Algérie et plus spécifiquement dans les études d'impact environnementales.

Bibliographie

Aina M-P., (2006), *Expertises des centres d'enfouissement techniques de déchets urbains dans les PED : Contributions à l'élaboration d'un guide méthodologique et à sa validation expérimentale sur sites,* Thèse de doctorat de l'université de Limoges, 206 p.

Andrieu B., (2004), La fin de la biopolitique chez Michel Foucault : le troisième déplacement, *Le Portique : Revue de philosophie et de sciences humaines*, n° 13-14, [en ligne] URL : http://leportique.revues.org/index627.html.

Benachour F., (2013), *Principe de précaution, et les représentations sociales comme concept opératoire dans la gestion des risques*, Mémoire de Magister : Architecture et environnement, Ecole Polytechnique d'Architecture et d'Urbanisme d'Alger. Laboratoire architecture et environnement, 135 p.

Drevon-Mollard E., (2006), *La représentation du risque autour du centre nucléaire de Valduc.* Mémoire de Master 1 de sociologie, Université de Bourgogne, [en ligne] URL : http://www.seiva.fr/nostravauxetudes/EtudeEricDrevon/MemoireEricDrevon.pdf

EUR-OPA, (2009), *L'implication des autorités locales et régionales dans la réduction des risques majeurs,* Accord Européen Et Méditerranéen Sur Les Risques Majeurs : Résultats de l'enquête par questionnaire 2008 : Algérie, Arménie, Belgique, France, Luxembourg, Grèce – Activités spécifiques Institut Supérieur de Planification d'Urgence ISPU, [en ligne] URL :http://www.coe.int/t/dg4/majorhazards/ressources/Apcat2009/2009_13_LEGIS_SurveyJuly09_bil.pdf

Gest A., Tourtelier P.,(2010), *Rapport d'information fait au nom du comité d'évaluation et de contrôle des politiques publiques sur l'évaluation de la mise en œuvre de l'article 5 de la Charte de l'environnement relatif à l'application du principe de précaution*, Assemblée nationale, Constitution du 4 octobre 1958, Treizième législature, [en ligne] URL : http://www.assemblee-nationale.fr/13/rap-info/i2719.asp#P259_61839

Godard O., (2006), *Le principe de précaution,* Projet n°293 du centre de recherche et d'actions sociales- France, [en ligne] URL :http://www.ceras-projet.org/index.php?id=1001

Iddir N., (12 Juillet 2012), *Un appel d'offres a été lancé par la direction de l'environnement : La procédure de fermeture de la décharge d'Ouled Fayet lancée,* El Watan Le Quotidien Indépendant, 8p , [en ligne] URL:ftp://download.univ-chlef.dz/Journaux/2012/Juillet/12.07.2012/El%20Watan%20du%2012.07.2012.pdf

Kehila Y., (2010), *Gestion et recyclages des déchets urbains,* Cours de post-graduation en Architecture. Laboratoire architecture et environnement, Ecole Polytechnique d'Architecture et d'Urbanisme d'Alger.

Kehila Y., Matejka G., Gourc J-P., (2006), *Apport des géo membranes dans l'étanchéification des Installations de stockage de déchets (i.s.d) en Algérie,* Rencontres Géo synthétiques : Laboratoire Architecture et Environnement de l'Ecole Polytechnique d'Architecture et d'Urbanisme d'Alger, LSEE de l'Université de Limoges et LIRIGM –LTHE de l'Université Joseph Fourier, Grenoble, page 102 , [en ligne] URL : http://www.geotech-fr.org/sites/default/files/congres/rencontres/RG2006%20pp%20099-108%20Kehila-Matejka-Gourc.pdf

Kaufmann V. et Paulhiac F., (2009), *Troisièmes controverses : Sustainability, so what? Retour critique sur les promesses du développement urbain durable,* Conférence, Ecole Polytechnique Fédérale de Lausanne, [en ligne], URL : http://controverses.hypotheses.org/lausanne-2009

Lepage C., (8et 9 Octobre 1999), Que faut-il entendre par principe de précaution ? , *Gazette du palais*, p.7-11.

Mancebo F., (2007), Le développement durable en question(s), *Cybergeo : European Journal of Geography*, Epistémologie, Histoire de la Géographie, Didactique, document 404, [en ligne] URL: http://www.cybergeo.eu/index10913.html

MATE - Ministère de l'Aménagement du Territoire et de l'Environnement,(2006), *Projet POP's – Algérie GF/ALG/02/001. Plan National de Mise en œuvre (PNM) ALGERIE* ,Convention de Stockholm, [en ligne] URL :http://www.mate.gov.dz/doc/DPEI/Plan%20National%20de%20Mise%20en%20oeuvre%20(PNM)-Stockholm.pdf

MATEF - Ministère de l'Aménagement du Territoire et de l'Environnement Français,(2002), *Dossier d'information pour Johannesburg : Santé et développement*, Sommet mondial sur le développement durable , Fiche n°6 , p.4, [en ligne] URL : http://www.fnh.org/francais/fnh/uicn/pdf/smdd_sante_et_dd.pdf

MATEV - Ministère de l' Aménagement du Territoire, de l'Environnement et de la Ville, (2010), *Textes législatifs,* [en ligne] URL : http://www.matev.gov.dz/

Meskine H., (2012), *Les études d'impacts sur l'environnement : Vers une approche comparative multicritère*, Mémoire de Magister : Architecture et environnement, Ecole Polytechnique d'Architecture et d'Urbanisme d'Alger, Laboratoire architecture et environnement, 140 p.

Mezouari-Sandjakdine F., (2011), *Conception et exploitation des centres de stockage des déchets en Algérie et limitation des impacts Environnementaux*, Thèse de doctorat de l'Ecole Polytechnique d'Architecture et d'Urbanisme d'Alger en co-tutelle avec l'Université de Limoges, [en ligne] URL: http://epublications.unilim.fr/theses/2011/mezouari-sandjakdine-fadila/mezouari-sandjakdine-fadila.pdf

Musy A. et Higy C., (2004), *Hydrologie Une Science de la Nature*, Edition Presses Polytechniques des Universités Romandes, 314p, p.189.

ONU, (1992), *Déclaration de Rio sur l'environnement et le développement - principes de gestion des forêts*, Conférence des Nations Unies sur l'environnement et le développement Rio de Janeiro, Sommet Planète Terre, [en ligne] URL: http://www.un.org/french/events/rio92/rio-fp.htm

ONU, (2012), *l'Avenir que nous voulons : Les villes,* Département de l'information de l'ONU, Sommet Planète Terre : Rio de Janeiro+20, [en ligne] URL: www.un.org/fr/sustainablefuture/pdf/cities.pdf

P3A Algérie -Programme d'appui à la mise en œuvre de l'accord d'association, (2013), *Fiche de projet de jumelage classique P3A-II DZ/13/ENP/EN/13.* Appui à l'Observatoire National de l'Environnement et du Développement Durable (ONEDD) pour l'amélioration de ses capacités opérationnelles et la mise en œuvre du Système national d'Information Environnementale (SIE), [en ligne] URL : palyazat.gov.hu/download/48698/DZ%2013%20ENP%20EN%2013.pdf

Ewa *BEREZOWSKA-AZZAG*

Postface

La recherche en urbanisme : à la recherche du temps perdu

Nous vivons une drôle d'époque. Entre les multiples crises et menaces qui nous guettent : économique, énergétique, hydrique, identitaire, mais aussi celles de risques climatiques, catastrophes naturelles et technologiques, risques sanitaires, géopolitiques et sécuritaires, la ville en perpétuel mouvement (Godard, 2001) cherche ses marques. Elle n'est plus ce socle rempart de l'Age Moyen dont nous admirons pourtant toujours les solutions, sans toutefois panser les blessures que lui infligent le temps et la bêtise humaine, ni cet espace public accueillant de l'Age des Lumières dont nous admirons encore les ors et les ambiances, ni cette dynamique de mouvement de l'Age Industriel dont nous goûtions autrefois l'enivrement, remplacé aujourd'hui par la lente paresse des embouteillages.

Dans cette époque de toutes les incertitudes, la ville que nous connaissions, fière sur ses flancs, ingénieuse dans ses techniques, capable de parer aux dangers, d'offrir une assise solide à la culture de *genius loci* et de bercer le développement civilisationnel, n'existe plus. Où sont passés aussi les parcs et jardins d'antan, les rires d'enfants, les promenades insouciantes, les petits bonheurs d'être en symbiose avec le voisin et avec la nature ? Nous sommes devenus des robots urbains circulant entre les points des réseaux, exécutant des tâches répétitives comme les ouvriers stakhanovistes, pour rentrer chez nous et se réfugier dans les bras de Google. Dans le bruit assourdissant des véhicules, la poussière des chantiers qui s'éternisent, sous les lumières nocturnes qui cachent les étoiles, la masse urbaine autour de nous souffre, souffle, sue et s'enferme socialement dans un effort ultime de survie. Heureusement qu'elle produit encore de la chaleur humaine, mais pour combien de temps ?

La ville change donc, cherche fiévreusement à s'adapter aux nouvelles exigences technologiques, sociales, essaye d'obéir à la fois aux lois impitoyables de rentabilité économique et à ceux d'efficience environnementale impossible à atteindre faute de réelle volonté. Elle tente d'enrichir son offre urbaine : habitat, travail, services, mais aussi d'améliorer l'accès aux ressources urbaines, d'accroître l'autonomie, de faciliter la mobilité et la flexibilité des usages, de valoriser les ambiances et la mise en scène des paysages, d'insuffler la cohésion sociale. Alger n'échappe pas à ce phénomène. Dans les soubresauts du processus d'expérimentation permanente, elle enfreint les règles pré-établies, désobéit aux volontés rigides et piétine des savoirs auto-satisfaits. Elle essaye de concilier l'inconciliable, de dépasser les contradictions et d'inventer un nouveau langage épistémologique.

De manière générale et à travers le monde, l'urbanisme de lieu, l'urbanisme aréolaire, c'est fini. Nous sommes invités à passer à l'urbanisme des flux : citadins en mobilité perpétuelle, argent, information, matières, produits, ressources vitales (eau et énergie), gaz à effet de serre, rejets liquides et solides – dans un mouvement métabolique urbain tout circule, s'échange, se réticule, se noue, se polarise, se complexifie. Les trames et les réseaux prennent possession de la ville, comme autrefois les secteurs et les zones. L'événementiel, cet acte magique de la concurrence qui entretient la compétitivité urbaine (Bourdin, 2010), le furtif, le virtuel, régissent nos vies désormais comme autrefois les édits royaux.

L'interdisciplinarité, la transversalité, la participation et la concertation indispensables, mais aussi la négociation, le partenariat, le marketing urbain, le management intelligent produisent des savoirs émergents (Da Cunha, 2005, 2007) qui font de la ville un objet encore plus difficile à comprendre, au point que définir la ville aujourd'hui devient un exercice périlleux. L'intelligence collective est pourtant bien capable de créer de la valeur ajoutée, de réguler l'économie urbaine et de façonner les rapports sociaux – de quoi alors nous inquiétons-nous ?

Parce qu'il y a de quoi s'inquiéter, en effet. Tout ce qui change a besoin d'être re-découvert, re-interprété, re-inventé en permanence. Re-chercher les nouveaux modes de ville (Benchimol & Lemoine, 2013) devient une urgence vitale. Les chercheurs sont formels – l'urbanisme du XXIe siècle sera durable, ou ne sera pas (Haêntjens, 2010). Au-delà des querelles de chapelle sur la justesse du terme utilisé qui ne convient pas pour décrire le phénomène de changement, ils ont effectivement raison. Rien n'est durable s'il n'est pas porté par l'éthique du respect – celui de la nature, de ses flux et des reflux destructeurs, des règles de vivre ensemble, de l'intérêt général, des limites de la technologie à porter nos rêves, du droit à l'intimité, à l'identité et à la liberté des choix urbains (Krier, 2001).

A Alger, les contradictions ne manquent pas à ce sujet. Forcée tardivement à rallier la cause de la durabilité lors du lancement de la révision de l'ancien Plan Directeur d'Aménagement et d'Urbanisme de 1995, arrivé à échéance en 2005 mais caduc depuis bien longtemps, la capitale vit depuis une décennie la véritable crise métropolitaine. Entre les frictions des échelles spatiales et celles des échelles temporelles, entre la préférence de l'opérationnel au bénéfice des élus et le stratégique prospectif que l'on juge inutilement alarmiste et lointain, entre l'action publique et la privatisation urbaine, entre l'étalement spatial et les nouveaux modes d'urbanisation mal maîtrisés, entre le renouvellement et la préservation, le légal et l'illicite, le règlementaire et le sensible, le ponctuel et le systémique, la durabilité n'a pas encore intégré les interstices pour apporter un soulagement. L'absence d'une politique de la ville, holistique et transversale, n'arrange pas les choses.

Il faut, en effet, de l'audace pour s'emparer à Alger des sujets qui fâchent et il y en a beaucoup. Comment admettre, par exemple, la suprématie du principe de préservation patrimoniale face à l'impératif de garantir la sécurité alimentaire et empêcher la soustraction des terres agricoles au profit de l'étalement, en l'absence des capacités déclarées de renouvellement urbain ? Comment gérer la contradiction entre l'injonction de développer des zones touristiques littorales face aux menaces climatiques et à l'épuisement des ressources naturelles ? Comment satisfaire la tendance à la mondialisation métropolitaine sans heurter les identités locales ? Comment garantir un développement économique local avec des finances communales dérisoires et gérées par le haut ? Comment intégrer une démarche participative et partenariale dans le processus de planification fortement centralisé et directif ? Pourtant, la période bénie de l'urbanisme directif semble révolue, elle laisse place progressivement à l'urbanisme indicatif et incitatif. Avec le Plan Stratégique de Développement d'Alger 2031, le plan devient le projet d'avenir et le projet s'exprime par des langages nouveaux.

A la lecture de ce qui précède, nous dirons avec Franck Scherrer (2013) qui cite François Ascher, que l'*on ne peut être que frappé par le fait que ce champ scientifique* [qu'est l'urbanisme] *se définit essentiellement comme un champ de tension : entre polarité disciplinaire et interdisciplinaire, entre sciences de l'action et sciences de l'espace, entre distance réflexive et plongée vers l'action, approche théorique et opérationnelle. Il y a sans doute quelque chose d'un peu masochiste à devoir se placer dans un tel champ de tensions contradictoires, mais c'est bien l'ensemble de ces tensions qui fait le lien*. Pour induire un développement urbain équilibré, soutenable et soutenu, il faut donc savoir relâcher les tensions et la recherche urbaine peut jouer ici un rôle très important, pour peu qu'elle soit divulguée, vulgarisée, valorisée et écoutée.

Le problème, c'est l'inertie institutionnelle, particulièrement ressentie à Alger dans les conflits liés au financement des investissements, au foncier urbanisable, à la réhabilitation du vieux bâti, au tracé des infrastructures ou à la localisation des équipements. Sans parler de ceux liés au concept même de l'urbanisme et aux avis contradictoires qui ne trouvent pas de consensus sur la notion et le rôle dévolu à la maîtrise d'ouvrage urbaine, à la maîtrise d'œuvre urbaine et à la maîtrise des usages. Qui, en fait, est légitime dans l'exercice du métier d'urbaniste ? Le sociologue, le géographe, l'aménageur, le paysagiste, l'ingénieur, l'architecte, le psychologue de l'espace, l'économiste urbain, ou tous à la fois ? Qui pourrait assurer le leadership dans ce magma des revendications ? Où et comment former aujourd'hui les urbanistes, les maires, les managers urbains, les citadins de demain ?

A ce sujet, Alain Bourdin (2010) cite, très à propos, J.C. Castel qui écrit en 2008 : *Le drame de l'urbanisme réside en ce qu'il tente de produire un discours sur le contenu alors qu'il ne maîtrise au mieux que les contenants, c'est-à-dire le cadre bâti.* (...). Et il rajoute : *Ce que les urbanistes essaient de faire lorsqu'ils veulent introduire de la durabilité, le marché tend à le défaire aussitôt.* Juste constat, qui nous amène cependant à croire qu'en dehors du marché il n'y a point de salut. Il ne faut pas succomber à ce chant des sirènes, le marché n'étant qu'une invention de l'homme, que l'homme peut aussi défaire. Les lois du marché, certes nécessaires, tuent les rêves et entravent la liberté de penser lorsqu'elles sont présentées comme omnipotentes.

Indépendamment de la finesse de l'échelle d'approche qui peut aller du global/macro, au local/micro, il est donc aujourd'hui indispensable, dans l'exercice du métier d'urbaniste, de jeter les ponts entre la fabrication de contenant qu'est le "cadre bâti" et celle de contenu, du "fonctionnement urbain" cohérent et intégré au contexte. On ne jette pas les ponts cependant sans mettre en place toute une organisation du chantier.

Sur ce chemin, nous avons un vrai besoin de dialogue entre les chercheurs, les praticiens et les usagers (Barthel & Zaki, 2011), à Alger en particulier. Il en naitrait, sans doute, des idées nouvelles et c'est hautement souhaitable. Mais, au-delà du partage des idées, des sensibilités et des responsabilités, la nécessité absolue de continuer la recherche des voies nouvelles pour la ville de demain nous oblige à définir ses champs, à Alger comme ailleurs. Quelle démarche pourrait au mieux soutenir le développement urbain ? La recherche "sur" l'urbanisme, son histoire, ses politiques, ses pratiques, ou "par" l'urbanisme, orientée sur la méthodologie au service de la pratique, ou encore "en" urbanisme, proprement expérimentale, passant par le projet ? Lors d'une rencontre européenne EURAU'04 sur la recherche urbaine et architecturale en 2004 à Marseille, les participants, venus d'horizons très divers, ont volontiers admis que les trois démarches sont également importantes : à dosages différents, elles utilisent les mêmes ingrédients et l'alternance entre elles est non seulement possible, mais hautement souhaitable.

Le champ tricolore de la recherche urbaine - aux couleurs de l'Algérie : vert (écologie urbaine), rouge (projet urbain, management urbain) et blanc (économie, sociologie, anthropologie, géographie, ingénierie urbaine) – ne peut se passer de l'apport fondamental de l'architecte créateur des milieux de vie, dont l'œuvre devrait toujours être, en retour, alimentée par la recherche urbaine. Nous aurons presque envie de dire que, si la ville, au début assimilée par les chercheurs à un écosystème urbain, est de plus en plus comparée aujourd'hui à un organisme vivant, un corps urbain (Register, 2006; Berezowska-Azzag, 2011), l'architecte-urbaniste serait son médecin. Quel est le médecin qui ne se tient pas en permanence au courant des avancées de la science ?

Or, en raison de la pression de la demande, l'attitude des gestionnaires perdus dans les dédales de défis à relever oblige l'architecte-urbaniste d'aujourd'hui à se contenter de planter à la ronde, à la vitesse grand V, des bâtiments semblables, stériles, sans âme ou parés des atouts mondialistes, et d'injecter dans les tissus délabrés les pépites ou les perles de modernité ou de verdure – cette attitude ne répond pas à la noblesse du métier. Quelques perles ne font pas, ne feront pas le collier.

Les recherches sur les dynamiques urbaines en œuvre à Alger, dont un aperçu seulement est présenté à travers les pages de cet ouvrage, montrent une convergence certaine vers les problématiques qui relèvent des champs théoriques, empiriques et méthodologiques. Elles ont le mérite d'aborder les sujets qui fâchent, c'est le rôle du chercheur. Ce qui nous manque cependant, c'est le volet expérimental qui a besoin d'un portage politique, d'une vision stratégique et prospective en amont, d'une commande publique, d'un soutien juridique et opérationnel, d'une formation par la recherche. C'est un volet qui réclame de l'audace et, ne soyons pas naïfs, il nous faudra du temps pour le mettre en place. Or, le temps nous est désormais compté…

C'est pourquoi l'initiative de l'équipe de jeunes chercheurs qui nous livrent leurs réflexions sur Alger est inestimable. Nous souhaiterions vivement que cet essai puisse se transformer en une publication périodique, qui donnerait régulièrement la voix aux universitaires impliqués dans la recherche urbaine concernant la capitale, dans le sillage de son Plan Stratégique de développement 2031. Diffuser les idées, les méthodes, les analyses, pourrait, en effet, aider tous ceux qui sont condamnés à croupir dans les bureaux poussiéreux. Ouvrons les fenêtres, faisons confiance à la jeune génération de recherche urbaine algérienne. La ville d'Alger, capable de s'adapter aux changements, de résister aux menaces, de produire du sens, de bâtir une culture de vivre ensemble, d'inventer son avenir – la ville algérienne de demain se fera avec eux, ou elle déclinera.

Bibliographie

Ameziane F., s/c, (2005), *Actes des Journées Européennes de la Recherche Architecturale et Urbaine EURAU'04,* Ecole Nationale Supérieure d'Architecture, Marseille, 299 p.

Barge Ch., Solère Th., (2014), *La ville de demain*, Editions Cherche Midi, Paris, 242 p.

Barthel P.-A., Zaki L., (2011), *Expérimenter la "ville durable" au sud de la Méditerranée. Chercheurs et professionnels en dialogue,* Editions de l'Aube, Collection Villes & Territoires, La Tour-d'Aigues, 345 p.

Benchimol V., Lemoine S., (2013), *Vers un nouveau mode de ville,* Editions Gallimard, Paris, 155 p.

Bourdin A., (2010), *L'urbanisme d'après crise,* Editions de l'Aube, Collection Villes & Territoires, La Tour-d'Aigues, 157 p.

Berezowska-Azzag E., (2011), *Connaître le contexte de développement durable,* Projet urbain, Guide méthodologique, Volume 1, Editions Synergie, Alger, 385 p.

Da Cunha A., (2005), *Enjeux du développement urbain durable,* Presses polytechniques et universitaires romandes, Lausanne, 469 p.

Da Cunha A., (2007), *La ville et l'urbain : des savoirs émergents,* Presses polytechniques et universitaires romandes, Lausanne, 487 p.

Godard F., (2001), *La ville en mouvement,* Editions Gallimard, Paris, 127 p.

Haëntjens J., (2010), *Urbatopies,* Editions de l'Aube, Collection Villes & Territoires, ESSEC Business School, La Tour-d'Aigues, 137 p.

Krier L., (2001), *Architekture, wybór czy przeznaczenie ?,* Arkady, Varsovie, 205 p.

Leitmann J., (1999), *Sustaining Cities. Environmental Planning and Management in Urban Design,* McGraw-Hill, USA, 390 p.

Register R., (2006), *Ecocities,*New Society Publishers, Canada, 373 p.

Scherrer F., (2013), *Le champ de la recherche en urbanisme existe-t-il ? Quelques repères pour la relève,* in Revue URBIA, Cahiers du Développement Urbain Durable HS n°1, Université de Lausanne UNIL, Observatoire universitaire de la ville et du développement durable, Lausanne

Vies de Villes, (2014), *La maîtrise d'ouvrage urbaine,* Dossier, Vies de Villes n°20, mai 2014, Editions Alternatives urbaines ALUR, Alger, 22 p.

Algérie
aux éditions L'Harmattan

Dernières parutions

HEURS ET MALHEURS DU SECTEUR AGRICOLE EN ALGÉRIE – 1962-2012
Chabane Mohamed - Préface de Jean-Marc Boussard
L'agriculture algérienne largement exportatrice pendant l'époque coloniale, se retrouve, après un demi-siècle d'indépendance, une activité structurellement vulnérable, largement importatrice, à niveau de développement dérisoire. Cet ouvrage tente d'apporter des éclairages sur les politiques agricoles qui ont été suivies après l'indépendance et tenter de déterminer les causes de l'échec de celles-ci.
(Coll. Histoire et perspectives méditerranéennes, 33.00 euros, 322 p.)
ISBN : 978-2-336-29051-5, ISBN EBOOK : 978-2-296-53207-6

KABYLIE (LA) ORIENTALE DANS L'HISTOIRE
Pays des Kutuma et guerre coloniale
Kitouni Hosni
Qui sont donc ces Kabyles parlant «arabe», sans doute descendants des fameux Kutuma, mais qui refusent obstinément de se revendiquer de cette ancestralité ? Pourquoi une population montagnarde, enclavée, réputée berbère s'est-elle arabisée, pourquoi son arabe est-il si dissemblable de celui parlé dans le reste du pays ? Que devient la Kabylie orientale après la conquête coloniale ? Pourquoi, plus qu'ailleurs, la résistance à l'occupation française a-t-elle duré aussi longtemps (1839-1871) ?
(Coll. Histoire et perspectives méditerranéennes, 28.50 euros, 272 p.)
ISBN : 978-2-336-29343-1, ISBN EBOOK : 978-2-296-53115-4

AMÉRICAINS (LES) EN ALGÉRIE 1942-1945
Salinas Alfred
Que penser des trois années de présence américaine en Algérie pendant la Seconde Guerre mondiale ? De l'opération Torch le 8 novembre 1942 à la signature de l'Armistice, les Etats-Unis ont surtout pratiqué l'ingérence dans les affaires intérieures de la France, cherchant à imposer une vision puritaine et anticoloniale de la politique, à contrarier la volonté de De Gaulle d'assumer à Alger le *leadership* du Comité de libération nationale, à donner aux nationalistes musulmans des raisons d'espérer en une Algérie indépendante.
(44.00 euros, 440 p.)
ISBN : 978-2-336-00695-6, ISBN EBOOK : 978-2-296-51535-2

EXPRESSIONS ET CARACTÉRISTIQUES DE LA NÉVROSE EN ALGÉRIE
Benhalla Nacir - Préface de Mustapha Haddad
Fondée sur 300 sujets sélectionnés au hasard sur une période de 10 ans, cette étude représente une véritable expérience qui met en exergue leurs motifs de consultation, la nature de leur souffrance et la manière avec laquelle le vécu socioculturel s'imbrique dans leur vie pour développer une psychopathologie spécifique. Voici une tentative originale qui cerne avec rigueur la souffrance mentale en Algérie et les modalités de son expression.
(30.50 euros, 306 p.)
ISBN : 978-2-336-00259-0, ISBN EBOOK : 978-2-296-51555-0

REPENSER L'ALGÉRIE DANS L'HISTOIRE
Khalfoune Tahar, Meynier Gilbert
Ce livre est composé d'une étude qui inclut l'histoire de l'Algérie dans le temps long via notamment sa phase coloniale, d'un bilan de l'Algérie indépendante et de documents officiels

indiquant que l'histoire commune franco-algérienne reste un enjeu politique majeur et que les deux États tentent de contrôler la recherche et l'écriture de l'histoire et de les instrumentaliser à des fins politiques.
(Coll. Bibliothèque de l'iReMMO, 10.00 euros, 118 p.)
ISBN : 978-2-336-00261-3, ISBN EBOOK : 978-2-296-51518-5

APPELÉS (LES) DU CONTINGENT, CES SOLDATS QUI ONT DIT NON À LA GUERRE
Une face cachée de l'armée coloniale française pendant la guerre d'Algérie
Attoumi Djoudi
Ce témoignage d'un ancien officier de l'Armée de libération algérienne (ALN) a voulu rendre hommage aux appelés de la guerre d'Algérie qui se sont opposés à la guerre, à ceux qui ont sauvé des Algériens de la mort ou qui ont aidé à un rapprochement entre Algériens et Français, à un moment où la guerre faisait rage.
(Coll. Histoire de vie et formation, 22.00 euros, 222 p.)
ISBN : 978-2-336-00493-8, ISBN EBOOK : 978-2-296-51322-8

ÉCHAPPÉS (LES)
Jamet Philippe
1962-2012. Cinquante ans après l'indépendance de l'Algérie, que sait-on véritablement de l'histoire de ce pays ? Qu'y a-t-il après ce jour de gloire ? Comment l'Algérie indépendante s'est-elle constituée ? Par l'utilisation d'archives familiales et de témoignages d'intellectuels contraints à l'exil, ce documentaire dessine cette Algérie fragile, instable, mesurant les effets et conséquences de cet événement dans le temps.
(20.00 euros)
ISBN : 978-2-336-00791-5

UN FRANÇAIS D'ALGÉRIE, UN ALGÉRIEN DE FRANCE
Dialogue pour la réconciliation
Feuer Guy, Yahmi Kamel
«Nous sommes tous deux absolument persuadés qu'il ne peut y avoir aucune réconciliation réelle entre les deux peuples s'ils n'arrivent pas à surmonter les antagonismes qu'a engendrés le passé». Sous forme d'un dialogue, un Français d'Algérie et un Algérien de France cherchent des réponses permettant de dépasser enfin les réactions de frustration et de ressentiment qui entachent ces rapports depuis l'indépendance de l'Algérie. Deux grandes idées en ressortent : transcender la colonisation et enrichir la coopération.
(Coll. Histoire et perspectives méditerranéennes, 16.00 euros, 154 p.)
ISBN : 978-2-296-99737-0, ISBN EBOOK : 978-2-296-51094-4

666 THÈSES ET MÉMOIRES EN LANGUE FRANÇAISE SUR LA GUERRE D'ALGÉRIE 1954-1962
Sarazin Maurice
Cet essai bibliographique recense des thèses et mémoires universitaires ayant pour sujet la guerre d'Algérie et consultables dans les bibliothèques universitaires des villes de soutenance. Sans prétendre à l'exhaustivité, ce relevé permet de constater les directions prises par la recherche sur ce sujet dans les années 1960-2011 et de mesurer ce qu'il reste à faire sur des voies inexplorées.
(22.00 euros, 224 p.)
ISBN : 978-2-336-00568-3, ISBN EBOOK : 978-2-296-51126-2

ANTHROPOLOGIE DE LA SOUFFRANCE PSYCHIQUE ET SOCIALE
Le contexte psychosocial algérien
Merdaci Mourad - Préface de Claudine Brelet
Les transformations du champ psychosocial en Algérie induisent des lignes de précarité psychique, biologique et sociale et rendent difficiles les perspectives de partage et de cohabitation. Ces situations sont porteuses de souffrances, de dépréciation des personnes et de privations

successives. Elles indiquent aussi le déplacement des vulnérabilités sur de nouveaux territoires humains et la recherche de nouvelles valeurs de la vie.
(Coll. Cultures et Médecines, 18.00 euros, 182 p.)
ISBN : 978-2-336-00405-1, ISBN EBOOK : 978-2-296-51155-2

19 MARS 1962 ? WATERLOO !
Conséquences et interprétations des accords d'Evian
Delenclos Michel - Préface du général Maurice Faivre
L'auteur revient ici sur les «Déclarations gouvernementales du 19 mars 1962 relatives à l'Algérie», au sujet desquelles certains entretiennent encore la confusion. L'emploi fréquent des référendums, le scrutin d'autodétermination, les disparitions, les enlèvements, les prisonniers et les massacres collectifs de civils et de militaires... tous les événements qui ont précédé cet accord en expliquent le dénouement tragique. «Une véritable mine d'or pour les chercheurs», selon l'historien Maurice Faivre.
(35.50 euros, 346 p.)
ISBN : 978-2-296-99722-6, ISBN EBOOK : 978-2-296-50977-1

PASSÉ SOUS SILENCE EN ALGÉRIE
Témoignage d'un «appelé» embarqué à Marseille le 15 juillet 1957
Nicolas Bernard
Très peu d'ouvrages sur la Guerre d'Algérie ont relaté la vie journalière d'un militaire « appelé », sur le terrain, dans les zones à risques de ce conflit. Bernard Nicolas, sergent à la 8e Cie du 8e RIM dans le sud oranais, années 1957/1958, nous en fait ici partager le quotidien, sans craindre d'aborder les sujets tabous : les interrogatoires, la torture, les « corvées de bois », ainsi que le comportement parfois déshonorant de militaires de carrière.
(25.50 euros, 244 p.)
ISBN : 978-2-336-00297-2, ISBN EBOOK : 978-2-296-50865-1

JUIF BERBÈRE D'ALGÉRIE
Itinéraire (1933-1963)
Simon Jacques
Né en 1933 dans une famille juive d'Algérie, Jacques Simon est docteur en histoire, président du Centre de Recherches et d'Étude sur l'Algérie Contemporaine. Son enfance marquée par les lois antijuives de Vichy, puis son parcours de militant, sont abordés ici avec une analyse approfondie des événements marquants qui traversent l'Algérie : l'après-guerre, le mouvement d'indépendance, la mainmise du FLN et l'émergence du mouvement berbère.
(Coll. CREAC-Histoire, 27.00 euros, 270 p.)
ISBN : 978-2-336-00427-3, ISBN EBOOK : 978-2-296-50855-2

ALGÉRIE, SOUVENIRS D'OMBRE ET DE LUMIÈRE
De la guerre d'indépendance à l'exode des pieds-noirs en 1962
Cômes Jean-Pierre - Jauffret Jean-Charles
Durant quatre ans, l'auteur a pris part à la guerre d'Algérie dans deux régiments de parachutistes, mais aussi durant quinze mois au DOP de Sétif. Là, il prend le risque de refuser d'obéir et de participer à des actes qu'il considère en contradiction avec l'éthique de l'officier. Témoin privilégié à la tête d'une compagnie du 3e RPIMa, il apporte notamment un éclairage intéressant sur la fusillade de la rue d'Isly du 26 mars 1962.
(Coll. Mémoires du XXe siècle, 28.00 euros, 268 p.)
ISBN : 978-2-296-56970-6

PREMIERS PAS
Souvenirs autour d'un projet de développement de l'Algérie 1963-1980
Ourabah Mahmoud
L'auteur raconte la naissance d'un projet pour le développement de l'Algérie. Comment, dès les premiers mois de l'indépendance, une «équipe du Plan» - une poignée de jeunes venus d'horizons divers - a tenté d'élaborer et d'inscrire sur le terrain ce projet. Cette politique économique

souhaitait inscrire l'avenir du pays «dans les grands courants de la science et de la technologie universelles». Voici une relecture actualisée de cette stratégie d'alors.
(Coll. Histoire et perspectives méditerranéennes, 18.00 euros, 180 p.)
ISBN : 978-2-296-96163-0

RISQUE ALGÉRIE ET STRATÉGIES DE DÉVELOPPEMENT 1830-2030
Larkèche Seddik
L'Algérie dispose d'atouts considérables tous secteurs confondus. Mais le bilan après 50 ans d'indépendance est décevant : nombreux échecs, système bloqué, risques imminents d'explosion fondent la spécificité algérienne. Pour tenter de répondre à la problématique du risque Algérie, l'ouvrage analyse les étapes de son développement et pose les bases d'une démarche prédictive. Ceux qui détiennent le pouvoir auront-ils la volonté de faire évoluer la société vers plus de liberté, de transparence, de justice ?
(Coll. Notes de conjoncture - Afrique, 13.00 euros, 116 p.)
ISBN : 978-2-296-96165-4

UN GRAIN SUR LE TOIT
Enigmes et sagesses berbères de Kabylie
Allioui Youcef - Edition bilingue berbère-français
Les anciens Kabyles disaient : «L'énigme est semblable à un papillon qui se pose sur une fleur au printemps». Pour expliquer les stratagèmes linguistiques et allégoriques utilisés dans l'énigme, il faut découvrir les nombreuses règles sur lesquelles s'appuient ces artifices linguistiques, notamment celles qui lient le son au sens dans la langue (berbère). A travers une classification scientifique, l'auteur nous fait entrer dans un imaginaire ludique et fécond.
(Coll. Présence berbère, 35.00 euros, 430 p.)
ISBN : 978-2-296-96067-1

L'HARMATTAN ITALIA
Via Degli Artisti 15; 10124 Torino
harmattan.italia@gmail.com

L'HARMATTAN HONGRIE
Könyvesbolt ; Kossuth L. u. 14-16
1053 Budapest

L'HARMATTAN KINSHASA
185, avenue Nyangwe
Commune de Lingwala
Kinshasa, R.D. Congo
(00243) 998697603 ou (00243) 999229662

L'HARMATTAN CONGO
67, av. E. P. Lumumba
Bât. – Congo Pharmacie (Bib. Nat.)
BP2874 Brazzaville
harmattan.congo@yahoo.fr

L'HARMATTAN GUINÉE
Almamya Rue KA 028, en face
du restaurant Le Cèdre
OKB agency BP 3470 Conakry
(00224) 657 20 85 08 / 664 28 91 96
harmattanguinee@yahoo.fr

L'HARMATTAN MALI
Rue 73, Porte 536, Niamakoro,
Cité Unicef, Bamako
Tél. 00 (223) 20205724 / +(223) 76378082
poudiougopaul@yahoo.fr
pp.harmattan@gmail.com

L'HARMATTAN CAMEROUN
BP 11486
Face à la SNI, immeuble Don Bosco
Yaoundé
(00237) 99 76 61 66
harmattancam@yahoo.fr

L'HARMATTAN CÔTE D'IVOIRE
Résidence Karl / cité des arts
Abidjan-Cocody 03 BP 1588 Abidjan 03
(00225) 05 77 87 31
etien_nda@yahoo.fr

L'HARMATTAN BURKINA
Penou Achille Some
Ouagadougou
(+226) 70 26 88 27

L'HARMATTAN SÉNÉGAL
10 VDN en face Mermoz, après le pont de Fann
BP 45034 Dakar Fann
33 825 98 58 / 33 860 9858
senharmattan@gmail.com / senlibraire@gmail.com
www.harmattansenegal.com

L'HARMATTAN BÉNIN
ISOR-BENIN
01 BP 359 COTONOU-RP
Quartier Gbèdjromèdé,
Rue Agbélenco, Lot 1247 I
Tél : 00 229 21 32 53 79
christian_dablaka123@yahoo.fr

651213 - Avril 2016
Achevé d'imprimer par

1livre.com
du rêve à la réalité !

www.ingramcontent.com/pod-product-compliance
Lightning Source LLC
LaVergne TN
LVHW011252061026
849535LV00005B/1227